高职高专规划示范教材

计算机应用基础案例教程

谢书玉　主　编

盛昀瑶　副主编

王继水　主　审

北京航空航天大学出版社

内容简介

本书以案例操作为主线,采用真正的任务驱动方式,展现全新的教学方法。每个案例均由案例分析、相关知识、操作步骤和操作练习四部分组成。全书共 6 章,主要内容包括计算机基础知识、Windows XP 操作系统、Word 2003 文字处理软件、Excel 2003 电子表格处理软件、PowerPoint 2003 演示文稿软件、Internet 和网络基础知识。

本书可作为高职高专院校算机公共基础课程的教材,也可用作全国计算机等级考试一级 B 的参考用书。

图书在版编目(CIP)数据

计算机应用基础案例教程/谢书玉主编.—北京:北京航空航天大学出版社,2009.7
ISBN 978-7-81124-849-4

Ⅰ.计… Ⅱ.谢… Ⅲ.电子计算机—教材 Ⅳ.TP3

中国版本图书馆 CIP 数据核字(2009)第 117755 号

计算机应用基础案例教程

谢书玉 主 编
盛昀瑶 副主编
王继水 主 审
责任编辑 王少华

*

北京航空航天大学出版社出版发行
北京市海淀区学院路 37 号(100191) 发行部电话:010-82317024 传真:010-82328026
http://www.buaapress.com.cn E-mail:bhpress@263.net
北京市媛明印刷厂印装 各地书店经销

*

开本:787×1092 1/16 印张:17.5 字数:448 千字
2009 年 9 月第 1 版 2010 年 8 月第 2 次印刷 印数:5 001~7 500 册
ISBN 978-7-81124-849-4 定价:29.80 元

前 言

随着科学技术的迅猛发展,人类社会进入信息时代,计算机已渗透到社会生活的各个领域,各行各业都应用计算机来提高生产效率。掌握计算机基础知识和操作方法是 21 世纪人才必不可少的基本技能。

针对计算机应用基础课程实践性强的特点,作者在多年教学实践的基础上,编写了这本通过案例来介绍计算机应用基础的教材。本书主要介绍了计算机基础知识和 Office 2003 办公软件,通过案例引入问题,每个案例均由案例分析、相关知识、操作步骤和操作练习四部分组成。

本书的主要特色是:深入浅出,易于教学和自学,适合初学者;注重基础内容,突出实用性和应用性;注重培养学生上机操作的能力和相关知识面的拓宽。本书案例典型,解析详尽,采用任务驱动的方式,体现了全新的教学方法。

下面将本书各章节安排介绍如下:

第 1 章介绍了计算机的基础知识,主要包括计算机的发展与应用、数制和码制、计算机系统的组成、计算机病毒、多媒体技术和程序设计语言。

第 2 章介绍了 Windows XP 操作系统,主要包括 Windows XP 概述、Windows XP 资源管理、Windows XP 系统管理和 Windows XP 应用程序。

第 3 章介绍了 Word 2003 文字处理软件,主要包括合同的制作、学生成绩表的制作、电子小报的制作、入学通知书的批量制作和综合案例。

第 4 章介绍了 Excel 2003 电子表格处理软件,主要包括员工档案的制作、员工考勤表的制作、外汇汇率表的制作、员工工资表的制作、统计图表的制作、销售统计表的分析和综合案例。

第 5 章介绍了 PowerPoint 2003 演示文稿软件,主要包括新品介绍演示文稿的制作、景点宣传演示文稿的制作和综合案例。

第 6 章介绍了网络基础和 Internet 知识,主要包括计算机网络概述和 Internet 概述。

本书配有电子教案,并提供案例素材,以方便教师的教学和学生的自学。

本书第 1、2、6 章由谢书玉编写,第 3~5 章由盛昀瑶编写。全书最后由谢书玉负责统稿。编写过程中还得到了常州机电职业技术学院信息工程系主任王继水的大力支持,在此一并表示衷心的感谢。

由于时间仓促,加之编者水平有限,不妥之处恳请广大读者不吝指正。欢迎通过 xsy1270@tom.com 给予指导和建议。

编 者
2009年8月

目 录

第1章 计算机基础知识 ... 1
1.1 案例1——计算机的发展与应用 ... 1
1.1.1 相关知识 ... 1
1.1.2 典型例题解析 ... 5
1.2 案例2——数制和码制 ... 6
1.2.1 相关知识 ... 6
1.2.2 典型例题解析 ... 16
1.3 案例3——计算机系统的组成 ... 17
1.3.1 相关知识 ... 17
1.3.2 典型例题解析 ... 23
1.4 案例4——计算机病毒 ... 24
1.4.1 相关知识 ... 24
1.4.2 典型例题解析 ... 28
1.5 案例5——多媒体技术 ... 28
1.5.1 相关知识 ... 28
1.5.2 典型例题解析 ... 29
1.6 案例6——程序设计语言 ... 30
1.6.1 相关知识 ... 30
1.6.2 典型例题解析 ... 30
1.7 本章小结 ... 31
1.8 本章习题 ... 31

第2章 Windows XP 操作系统 ... 33
2.1 案例1——Windows XP 概述 ... 33
2.1.1 相关知识 ... 33
2.1.2 典型例题解析 ... 35
2.2 案例2——Windows XP 资源管理 ... 35
2.2.1 相关知识 ... 35
2.2.2 典型例题解析 ... 42
2.3 案例3——Windows XP 系统管理 ... 43
2.3.1 相关知识 ... 43
2.3.2 典型例题解析 ... 47
2.4 案例4——Windows XP 应用程序 ... 47
2.5 本章小结 ... 52

2.6 本章习题 ·· 52

第3章 Word 2003 文字处理软件 ·· 54

3.1 案例1——合同的制作 ·· 54
3.1.1 案例分析 ·· 54
3.1.2 相关知识 ·· 55
3.1.3 操作步骤 ·· 68
3.1.4 操作练习——通知的制作 ··· 73
3.1.5 本节评估 ·· 74

3.2 案例2——学生成绩表的制作 ·· 75
3.2.1 案例分析 ·· 75
3.2.2 相关知识 ·· 76
3.2.3 操作步骤 ·· 84
3.2.4 操作练习——产品报价单的制作 ··· 86
3.2.5 本节评估 ·· 88

3.3 案例3——电子小报的制作 ·· 88
3.3.1 案例分析 ·· 88
3.3.2 相关知识 ·· 90
3.3.3 操作步骤 ·· 98
3.3.4 操作练习——产品宣传单的制作 ··· 102
3.3.5 本节评估 ··· 103

3.4 案例4——入学通知书的批量制作 ··· 103
3.4.1 案例分析 ··· 103
3.4.2 相关知识 ··· 104
3.4.3 操作步骤 ··· 109
3.4.4 操作练习——邀请函的批量制作 ··· 111
3.4.5 本节评估 ··· 112

3.5 综合案例 ··· 112
3.6 本章小结 ··· 114

第4章 Excel 2003 电子表格处理软件 ··· 115

4.1 案例1——员工档案的制作 ·· 115
4.1.1 案例分析 ··· 115
4.1.2 相关知识 ··· 116
4.1.3 操作步骤 ··· 124
4.1.4 操作练习——学生基本信息清单的制作 ······································· 125
4.1.5 本节评估 ··· 126

4.2 案例 2——员工考勤表的制作 ·· 127
   4.2.1 案例分析 ··· 127
   4.2.2 相关知识 ··· 127
   4.2.3 操作步骤 ··· 132
   4.2.4 操作练习——学生期末成绩表的制作 ·· 133
   4.2.5 本节评估 ··· 133
4.3 案例 3——外汇汇率表的制作 ·· 134
   4.3.1 案例分析 ··· 134
   4.3.2 相关知识 ··· 135
   4.3.3 操作步骤 ··· 138
   4.3.4 操作练习——工资单的格式化 ·· 139
   4.3.5 本节评估 ··· 140
4.4 案例 4——员工工资表的制作 ·· 140
   4.4.1 案例分析 ··· 140
   4.4.2 相关知识 ··· 141
   4.4.3 操作步骤 ··· 147
   4.4.4 操作练习——学生期末成绩的计算 ·· 149
   4.4.5 本节评估 ··· 149
4.5 案例 5——统计图表的制作 ·· 150
   4.5.1 案例分析 ··· 150
   4.5.2 相关知识 ··· 151
   4.5.3 操作步骤 ··· 156
   4.5.4 操作练习——报价表的制作 ·· 159
   4.5.5 本节评估 ··· 160
4.6 案例 6——销售统计表的分析 ·· 160
   4.6.1 案例分析 ··· 160
   4.6.2 相关知识 ··· 161
   4.6.3 操作步骤 ··· 170
   4.6.4 操作练习——工资统计表的制作 ·· 173
   4.6.5 本节评估 ··· 174
4.7 综合案例 ·· 174
4.8 本章小结 ·· 175

第 5 章 PowerPoint 2003 演示文稿软件 ·· 176

5.1 案例 1——新品介绍演示文稿的制作 ·· 176
   5.1.1 案例分析 ··· 176
   5.1.2 相关知识 ··· 177

- 5.1.3 操作步骤 ... 185
- 5.1.4 操作练习——巧用向导 ... 186
- 5.1.5 本节评估 ... 186
- 5.2 案例 2——景点宣传演示文稿的制作（上） ... 186
  - 5.2.1 案例分析 ... 186
  - 5.2.2 相关知识 ... 187
  - 5.2.3 操作步骤 ... 197
  - 5.2.4 操作练习——自我介绍演示文稿的制作（上） ... 202
  - 5.2.5 本节评估 ... 203
- 5.3 案例 3——景点宣传演示文稿的制作（下） ... 203
  - 5.3.1 案例分析 ... 203
  - 5.3.2 相关知识 ... 203
  - 5.3.3 操作步骤 ... 210
  - 5.3.4 操作练习——自我介绍演示文稿的制作（下） ... 214
  - 5.3.5 本节评估 ... 215
- 5.4 综合案例 ... 215
- 5.5 本章小结 ... 216

第 6 章 网络基础和 Internet ... 217

- 6.1 案例 1——计算机网络概述 ... 217
  - 6.1.1 相关知识 ... 217
  - 6.1.2 典型例题解析 ... 221
- 6.2 案例 2——Internet 概述 ... 222
  - 6.2.1 相关知识 ... 222
  - 6.2.2 典型例题解析 ... 234
- 6.3 本章小结 ... 235
- 6.4 本章习题 ... 235

附录 A 全国计算机等级考试一级 B 考试大纲 ... 238

附录 B 数制转换与运算 ... 240

附录 C 计算机硬件设备图示 ... 243

附录 D 计算机基础知识和网络基础知识练习题 ... 247

参考文献 ... 272

第1章 计算机基础知识

1.1 案例1——计算机的发展与应用

1.1.1 相关知识

知识点1：计算机的发展历史

1946年2月，世界上第一台电子数字计算机在美国宾夕法尼亚大学诞生，它取名为ENIAC（译作"埃尼克"，即Electronic Numerical Integrator And Calculator缩写），是一台电子数字积分计算机，用于美国陆军部的弹道研究室。这台计算机共用了18 000多个电子管、1 500个继电器，重量超过30 t，占地面积167 m^2，每小时耗电140 kW，其计算速度为每秒5 000次加法运算。用现在的眼光来看，这是一台耗资巨大、功能不完善而且笨重的庞然大物。然而，它的出现却是科学技术发展史上的一个伟大的创造，它使人类社会从此进入了电子计算机时代。

人们按照计算机中主要功能部件所采用的电子器件（逻辑元件）的不同，一般将计算机的发展分成四个阶段，习惯上称为四代，每一阶段在技术上都是一次新的突破，在性能上都是一次质的飞跃。

第一代：电子管计算机时代（1946—1958年）。该时代的计算机采用电子管作为基本器件。软件方面确定了程序设计的概念，出现了高级语言的雏型。其特点是：体积大，耗能高，速度慢（一般每秒数千次至数万次），容量小，价格昂贵。电子管计算机主要用于军事和科学计算，这为计算机技术的发展奠定了基础。其研究成果扩展到民用，形成了计算机产业，由此揭开了一个新的时代——计算机时代（Computer Area）。

第二代：晶体管计算机时代（1958—1964年）。该时代的计算机采用晶体管为基本器件。软件方面出现了一系列的高级程序设计语言（如FORTRAN和COBOL等），并提出了操作系统的概念。计算机设计出现了系列化的思想。其特点是：体积缩小，耗能降低，寿命延长，运算速度提高（一般每秒为数十万次，可高达300万次），可靠性提高，价格不断下降。其应用范围也进一步扩大，从军事与尖端技术领域延伸到气象、工程设计、数据处理以及其他科学研究领域。

第三代：中、小规模集成电路计算机时代（1965—1970年）。该时代的计算机采用中、小规模集成电路（IC）作为基本器件。软件方面出现了操作系统以及结构化、模块化程序设计方法。软、硬件都向通用化、系列化、标准化的方向发展。计算机的体积更小，寿命更长，耗能价格进一步下降,而速度和可靠性进一步提高,应用范围进一步扩大。

IBM 360 系列是最早采用集成电路的通用计算机,也是影响最大的第三代计算机。它的主要特点是通用化、系列化、标准化。美国控制数据公司(CDC)1969 年 1 月研制成功的超大型计算机 CDC 7600,速度达到每秒 1 千万次浮点运算,是这个时期设计最成功的计算机产品。

第四代:大规模和超大规模集成电路计算机时代(1971 年至今)。采用 VLSID(超大规模集成电路)和 ULSID(极大规模集成电路),中央处理器高度集成化是这一代计算机主要特征。

1971 年 Intel 公司制成了第一批微处理器 4004,这一芯片集成了 2250 个晶体管组成的电路,其功能相当于 ENIAC,这样个人计算机(Personal Computer,PC)应运而生并得到迅猛地发展。而目前有的奔腾(Pentium)芯片集成了 7.2 亿多个晶体管,处理速度每秒亦可执行 4 亿条指令,PC 机的主存可扩展到 1 GB 以上,一张普通光盘的容量可达 650MB,50 倍速的光驱也已经面市。这些都意味着计算机性能的飞速提高。伴随着计算机性能的不断提高(耗能少、可靠性高、环境适应性强、软件丰富、齐全),而体积却大大缩小,价格不断下降,使得计算机普及到寻常百姓家庭成为可能。据统计,1996 年美国国内计算机的销售量第一次超过电视机,且有 39%的家庭有了自己的 PC 机。伴随着 PC 机的普及,微处理器的功能越来越强大,例如,1958 年 1 个芯片集成 5 个元件,到 2000 年初,一个芯片已能集成 7.2 亿多个晶体管。其无法阻挡的发展势头,至少将持续 15～30 年。

总之,近 10 年来计算机以超乎人们想象地得到了奇迹般发展,微机以排山倒海之势形成了当今科技发展的潮流。这些年来,多媒体、网络也都如火如荼地发展着,可以说已经进入了计算机网络多媒体时代。

知识点 2:计算机的类型

在时间轴上,"分代"代表了计算机纵向的发展,而"分类"可用来说明计算机横向的发展。目前,国内外计算机界以及各类教科书中,大都采用国际上沿用的分类方法,即根据美国电气和电子工程师协会(IEEE)于 1989 年 11 月提出的标准,把计算机划分为巨型机、小巨型机、大型主机、小型机、工作站和个人计算机 6 类。

1. 巨型机(Super Computer)

巨型机也称为超级计算机,在所有计算机类型中其占地最大,价格最贵,功能最强,其浮点运算速度最快(2000 年 6 月已达 12.3 Teraflop,正在开发速度为 1 Petaflop 的计算机;1 个 Teraflop 是指每秒 1 万亿次浮点运算,1 个 Petaflop 是指每秒 1 万万亿次浮点运算)。目前只有少数几个国家的少数几个公司(如美国的 IBM 公司和克雷公司)能够生产巨型机,它多用于战略武器(如核武器和反导弹武器)的设计、空间技术、石油勘探、中长期大范围的天气预报以及社会模拟等领域。巨型机的研制水平、生产能力及其应用程度,已成为衡量一个国家经济实力与科技水平的重要标志。

2. 小巨型机（Mini Super Computer）

小巨型机是小型超级计算机（或称桌上型超级计算机），出现于 20 世纪 80 年代中期。它的功能略低于巨型机，运算速度达 1 Gflop，即每秒 10 亿次浮点运算，而价格只有巨型机的十分之一，可满足一些有较高应用需求的用户。

3. 大型主机（Mainframe）

大型主机也称大型计算机，这包括国内常说的大、中型机。大型主机的特点是大型、通用，内存可达 1 GB 以上，整机运算速度高达 300750 MIPS（MIPS，即每秒钟可执行多少百万条指令），即每秒 30 亿次，具有很强的处理和管理能力。它主要用于大银行、大公司、规模较大的高校和科研院所。在计算机向网络迈进的时代，仍有大型主机的生存空间。

4. 小型机（Mini Computer 或 Minis）

小型机结构简单，可靠性高，成本较低，不需要经长期培训即可维护和使用，这对广大中小用户具有更大的吸引力。

5. 工作站（Workstation）

工作站是介于 PC 机与小型机之间的一种高档微机，其运算速度比微机快，且有较强的联网功能。它主要用于特殊的专业领域，如图像处理和计算机辅助设计等。

它与网络系统中的"工作站"在用词上相同，而含义不同。网络上的"工作站"泛指联网用户的节点，以区别于网络服务器，它常常只是一般的 PC 机。

6. 个人计算机（Personal Computer，PC）

平常说的微机指的就是 PC 机。这是 20 世纪 70 年代出现的新机种，以其设计先进（总是率先采用高性能微处理器）、软件丰富、功能齐全、价格便宜等优势而拥有广大的用户，因而大大推动了计算机的普及应用。PC 机在销售台数与金额上都居各类计算机的榜首。PC 机的主流是 IBM 公司在 1981 年推出的 PC 机系列及其众多的兼容机。目前，PC 机几乎无所不在，无所不用，其款式除了台式的，还有膝上型、笔记本型、掌上型和手表型等。另外 Apple 公司的 Macintosh 系列机在教育、美术设计等领域也有广泛的应用。

知识点 3：计算机的应用

计算机由于具有运算速度快、计算精度高、记忆能力强、可靠性高和通用性强等一系列特点，从而得到了广泛的应用。它几乎进入了一切领域，如科研、生产、交通、商业、国防、卫生等各个领域。可以预见，其应用领域还将进一步扩大。计算机的主要用途有如下 5 个方面。

1. 数值计算

数值计算主要指计算机用于完成和解决科学研究和工程技术中的数学计算问题。计算机具有计算速度快和精度高的特点，在数值计算等领域，尤其是在一些十分庞大而复杂的科学计算中,起着其他计算工具无法替代的作用。如天气预报,不但操作复杂且时间性强(不提前发布就失去了预报天气的意义),用解气象方程式的方法预测气象变化准确度高,但计算量相当大,只有借助于计算机,才能更及时、准确地完成计算工作。

2．数据及事务处理

所谓数据及事务处理,泛指非科技方面的数据管理和计算处理。其主要特点是,要处理的原始数据量大,而算术运算较简单,并有大量的逻辑运算和判断,结果常要求以表格或图形等形式存储或输出。如银行日常账务管理、股票交易管理、图书资料的检索等。面对巨量的信息,如果不用计算机处理,仍采用传统的人工方法是难以胜任的。事实上,计算机在非数值方面的应用已经远远超过了在数值计算方面的应用。

3．自动控制与人工智能

由于计算机不但计算速度快而且又有逻辑判断能力,所以可广泛用于自动控制。如对生产和实验设备及其过程进行控制,可以大大提高自动化水平,减轻劳动强度,缩短生产和实验周期,提高劳动效率,提高产品质量和产量,特别是在现代国防及航空航天等领域,可以说计算机起着决定性作用。另外,随着智能机器人的研制成功,可以代替人完成不宜由人来进行的工作。在21世纪,人工智能的研究目标是使计算机更好地模拟人的思维活动,计算机将可以完成更复杂的控制任务。

4．计算机辅助设计、辅助制造和辅助教育

计算机辅助设计(Computer Aided Design,CAD)和计算机辅助制造(Computer Aided Manufacturing,CAM)是指设计人员利用计算机来协助进行最优化设计,制造人员进行生产设备的管理、控制和操作。目前,在电子、机械、造船、航空、建筑、化工和电器等方面都有计算机的应用,这样可以提高设计质量,缩短设计和生产周期,提高自动化水平。计算机辅助教学(Computer Aided Instruction,CAI)是指利用计算机作为主要的教学媒体来进行教学活动,使得学生可以在计算机上学习,使教学内容更加多样化、形象化,以取得更好的教学效果。

5．网络与通信

随着信息化社会的发展,计算机网络也迅速发展。目前遍布全球的因特网(Internet)已把大多数国家联系在一起,使不同国家、地区之间可以信息共享,通过网络进行各种信息交流。此外,当今社会通信业的迅速发展与计算机的发展密不可分。可以说,现代的通信工业,没有计算机是不可想象的。

除此之外,计算机在电子商务、电子政务等应用领域也得到了快速的发展。

知识点4: 计算机的特点

计算机是一种可以进行自动控制、具有记忆功能的现代化计算工具和信息处理工具。它有以下5个方面的特点。

1. 运算速度快

计算机的运算速度（也称处理速度）用 MIPS 来衡量。现代的计算机运算速度在几十 MIPS 以上，巨型计算机的速度可达到千万个 MIPS。计算机如此高的运算速度是其他任何计算工具无法比拟的，它使得过去需要几年甚至几十年才能完成的复杂运算任务，现在只需几天、几小时，甚至更短的时间就可完成。这正是计算机被广泛使用的主要原因之一。

2. 计算精度高

一般来说，现在的计算机有几十位有效数字，而且理论上还可更高。因为数在计算机内部是用二进制数编码的，数的精度主要由这个数的二进制码的位数决定，可以通过增加数对应二进制码的位数来提高精度，位数越多精度就越高。

3. 记忆力强

计算机的存储器类似于人的大脑，可以"记忆"（存储）大量的数据和计算机程序而不丢失，在计算的同时，还可把中间结果存储起来，供以后使用。

4. 具有逻辑判断能力

计算机在程序的执行过程中，会根据上一步的执行结果，运用逻辑判断方法自动确定下一步的执行命令。正是因为计算机具有这种逻辑判断能力，使得计算机不仅能解决数值计算问题，而且能解决非数值计算问题，如信息检索和图像识别等。

5. 可靠性高和通用性强

由于采用了大规模和超大规模集成电路，现在的计算机具有非常高的可靠性。现代计算机不仅可以用于数值计算，还可以用于数据处理、工业控制、辅助设计、辅助制造和办公自动化等，具有很强的通用性。

1.1.2 典型例题解析

【例1】 世界上第一台计算机诞生于哪一年？_____
A．1945 年　　　　　B．1956 年　　　　C．1935 年　　　　D．1946 年

【解析】 世界上第一台计算机名叫 ENIAC，于 1946 年 2 月 15 日在美国宾夕法尼亚大学诞生。

【例2】 世界上第一台计算机的名称是_____。
A．ENIAC　　　　　B．APPLE　　　　C．UNIVAC-I　　　D．IBM-7000

【解析】 世界上第一台计算机名字叫 Electronic Numerical Integrator And Calculator，中文名为电子数字积分计算机，英文缩写为 ENIAC。

【例3】 在 ENIAC 的研制过程中，由美籍匈牙利数学家总结并提出了非常重要的改进意见，他是_____。

A．冯·诺依曼　　　　　　　　B．阿兰·图灵
　　C．古德·摩尔　　　　　　　　D．以上都不是

【解析】 1946年冯·诺依曼和他的同事们设计出的逻辑结构（即冯·诺依曼结构）对后来计算机的发展影响深远。

【例4】 第一代电子计算机使用的电子元件是_____。
　　A．晶体管　　　　　　　　　　B．电子管
　　C．中、小规模集成电路　　　　D．大规模和超大规模集成电路

【解析】 第一代计算机是电子管计算机，第二代计算机是晶体管计算机，第三代计算机的主要元件是采用小规模集成电路和中规模集成电路，第四代计算机的主要元件是采用大规模集成电路和超大规模集成电路。

【例5】 在信息时代，计算机的应用非常广泛，主要有如下几大领域：科学计算、信息处理、过程控制、计算机辅助工程、家庭生活和_____。
　　A．军事应用　　B．现代教育　　C．网络服务　　D．以上都不是

【解析】 计算机应用领域可以概括为科学计算（或数值计算）、信息处理（或数据处理）、过程控制（或实时控制）、计算机辅助工程、家庭生活和现代教育。

【例6】 计算机按照处理数据的形态可以分为_____。
　　A．巨型机、小巨型机、大型主机、小型机、微型机和工作站
　　B．286机、386机、486机和Pentium机
　　C．专用计算机和通用计算机
　　D．数字计算机、模拟计算机和混合计算机

【解析】 计算机按照综合性能可以分为巨型机、小巨型机、大型主机、小型机、微型机和工作站，按照使用范围可以分为通用计算机和专用计算机，按照处理数据的形态可以分为数字计算机、模拟计算机和专用计算机。

1.2 案例2——数制和码制

1.2.1 相关知识

知识点1： 数制

　　数制也称记数制，是指用一组固定的符号和统一的规则来表示数值的方法。计算机是信息处理的工具，任何信息必须转换成二进制形式数据后才能由计算机进行处理、存储和传输。
　　我们习惯使用的十进制数是由0，1，2，3，4，5，6，7，8，9十个不同的符号组成的，每一个符号处于十进制数中不同的位置时，它所代表的实际数值是不一样的。例如，1999可表

示成：

$$1×1000+9×100+9×10+9×1=1×10^3+9×10^2+9×10^1+9×10^0$$

式中每个数字符号的位置不同，它所代表的数值也不同，这就是经常所说的个位、十位、百位、千位的意思。二进制数和十进制数一样，也是一种进位记数制，但它的基数是2。数中0和1的位置不同，它所代表的数值也不同。例如，二进制数1101表示十进制数13。

$$(1101)_2 = 1×2^3+1×2^2+0×2^1+1×2^0=8+4+0+1=13$$

一个二进制数具有下列两个基本特点：

（1）两个不同的数字符号，即0和1。

（2）逢二进一。

在微机中，一般在数字的后面，用特定字母表示该数的进制。例如，B表示二进制，D表示十进制（D可省略），O表示八进制，H表示十六进制。

知识点2：二进制与其他数制

在进位记数制中，有数位、基数和位权三个要素。数位是指数码在一个数中所处的位置。基数是指在某种进位记数制中，每个数位上所能使用的数码的个数。例如，二进制数基数是2，每个数位上所能使用的数码为0和1。在数制中有一个规则，如是N进制数必须是逢N进1。对于多位数，处在某一位上的"1"所表示的数值的大小，称为该位的位权。例如，二进制数第2位的位权为2，第3位的位权为4。一般情况下，对于N进制数，整数部分第i位的位权为N^{i-1}，而小数部分第j位的位权为N^{-j}。

下面主要介绍与计算机有关的常用的几种进位记数制。

1. 十进制（十进位计数制）

具有10个不同的数码符号：0，1，2，3，4，5，6，7，8，9，其基数为10。十进制数的特点是逢十进一。例如，

$$(1011)_{10} = 1×10^3+0×10^2+1×10^1+1×10^0$$

2. 八进制（八进位计数制）

具有8个不同的数码符号：0，1，2，3，4，5，6，7，其基数为8。八进制数的特点是逢八进一。例如，

$$(1011)_8 = 1×8^3+0×8^2+1×8^1+1×8^0=(521)_{10}$$

3. 十六进制（十六进位计数制）

具有16个不同的数码符号：0，1，2，3，4，5，6，7，8，9，A，B，C，D，E，F，其基数为16。十六进制数的特点是逢十六进一。例如，

$$(1011)_{16} = 1×16^3+0×16^2+1×16^1+1×16^0=(4113)_{10}$$

表1-1为四位二进制数与其他数制的对应表。

表 1-1 四位二进制数与其他数制的对应表

二进制	十进制	八进制	十六进制
0000	0	0	0
0001	1	1	1
0010	2	2	2
0011	3	3	3
0100	4	4	4
0101	5	5	5
0110	6	6	6
0111	7	7	7
1000	8	10	8
1001	9	11	9
1010	10	12	A
1011	11	13	B
1100	12	14	C
1101	13	15	D
1110	14	16	E
1111	15	17	F

知识点3：不同进制数之间的转换

用计算机处理十进制数，必须先把它转化成二进制数才能被计算机所接受，同理，计算结果应将二进制数转换成人们习惯的十进制数。这就产生了不同进制数之间的转换问题。

1．十进制数与二进制数之间的转换

（1）十进制整数转换成二进制整数

一个十进制整数转换为二进制整数的方法如下。

把要转换的十进制整数反复地除以2，直到商为0，所得的余数（从下往上的顺序写出）就是这个数的二进制表示。简单地说就是"除2取余法"。

例如，将十进制整数$(215)_{10}$转换成二进制整数的方法如下。

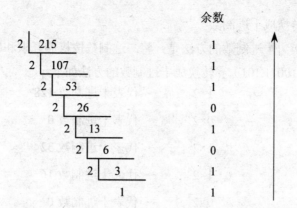

于是，$(215)_{10}=(11010111)_2$。

掌握十进制整数转换成二进制整数的方法以后，将十进制整数转换成八进制或十六进制就很容易了。十进制整数转换成八进制整数的方法是"除 8 取余法"，十进制整数转换成十六进制整数的方法是"除 16 取余法"。

（2）十进制小数转换成二进制小数

十进制小数转换成二进制小数是将十进制小数连续乘以 2，选取进位整数，直到满足精度要求为止。简称"乘 2 取整法"。

例如，将十进制小数 $(0.6875)_{10}$ 转换成二进制小数。

将十进制小数 0.6875 连续乘以 2，把每次所进位的整数，按从上往下的顺序写出。

```
  0.6875
×)     2
  1.3750   整数=1
  0.3750
×)     2
  0.7500   整数=0
×)     2
  1.5000   整数=1
  0.5000
×)     2
  1.0      整数=1
```

于是，$(0.6875)_{10}=(0.1011)_2$。

掌握十进制小数转换成二进制小数的方法以后，再把十进制小数转换成八进制小数或十六进制小数就很容易了。十进制小数转换成八进制小数的方法是"乘 8 取整法"，十进制小数转换成十六进制小数的方法是"乘 16 取整法"。

（3）二进制数转换成十进制数

把二进制数转换为十进制数的方法是：将二进制数按权展开求和即可。

例如，将$(10110011.101)_2$转换成十进制数的方法如下：

$1×2^7$ → 代表十进制数 128

$0×2^6$ → 代表十进制数 0

$1×2^5$ → 代表十进制数 32

$1×2^4$ → 代表十进制数 16

$0×2^3$ → 代表十进制数 0

$0×2^2$ → 代表十进制数 0

$1×2^1$ → 代表十进制数 2

$1×2^0$ → 代表十进制数 1

$1×2^{-1}$ → 代表十进制数 0.5

$0×2^{-2}$ → 代表十进制数 0

$1×2^{-3}$ → 代表十进制数 0.125

于是，$(10110011.101)_2=128+32+16+2+1+0.5+0.125=(179.625)_{10}$。同理，非十进制数转换成十进制数的方法是：把各个非十进制数按权展开求和即可。如把二进制数（或八进制数、或十六进制数）写成2（或8、或16）的各次幂之和的形式，然后再计算其结果。

2．二进制数与八进制数之间的转换

二进制数与八进制数之间的转换十分简捷方便，它们之间的对应关系是：八进制数的每1位对应二进制数的3位。

（1）二进制数转换成八进制数

由于二进制数和八进制数之间存在特殊关系，即$8^1=2^3$，因此转换方法比较容易，具体转换方法是：将二进制数从小数点开始，整数部分从右向左3位一组，小数部分从左向右3位一组，不足3位用0补足即可。

例如，将$(10110101110.11011)_2$化为八进制数的方法如下。

010 110 101 110 . 110 110

↓   ↓   ↓   ↓   ↓   ↓

2   6   5   6 . 6   6

于是，$(10110101110.11011)_2=(2656.66)_8$。

（2）八进制数转换成二进制数

以小数点为界，向左或向右每1位八进制数用相应的3位二进制数取代，然后将其连在一起即可将八进制数转换为二进制数。

例如，将（6237.431）$_8$转换为二进制数的方法如下：

6   2   3   7   .   4   3   1
↓   ↓   ↓   ↓   ↓   ↓   ↓
110 010 011 111 . 100 011 001

于是，（6237.431）$_8$=（110010011111.100011001）$_2$。

3．二进制数与十六进制数之间的转换

（1）二进制数转换成十六进制数

二进制数的每4位，刚好对应于十六进制数的1位（$16^1=2^4$），其转换方法是：将二进制数从小数点开始，整数部分从右向左4位一组，小数部分从左向右4位一组，不足4位用0补足，每组对应1位十六进制数即可得到十六进制数。

例如，将二进制数（101001010111.110110101）$_2$转换为十六进制数的方法如下：

1010 0101 0111 . 1101 1010 1000
 ↓   ↓   ↓   ↓   ↓   ↓
 A   5   7 .   D   A   8

于是，（101001010111）$_2$=（A57.DA8）$_{16}$。

又如，将二进制数（100101101011111）$_2$转换为十六进制数的方法如下：

0100 1011 0101 1111
 ↓   ↓   ↓   ↓
 4   B   5   F

于是，（100101101011111）$_2$=（4B5F）$_{16}$。

（2）十六进制数转换成二进制数

以小数点为界，向左或向右每1位十六进制数用相应的4位二进制数取代，然后将其连在一起即可将十六进制数转换成二进制数。

例如，将（3AB.11）$_{16}$转换成二进制数的方法如下：

3   A   B   . 1   1
↓   ↓   ↓   ↓   ↓
0011 1010 1011 . 0001 0001

于是，（3AB.11）$_{16}$=（1110101011.00010001）$_2$。

知识点4：二进制数在计算机内的表示

计算机内表示的数，分成整数和实数两大类。在计算机内部，数据是以二进制的形式存储和运算的。数的正负用高位字节的最高位来表示，定义为符号位，用"0"表示正数，"1"表示负数。例如，二进制数+1101000在机器内的表示如下：

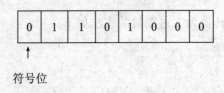

↑
符号位

1. 整数的表示

计算机中的整数一般用定点数表示，定点数是指小数点在数中有固定的位置。整数又可分为无符号整数（不带符号的整数）和有符号整数（带符号的整数）。无符号整数中，所有二进制位全部用来表示数的大小；有符号整数中，用最高位表示数的正负号，其他位表示数的大小。如果用一个字节表示一个无符号整数，其取值范围是 0～255（2^8-1）；表示一个有符号整数，其取值范围-128～+127（-2^7～2^7-1）。例如，如果用一个字节表示整数，则能表示的最大正整数为 01111111（最高位为符号位），即最大值为 127，若数值大于|127|，则"溢出"。计算机中的地址常用无符号整数表示，可以用 8 位、16 位或 32 位来表示。

2. 实数的表示

实数一般用浮点数表示，因它的小数点位置不固定，所以称浮点数。它是既有整数又有小数的数，纯小数可以看作实数的特例。例如，57.625、-1984.045、0.00456 都是实数。

以上三个数又可以表示为：

$$57.625 = 10^2 \times (0.57625)$$
$$-1984.045 = 10^4 \times (-0.1984045)$$
$$0.00456 = 10^{-2} \times (0.456)$$

其中指数部分用来指出实数中小数点的位置，括号内是一个纯小数。二进制的实数表示也是这样的，例如，110.101 可表示为：

$$(110.101)_2 = 2^2 \times 1.10101 = 2^{-2} \times 11010.1 = 2^3 \times 0.110101$$

在计算机中一个浮点数由指数（阶码）和尾数两部分组成，其机内表示形式如下：

阶符	阶码	数符	尾数

阶码用来指示尾数中的小数点应当向左或向右移动的位数；尾数表示数值的有效数字，其小数点约定在数符和尾数之间，在浮点数中数符和阶符各占一位。阶码的值随浮点数数值的大小而定，尾数的位数则依浮点数数值的精度要求而定。

知识点 5：常见的信息编码

前面已介绍过，计算机中的数据是用二进制表示的，而人们习惯用十进制的数，那么输入或输出时，数据就要进行十进制和二进制之间的转换处理，因此必须采用一种编码的方法，由计算机自己来承担这种识别和转换工作。

1. BCD 码

BCD（Binary Code Decimal）码，是用若干个二进制数表示一个十进制数的编码。BCD 码有多种编码方法，常用的有 8421 码。表 1-2 是十进制数 0～9 的 8421 编码表。

表 1-2 十进制数与 BCD 码的对照表

十进制数	8421 码	十进制数	8421 码
0	0000	5	0101
1	0001	6	0110
2	0010	7	0111
3	0011	8	1000
4	0100	9	1001

8421 码是将十进制数码 0～9 中的每个数分别用 4 位二进制编码表示，自左至右每一位对应的数是 8、4、2、1，这种编码方法比较直观、简要，对于多位数，只须将它的每一位数字按表 1-2 中所列的对应关系用 8421 码直接列出即可。例如，十进制数 1209.56 的 8421 码为：

$$(1209.56)_{10} = (0001\ 0010\ 0000\ 1001.0101\ 0110)_{BCD}$$

8421 码与二进制之间的转换不是直接的，要先将 8421 码表示的数转换成十进制数，再将十进制数转换成二进制数。例如：

$$(1001\ 0010\ 0011.0101)_{BCD} = (923.5)_{10} = (1110011011.1)_2$$

2. ASCII 码

计算机中，对非数值的文字和其他符号进行处理时，要对文字和符号进行数字化处理，即用二进制编码来表示文字和符号。字符编码（Character Code）就是用二进制编码来表示字母、数字以及专门符号的。

在计算机系统中，有两种重要的字符编码方式：ASCII 和 EBCDIC。EBCDIC 主要用于 IBM 的大型主机，ASCII 用于微型机与小型机。下面简要介绍 ASCII 码。

计算机中普遍采用的是 ASCII（American Standard Code for Information Interchange）码，即美国信息交换标准代码。ASCII 码有 7 位版本和 8 位版本两种，国际上通用的是 7 位版本。7 位版本的 ASCII 码有 128 个元素，只需用 7 个二进制位（2^7=128）表示，其中控制字符 34 个，阿拉伯数字 10 个，大小写英文字母 52 个，各种标点符号和运算符号 32 个。在计算机中实际用 8 位表示一个字符，最高位为 "0"。ASCII 码的内容如表 1-3 所示。从表中可以看到，数字 0 的 ASCII 码为 48，大写英文字母 A 的 ASCII 码为 65，空格的 ASCII 码为 32 等。有的计算机教材中的 ASCII 码用 16 进制数表示，这样，数字 0 的 ASCII 码为 30H，字母 A 的 ASCII 为 41H，等等。

表 1-3 ASCII 码表

ASCII 码	键盘	ASCII 码	键盘	ASCII 码	键盘	ASCII 码	键盘
27	Esc	32	Space	33	!	34	"
35	#	36	$	37	%	38	&
39	'	40	(	41	)	42	*
43	+	44	'	45	-	46	.
47	/	48	0	49	1	50	2
51	3	52	4	53	5	54	6
55	7	56	8	57	9	58	:
59	;	60	<	61	=	62	>
63	?	64	@	65	A	66	B
67	C	68	D	69	E	70	F
71	G	72	H	73	I	74	J
75	K	76	L	77	M	78	N
79	O	80	P	81	Q	82	R
83	S	84	T	85	U	86	V
87	W	88	X	89	Y	90	Z
91	[	92	\	93	]	94	^
95	_	96	`	97	a	98	B
99	c	100	d	101	e	102	F
103	g	104	h	105	i	106	J
107	k	108	l	109	m	110	n
111	o	112	p	113	q	114	r
115	s	116	t	117	u	118	v

续表 1-3

ASCII 码	键盘	ASCII 码	键盘	ASCII 码	键盘	ASCII 码	键盘
119	w	120	x	121	y	122	z
123	{	124	|	125	}	126	~

除了 ASCII 码外，EBCDIC（扩展的二进制编码的十进制交换码）是西文字符的另一种编码，采用 8 位二进制表示，共有 256 种不同的编码，可表示 256 个字符，在某些计算机中也常使用。

3. 汉字编码

汉字也是字符，与西文字符比较，汉字数量大、字形复杂、同音字多，这就给汉字在计算机内部的存储、汉字的传输与交换、汉字的输入与输出等带来了一系列的问题。为了能直接使用西文标准键盘输入汉字，必须为汉字设计相应的编码，以适应计算机处理汉字的需要。

（1）国标码

1980 年我国颁布的《信息交换用汉字编码字符集·基本集》（代号为 GB 2312－80），是国家规定的用于汉字信息处理使用的代码依据，这种编码称为国标码。在国标码的字符集中共收录了 6 763 个常用汉字和 682 个非汉字字符（图形、符号）。其中，一级汉字 3 755 个，以汉语拼音为序排列；二级汉字 3 008 个，以偏旁部首进行排列。

国标 GB 2312－80 规定，所有的国标汉字与符号组成一个 94×94 的矩阵，在此方阵中，每一行称为一个"区"（区号为 01～94），每一列称为一个"位"（位号为 01～94），该方阵实际组成了 94 个区，每个区内有 94 个位的汉字字符集，每一个汉字或符号在码表中都有一个唯一的位置编码，叫该字符的区位码。

使用区位码方法输入汉字时，必须先在表中查找汉字并找出对应的代码，才能输入。区位码输入汉字的优点是无重码，而且输入码与内部编码的转换十分方便。

（2）机内码

汉字的机内码是计算机系统内部对汉字进行存储、处理、传输统一使用的代码，又称为汉字内码。由于汉字数量多，一般用两个字节来存放汉字的内码。在计算机内汉字字符必须与英文字符区别开，以免造成混乱。英文字符的机内码是用一个字节来存放 ASCII 码的，一个 ASCII 码占一个字节的低 7 位，最高位为"0"。为了便于区分，汉字机内码中两个字节的最高位均置"1"。

例如，汉字"中"的国标码为 5650H（01010110 01010000）$_2$，机内码为 D6D0H（11010110 11010000）$_2$。

（3）字形码

每一个汉字的字形都必须预先存放在计算机内，如 GB 2312—80 国标汉字字符集的所有字符的形状描述信息集合在一起,称为字形信息库,简称字库。字库通常有点阵字库和矢量字库。目前汉字字形的产生方式大多是用点阵方式形成汉字,即是用点阵表示的汉字字形代码。根据汉字输出精度的要求,有不同的密度点阵。汉字字形点阵有 16×16 点阵、24×24 点阵、32×32 点阵等。汉字字形点阵中每个点的信息用一位二进制码来表示,"1"表示对应位置处是黑点,"0"表示对应位置处是空白。字形点阵的信息量很大,所占存储空间也很大。例如,16×16 点阵每个汉字就要占 32 个字节(16×16÷8=32);24×24 点阵的字形码需要用 72 个字节(24×24÷8=72),因此字形点阵只能用来构成"字库",而不能用来替代机内码用于机内存储。字库中存储了每个汉字的字形点阵代码,不同的字体(如宋体、仿宋、楷体、黑体等)对应着不同的字库。在输出汉字时,计算机都要先到字库中找到它的字形描述信息,然后把字形送去输出。

1.2.2 典型例题解析

【例1】 与十进制数 254 等值的二进制数是_____。

A. 11111110　　　　B. 11101111　　　　C. 11111011　　　　D. 11101110

【解析】 具体使用"除 2 取余"。

【例2】 与十六进制数 BC 等值的二进制数是_____。

A. 10111011　　　　B. 10111100　　　　C. 11001100　　　　D. 11001011

【解析】$(BC)_{16}=(10111100)_2$。

【例3】 二进制数 00111101 转换成十进数为_____。

A. 57　　　　　　　B. 59　　　　　　　C. 61　　　　　　　D. 63

【解析】 二进制数转换成十进制数用按权展开的方法。

【例4】 某汉字的区位码是 2534,它的国际码是_____。

A. 4563H　　　　　B. 3942H　　　　　C. 3345H　　　　　D. 6566H

【解析】 国际码=区位码+2020H。即将区位码的十进制区号和位号分别转换成十六进制数,然后分别加上 20H,就成了汉字的国际码。

【例5】 某汉字的国际码是 5650H,它的机内码是_____。

A. D6D0H　　　　　B. E5E0H　　　　　C. E5D0H　　　　　D. D5E0H

【解析】 汉字机内码=国际码+8080H。

【例6】 某汉字的区位码是 5448,它的机内码是_____。

A. D6D0H　　　　　B. E5E0H　　　　　C. E5D0H　　　　　D. D5E0H

【解析】 国际码=区位码+2020H,汉字机内码=国际码+8080H。首先将区位码转换成国际码,然后将国际码加上 8080H,即得机内码。

1.3 案例3——计算机系统的组成

1.3.1 相关知识

知识点1: 计算机硬件系统的组成

一个完整的电子计算机是由硬件系统和软件系统组成的，如图1-1所示。其中，硬件系统是计算机程序运行的物质基础，硬件是指计算机中一切可见的设备。

1. 运算器

运算器又称算术逻辑单元（Arithmetic Logic Unit，ALU），是计算机对数据进行加工处理的部件，它的主要功能是对二进制数码进行加、减、乘、除等算术运算，以及与、或、非等基本逻辑运算，实现逻辑判断。运算器在控制器的控制下实现其功能，运算结果由控制器指挥送到内存储器中。

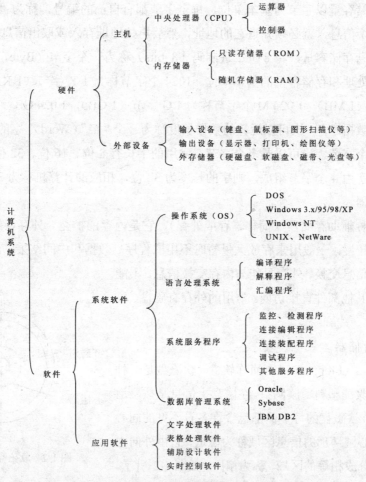

图1-1 计算机系统的组成

2. 控制器

控制器主要由指令寄存器、译码器、程序计数器和操作控制器等组成。控制器用来控制计算机各部件协调工作，并使整个处理过程有条不紊地进行。它的基本功能就是从内存中取出指令和执行指令，即控制器按程序计数器指出的指令地址从内存中取出该指令进行译码，然后根据该指令功能向有关部件发出控制命令，执行该指令。另外，控制器在工作过程中还要接受各部件反馈回来的信息。

3. 存储器

存储器具有记忆功能，用来保存信息，如数据、指令和运算结果等。

存储器可分为两种，即内存储器和外存储器。

（1）内存储器

内存储器也称主存储器（简称主存或内存），它直接与CPU相连接，存储容量较小，但速度快，用来存放当前运行程序的指令和数据，并直接与CPU交换信息。内存储器由许多存储单元组成，每个单元能存放一个二进制数，或一条由二进制编码表示的指令。

存储器的存储容量以字节为基本单位，每个字节都有自己的编号，称为"地址"，如要访问存储器中的某个信息，就必须知道它的地址，然后再按地址存入或取出信息。

为了量度信息存储容量，将8位二进制码（8 bits）称为一个字节（Byte，简称B），字节是计算机中数据处理和存储容量的基本单位。1024个字节称为1K字节（1 KB），1 024 K个字节称1兆字节（1 MB），1 024 M个字节称为1 G字节（1 GB），1 024 GB字节称为1 TB。

计算机处理数据时，一次可以运算的数据长度称为一个"字"（Word）。字的长度称为字长。一个字可以是一个字节，也可以是多个字节。常用的字长有8位、16位、32位、64位等。如某一类计算机的字由4个字节组成，则字的长度为32位，相应的计算机称为32位机。

（2）外存储器

外存储器又称辅助存储器（简称辅存或外存），它是内存的扩充。外存存储容量大，价格低，但存储速度较慢，一般用来存放大量暂时不用的程序、数据和中间结果，需要时可成批地和内存储器进行信息交换。外存只能与内存交换信息，不能被计算机系统的其他部件直接访问。常用的外存有磁盘、磁带和光盘等。

① 软磁盘存储器

软磁盘存储器（Floppy Disk）简称软盘。软磁盘是一种涂有磁性物质的聚酯塑料薄膜圆盘。在磁盘上信息是按磁道和扇区来存放的，软磁盘的每一面都包含许多看不见的同心圆，盘上一组同心圆环形的信息区域称为磁道，它由外向内编号。每道被划分成相等的区域，称为扇区，如图1-2所示。

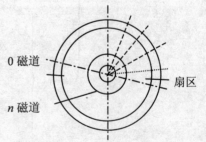

图1-2 软磁盘内部结构图

在微机中使用的通常是 3.5 英寸软盘，软盘封装在塑料硬套内，如图 1-3 所示。

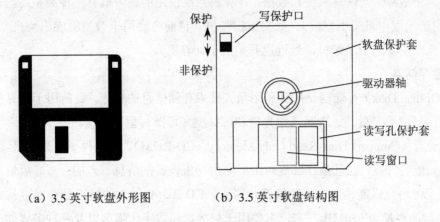

（a）3.5 英寸软盘外形图　　（b）3.5 英寸软盘结构图

图 1-3　软盘外形结构图

3.5 英寸磁盘的盘面划分为 80 个磁道，每个磁道又分割为 18 个扇区，存储容量为 1.44MB。存储容量的具体计算如下：

$$0.5 \text{ KB} \times 80 \times 18 \times 2 = 1440 \text{ KB} \approx 1.44 \text{ MB}（512 \text{ B} = 0.5 \text{ KB}）$$

软磁盘必须置于软盘驱动器中才能正常读写。在把软盘插入驱动器时应把软盘的正面朝上，需要注意的是，在驱动器工作指示灯亮时不得插入、抽取软盘，以防损坏软盘。

在微机的使用中，软盘和软盘驱动器是一个使用率和故障率都很高的部件。因此，在使用软盘时必须注意：不要触摸裸露的盘面，不要用重物压片，不要弯曲或折断盘片，远离强磁场，防止阳光照射。

② 硬磁盘存储器

硬磁盘存储器（Hard Disk）简称硬盘。硬盘是由涂有磁性材料的合金圆盘组成的，是微机系统的主要外存储器（或称辅存）。硬盘按盘径大小可分为 3.5 英寸、2.5 英寸、1.8 英寸等。目前大多数微机上使用的硬盘都是 3.5 英寸的。

硬盘有一个重要的性能指标是存取速度。影响存取速度的因素有平均寻道时间、数据传输率、盘片的旋转速度和缓冲存储器容量等。一般来说，转速越高的硬磁盘寻道的时间越短，而且数据传输率也越高。

一个硬盘一般由多个盘片组成，盘片的每一面都有一个读写磁头。硬盘在使用时，要对盘片格式化成若干个磁道（称为柱面），每个磁道再划分为若干个扇区。

硬盘的存储容量计算公式如下：

$$存储容量 = 磁头数 \times 柱面数 \times 扇区数 \times 每扇区字节数（512 \text{ B}）$$

常见硬盘的存储容量有 30 GB，80 GB，100 GB 等。

③ 磁带存储器

磁带存储器也称为顺序存取存储器（Sequential Access Memory，SAM），即磁带上的文件依次存放。磁带存储器存储容量很大,但查找速度慢,在微型计算机上一般用作后备存储装置,以便在硬盘发生故障时,恢复系统和数据。计算机系统使用的磁带机有三种类型:盘式磁带机(过去大量用于大型主机或小型机)、数据流磁带机(目前主要用于微型机或小型机)、螺旋扫描磁带机(原来主要用于录像机,最近也开始用于计算机)。

④ 光盘存储器

光盘(Optical Disk)存储器是一种利用激光技术存储信息的装置。目前用于计算机系统的光盘有三类:只读型光盘、一次写入型光盘和可抹型(可擦写型)光盘。

只读型光盘(Compact Disk-Read Only Memory,CD-ROM),是一种小型光盘只读存储器。它的特点是只能写一次,而且是在制造时由厂家用冲压设备把信息写入的。写好后信息将永久保存在光盘上,用户只能读取,不能修改和写入。CD-ROM 最大的特点是存储容量大,一张 CD-ROM 光盘的容量为 650MB 左右,主要用于视频盘和数字化唱盘以及各种多媒体出版物。

计算机上用的 CD-ROM 有一个数据传输速率的指标:倍速。1 倍速的数据传输速率是 150 Kbps,24 倍速的数据传输速率是 150 Kbps×24=3.6 Mbps。CD-ROM 适用于存储容量固定、信息量庞大的内容。

一次写入型光盘(Write Once Read Memory,WORM)可由用户写入数据,但只能写一次,写入后不能擦除修改。一次写入多次读出的 WORM 适用于用户存储,允许随意更改文档,可用于资料永久性保存,也可用于自制多媒体光盘或光盘复制。

可擦写光盘(Magneto Optical,MO),是能够重写的光盘,它的操作完全和硬盘相同,故称磁光盘。MO 可反复使用一万次、可保存 50 年以上。MO 具有可换性、高容量和随机存取等优点,但速度较慢,一次投资较高。

以上介绍的外存的存储介质,都必须通过机电装置才能进行信息的存取操作,这些机电装置称为驱动器。例如,软盘驱动器(软盘片插在驱动器中读/写)、硬盘驱动器、磁带驱动器和光盘驱动器等。另外,一般机器上配置的光驱只能读取光盘(只读光驱),而刻录机的光盘驱动器,才具有对光盘的读/写功能。

4. 输入/输出设备

输入/输出设备简称 I/O(Input/Output)设备。用户通过输入设备将程序和数据输入计算机,输出设备将计算机处理的结果(如数字、字母、符号和图形)显示或打印出来。常用的输入设备有键盘、鼠标器、扫描仪、数字化仪等。常用的输出设备有显示器、打印机、绘图仪等。

人们通常把内存储器、运算器和控制器合称为计算机主机,而把运算器、控制器做在一个大规模集成电路块上称为中央处理器(Central Processing Unit,CPU)。也可以说主机是由 CPU 与内存储器组成的,而主机以外的装置称为外部设备,外部设备包括输入/输出设备、外存储器等。

知识点 2：计算机软件系统的组成

软件是计算机系统必不可少的组成部分。微型计算机系统的软件分为系统软件和应用软件两类。系统软件一般包括操作系统、语言编译程序、数据库管理系统。应用软件是指计算机用户为某一特定应用而开发的软件，如文字处理软件、表格处理软件、绘图软件、财务软件和过程控制软件等。

1．操作系统

操作系统（Operating System，OS）是最基本、最重要的系统软件。它负责管理计算机系统的全部软件资源和硬件资源，合理地组织计算机各部分协调工作，为用户提供操作和编程界面。

随着计算机技术的迅速发展和计算机的广泛应用，用户对操作系统的功能、应用环境、使用方式不断提出新的要求，因而逐步形成了不同类型的操作系统。根据操作系统的功能和使用环境，大致可分为以下几类。

（1）单用户任务操作系统

计算机系统在单用户单任务操作系统的控制下，只能串行地执行用户程序，个人独占计算机的全部资源，CPU 运行效率低。DOS 操作系统属于单用户单任务操作系统。

现在大多数的个人计算机操作系统是单用户多任务操作系统，允许多个程序或多个作业同时存在和运行。常用的操作系统中，Windows 3.x 是基于图形界面的 16 位单用户多任务操作系统，Windows 95 或 Windows 98 是 32 位单用户多任务操作系统。

（2）批处理操作系统

批处理操作系统以作业为处理对象，连续处理在计算机系统运行的作业流。这类操作系统的特点是：作业的运行完全由系统自动控制，系统的吞吐量大，资源的利用率高。

（3）分时操作系统

分时操作系统使多个用户同时在各自的终端上联机地使用同一台计算机，CPU 按优先级分配各个终端的时间片，轮流为各个终端服务，对用户而言，有"独占"这一台计算机的感觉。分时操作系统侧重于及时性和交互性，使用户的请求尽量能在较短的时间内得到响应。常用的分时操作系统有 UNIX 和 VMS 等。

（4）实时操作系统

实时操作系统是对随机发生的外部事件在限定时间范围内作出响应并对其进行处理的系统。外部事件一般指来自与计算机系统相联系的设备的服务要求和数据采集。实时操作系统广泛用于工业生产过程的控制和事务数据处理中。常用的实时操作系统有 μCOS—Π 等。

（5）网络操作系统

为计算机网络配置的操作系统称为网络操作系统。它负责网络管理、网络通信、资源共享和系统安全等工作。常用的网络操作系统有 NetWare 和 Windows NT 。NetWare 是 Novell 公司的产品，Windows NT 是 Microsoft 公司的产品。

（6）分布式操作系统

分布式操作系统是用于分布式计算机系统的操作系统。分布式计算机系统是由多个并行工作的处理机组成的系统，提供高度的并行性和有效的同步算法和通信机制，自动实行全系统范围的任务分配，并自动调节各处理机的工作负载。常用的分布式操作系统有 MDS 和 CDCS 等。

2．数据库管理系统

数据库管理系统（DataBase Management System，DBMS）的作用是管理数据库。数据库管理系统是有效地进行数据存储、共享和处理的工具。目前，微机系统常用的单机数据库管理系统有 dBASE、FoxBASE 和 Visual FoxPro 等，适用于网络环境的大型数据库管理系统有 Sybase、Oracle、DB2 和 SQL Server 等。

数据库管理系统主要用于档案管理、财务管理、图书资料管理、仓库管理和人事管理等数据处理。

3．联网及通信软件

网络上的信息和资料管理比单机上要复杂得多。因此出现了许多专门用于联网和网络管理的系统软件。例如，局域网操作系统有 Novell 公司的 NetWare 和 Microsoft 公司的 Windows NT；通信软件有 Internet 浏览器软件，如 Netscape 公司的 Navigator 和 Microsoft 公司的 IE 等。

4．应用软件

（1）文字处理软件

文字处理软件主要用于用户对输入到计算机的文字进行编辑并能将输入的文字以多种字形、字体及格式打印出来。目前常用的文字处理软件有 Microsoft Word、WPS 2000 等。

（2）表格处理软件

表格处理软件是根据用户的要求处理各式各样的表格并存盘打印出来。目前常用的表格处理软件有 Microsoft Excel 等。

（3）实时控制软件

用于生产过程自动控制的计算机一般都是实时控制。它对计算机的速度要求不高，但可靠性要求很高。用于控制的计算机，其输入信息往往是电压、温度、压力、流量等模拟量，将模拟量转换成数字量后计算机才能进行处理或计算。这类软件一般统称为监察控制和数据采集（Supervisory Control And Data Acquisition，SCADA）软件。目前 PC 机上流行的 SCADA 软件有 Fix，InTouch 和 Lookout 等。

知识点 3：计算机的基本工作原理

计算机的基本工作原理如图 1-4 所示。

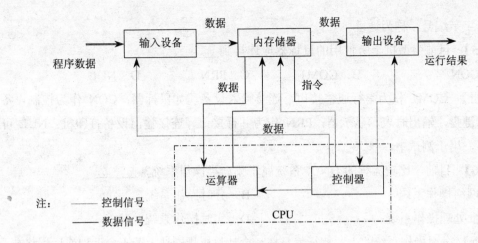

图 1-4 计算机的基本工作原理

1.3.2 典型例题解析

【例1】 CPU 的主要组成是运算器和_____。

A．控制器　　　　B．存储器　　　C．寄存器　　　D．编辑器

【解析】 CPU 即中央处理器，主要包括运算器（ALU）和控制器（CU）两大部件。

【例2】 高速缓冲存储器是为了解决_____。

A．内存与辅助存储器之间速度不匹配的问题

B．CPU 与辅助存储器之间速度不匹配的问题

C．CPU 与内存储器之间速度不匹配的问题

D．主机与外设之间速度不匹配的问题

【解析】 CPU 主频不断提高，对 RAM 的存取更快了，为协调 CPU 与 RAM 之间的速度差问题，设置了高速缓冲存储器（Cache）。

【例3】 运算器的主要功能是_____。

A．实现算术运算和逻辑运算

B．保存各种指令信息供系统其他部件使用

C．分析指令并进行译码

D．按主频指标规定发出时钟脉冲

【解析】 运算器（ALU）是计算机处理数据形成信息的加工厂，主要功能是对二进制数码进行算术运算或逻辑运算。

【例4】 微型计算机内存储器是_____的。

A．按二进制数编址　　　　　　　B．按字节编址

C．按字长编址　　　　　　　　　D．根据微处理器不同而编址不同

【解析】 为了存取到指定位置的数据，通常将每 8 位二进制组成一个存储单元，称为字节，

并给每个字节编号，称为地址。

【例5】 目前微型机上所使用的鼠标器应连接到_____。

A．CON B．COM1 C．PRN D．NUL

【解析】 COM1 作为串行通信接口，连接输入设备，如鼠标器；CON 作为控制设备，输入时表示键盘，输出时表示显示器；PRN 作为并行接口，连接输出设备打印机；NUL 可表示虚拟设备，用于测试中。

【例6】 目前，比较流行的 UNIX 系统属于哪一类操作系统？_____

A．网络操作系统 B．分时操作系统
C．批处理操作系统 D．实时操作系统

【解析】 分时操作系统的主要特征就是在一台计算机周围挂上若干台近程或远程终端，每个用户可以在各自的终端上以交互的方式控制作业运行。UNIX 是目前国际上最流行的分时系统。

1.4 案例4——计算机病毒

1.4.1 相关知识

知识点1： 计算机病毒的概念

计算机病毒是一段可执行的程序，但它不是一个完整的程序，而是寄生在其他可执行程序上。

知识点2： 计算机病毒的特点

计算机病毒具有传染性、潜伏性、破坏性、隐蔽性和寄生性等特点。

知识点3： 计算机病毒的防治

防治计算机病毒有以下几种方法：
① 慎重使用来历不明的磁盘或者软盘，必须在对其进行了病毒处理后才能使用。
② 保护好系统盘，保证机器是无毒启动的。
③ 定期对自己的磁盘进行病毒扫描，发现病毒及时杀灭消除。
④ 如果磁盘需要在其他机器上使用，最好设置好写保护才进行操作，以杜绝病毒的入侵；若没有设置写保护，就要定期进行病毒的扫描。
⑤ 在计算机中定期对重要的文件或者数据进行备份，避免遭受病毒入侵后数据与文件的丢失。

知识点 4：计算机病毒的分类

计算机病毒的分类情况如下：
① 根据病毒存在的媒体，病毒可以划分为网络病毒、文件病毒和引导型病毒。
② 根据病毒传染的方法可分为驻留型病毒和非驻留型病毒。
③ 根据病毒破坏的能力可划分为无害型病毒、无危险型病毒、危险型病毒和非常危险型病毒。
④ 根据病毒特有的算法，病毒可以划分为伴随型病毒、"蠕虫"型病毒、寄生型病毒、练习型病毒、诡秘型病毒和变型病毒（又称幽灵病毒）。

知识点 5：计算机常用的防病毒软件

计算机常用的防病毒软件有以下几种。

1. Symantec 公司的 Norton AntiVirus

Symantec（赛门铁克）公司是全球消费市场软件产品的领先供应商，同时是企业用户工具软件解决方案的领导供应商。Symantec 的 Norton AntiVirus 中文版是针对个人市场的产品。Norton AntiVirus 中文版在用户进行 Internet 浏览时能提供强大的防护功能，而它的压缩文档支持功能可以侦测并清除经过多级压缩的文件中的病毒。Norton AntiVirus 中文版还具有自动防护和修复向导功能。一旦发现病毒，会立即弹出一个警示框，并建议解决方法，用户只须确认，即可修复被感染文件。修复向导还可以协助清除在手动或定时启动扫描时找到的病毒。

在网络病毒防治方面，Symantec 公司有 Norton AntiVirus 企业版，其中包括了诺顿防病毒（NAV）企业版和 Symantec 系统中心。NAV 企业版能够智能而主动地检测并解决与病毒有关的问题，支持受控的分立反病毒配置，兼顾台式机和便携机用户环境。而 Symantec 系统中心则是一项全新的功能，提供相应的组织和管理工具，可以主动地设置和锁定相关策略，保证系统版本始终最新，并正确地配置。可以集中地在多机 Windows NT 和 NetWare 网络中应用 Symantec 公司的反病毒方案，通过单一的中心控制台监视特定反病毒区域内的多台计算机。

Symantec 公司向 NAV 用户提供了完善的技术支持。它具有自动升级功能，用户可以不断通过新的版本来保护自己的计算机。如果用户发现新病毒并无法判断何种病毒时，可以通过 Internet 立即将感染的文件送回 Symantec 病毒防治研究中心（SARC），SARC 会在 24 小时之内为用户提供对策。此外，内置的 Live Update 功能可以自动在线更新病毒定义。病毒定义是包含病毒信息的文件，它允许 NAV 识别和警告出现的特定病毒。为了防止新的病毒感染计算机，必须经常更新病毒定义文件。

2. Trend Micro 公司的 PC-cillin

Trend Micro（趋势科技）公司的 PC-cillin 是一款功能非常强大的网络安全软件，它充分利用了 Windows 与浏览器密切结合的特性，加强对 Internet 病毒的防疫，并通过先进的推送（Push）

技术，提供全自动病毒码更新、程序更新、每日病毒咨询等技术服务。PC-cillin 具有宏病毒陷阱（MacroTrap）和智慧型 Internet 病毒陷阱，可以自动侦测并清除已知和未知的宏病毒以及从 Internet 进入的病毒。此外，PC-cillin 还能直接扫描多种压缩格式，支持的文件格式多达 20 种。

Trend Micro 公司针对不同的应用有多种网络防病毒产品，其中包括针对网上工作站的病毒防火墙 OfficeScan Corporate Edition、针对网络服务器的病毒防火墙 ServerProtect、针对电子邮件的病毒防火墙 ScanMail For Microsoft Exchange/Lotus Notes、针对网关的病毒防火墙 InterScan VirusWall 以及网关病毒中央控制系统 Trend Virus Control System。

3. NAI 公司的 McAfee VirusScan

美国的 NAI 公司是全球第五家独立软件公司，也是世界第一家从事网络安全和管理的独立软件公司。NAI 公司在病毒防治领域久负盛名，它的 McAfee VirusScan 拥有众多的用户。VirusScan 是用于桌面反病毒的解决方案，可检测出几乎所有已知的病毒，防止许多最新的病毒和恶意 ActiveX 或 Java 小程序对数据的破坏，实时监视包括软盘、Internet 下载、E-mail、网络、共享文件、CD-ROM 和在线服务等在内的各种病毒源，使系统免遭各种病毒的侵害。它还能扫描各种流行的压缩文件，使病毒无处藏身。

在多级跨平台防毒工具方面，NAI 拥有 McAfee TVD（Total Virus Defense）。McAfee TVD 是 NAI 公司网络安全与管理全面动态解决方案 Net Tools 套装软件的一个部分。它在多级跨平台防毒解决方案中的表现为业界和用户称道，为企业提供了企业整体安全防护、所有入口点防护、病毒发现支持和快速高效的病毒更新功能。McAfee TVD 包括 VirusScan、NetShield、GroupShield 和 WebShield 等组件，提供了桌面、服务器和 Internet 网关的单一集成的防病毒系统。

McAfee VirusScan 是美国和全世界最知名和杰出的反病毒软件之一，在全球反病毒软件市场中以 52%的占有率雄踞首位，堪称反病毒软件的业界领袖。它提供了完整的值得信赖的桌面环境的反病毒解决方案，能够准确有效地清除软盘、Internet 下载文件、电子邮件和各种压缩文件中可能存在的病毒。McAfee VirusScan 目前能够处理 15 000 多种病毒，并在数据库中及时添加每月新增的约 300 种新的病毒，还提供了对网络用户进行自动升级的功能。VirusScan 的主要功能包括内存、文件和引导区病毒的检查和清除，实时扫描技术可以在后台监视操作系统的文件操作，在磁盘访问、文件复制、文件创建、文件改名、程序执行、系统启动和准备关闭时检测病毒。

NetShield 应用于文件及应用程序服务器反病毒解决方案，为企业提供综合的基于服务器的病毒防护，帮助企业网络上的关键服务器防止病毒传播。它可以广泛应用于 NetWare、Windows NT 和 UNIX 平台的服务器上，实时地检测所有传到或传出服务器的感染了病毒的文件，并对检测出的病毒进行清除、删除或者隔离，以备将来分析和追踪根源。GroupShield 能够在群件环境内阻止病毒。WebShield 是专门针对网关的防病毒解决方案，NAI 公司为 Windows NT 和 Solaris 开发的 WebShieldX Proxy 和 WebShield SMTP 可以为防火墙提供反病毒附加层。

为了紧密跟踪病毒的发展情况，及时更新防病毒软件，NAI 建立了遍布世界范围的反病毒紧急响应小组，它可以跟踪新的病毒并 24 小时向企业发布最新病毒特征文件。

4．Panda

Panda（熊猫）软件公司是在业界享有声誉的计算机安全产品公司，同时是欧洲防病毒市场的领导者。熊猫推出的防病毒软件"熊猫卫士"拥有强大的病毒检测能力，并可以扫描压缩文件。"熊猫卫士"提供两种类型的实时监控：哨兵监控和互联网监控。哨兵监控实时监视当前系统中所有正在运行或打开的文件，互联网监控实时防范来自互联网的病毒和黑客程序的威胁。此外，"熊猫卫士"还能监控 ActiveX 和 Java 恶意程序对系统进行的攻击。

"熊猫卫士"网络版（Global Virus Insurance，GVI）提供了对 Internet、E-mail 及群件、服务器、工作站和单机的防护。GVI 具备强大的网络管理工具，并首次采用零度网络管理（Zero Administration Security，ZAS）技术，能通过网上任一台工作站在几分钟内完成对整个网络的软件分发、安装、配置和升级。GVI 提供了集中管理功能，可以在线监控服务器和工作站，即时或预定地扫描服务器，并给出完整检查报告。此外，GVI 可以智能更新病毒代码，并把它们发送到网络中的各个工作站和服务器上，同时支持智能升级功能。

5．瑞　星

瑞星杀毒软件是北京瑞星计算机科技开发有限责任公司自主研制开发的反病毒安全工具，主要用于对各种恶性病毒如 CIH，Melisa 和 Happy 99 等宏病毒的查找、清除和实时监控，并恢复被病毒感染的文件或系统等，维护计算机与网络信息的安全。瑞星杀毒软件能全面清除感染 DOS、Windows 9x、Windows NT 4.0/2000/XP 等多平台的病毒以及危害计算机网络信息安全的各种黑客程序。

瑞星杀毒软件分为世纪版、标准版和 OEM 版，它们均包含 DOS 版和 Windows 95/98/2000/XP 版 2 套杀毒软件，其中世纪版还特有实时监控的防火墙功能，在 Windows 9x/2000/XP 版中还包括了智能的病毒实时监控功能。

6．金山毒霸

金山毒霸是由著名的金山软件公司推出的防病毒产品。金山毒霸采用触发式搜索、代码分析、虚拟机查毒等反病毒技术，具有病毒防火墙实时监控、压缩文件查毒等多项先进功能。金山毒霸目前可查杀超过 2 万种病毒家族和近百种黑客程序，是目前最有效的国产特洛伊木马、黑客程序清除工具。金山毒霸支持多种查毒方式，包括对压缩和自解压文件格式的支持和 E-mail 附件病毒的检测。此外，先进的病毒防火墙实时反病毒技术，可以自动查杀来自 Internet、E-mail、黑客程序的入侵以及盗版光盘的病毒。

7．冠群金辰公司的 Kill 系列防病毒软件

Kill 系列防病毒软件是北京冠群金辰有限公司推出的产品。Kill 桌面版可以进行实时自动检测，实时治愈，并在治愈前自动备份染毒文件，以确保系统安全。Kill 支持对压缩文档的检

测,并且它的宏病毒分析技术也可以快速地发现和清除宏病毒。此外,Kill 的智能陷阱检测为用户提供了先进的未知病毒防护手段。

用于网络病毒防治的 Kill 网络版包含了各个平台下的防病毒软件,提供了对 Windows NT、NetWare、Exchange 和 Notes 等平台的支持。Kill 通过集中的全方位管理、多种报警方式、远程服务器支持、完整的病毒报告,帮助管理员更好地管理网络。Kill 还具备自动安装、自动更新、自动软件分发、自动操作的能力,使软件的安装和升级更加方便快捷,极大地减少了管理员的管理负担。

冠群金辰的美方合资者 CA 公司能够提供及时升级病毒特征文件库,具有遍布全球 40 个国家、170 多个城市的病毒监测网,为 Kill 及时查杀国内外最新出现的病毒及其变种奠定了基础,从而能快速地向用户提供能够防治最新病毒的升级库。

冠群金辰公司还推出了包括 Kill 系列反病毒软件在内的全面网络安全解决方案,其中包括防火墙 Guard IT、网关防护产品 Internet Protector 和网络安全审计产品 SessionWall-3,从而构成一个整体网络防护系统。

1.4.2 典型例题解析

【例 1】 计算机病毒是一种_____。
 A．特殊的计算机部件　　　　　　B．游戏软件
 C．人为编制的特殊程序　　　　　D．能传染的生物病毒
【解析】 计算机病毒是一种人为编制的特殊程序。

【例 2】 下列选项中,不属于计算机病毒特点的是_____。
 A．破坏性　　　B．潜伏性　　　C．传染性　　　D．免疫性
【解析】 计算机病毒的特点有传染性、潜伏性、破坏性、隐蔽性和寄生性。

1.5 案例 5——多媒体技术

1.5.1 相关知识

知识点 1： 多媒体计算机的组成

多媒体计算机系统包括以下几个部分:
① 多媒体主机（如微型机）;
② 多媒体输入设备（如摄影机）;
③ 多媒体输出设备（如音响）;

④ 多媒体存储设备（如声像磁带）；
⑤ 多媒体适配器（如显示卡、声卡）；
⑥ 操纵控制设备（如操纵杆）。

知识点 2：多媒体的特点

多媒体的特点包括以下几个特点：
① 交互性；
② 集成性；
③ 实时性；
④ 数字化。

知识点 3：多媒体技术的应用

多媒体技术的应用较为广泛，主要应用在以下几个方面：
① 商业领域；
② 娱乐与服务；
③ 信息领域；
④ 教育与培训。

1.5.2 典型例题解析

【例 1】 下列各项中，不属于多媒体硬件的是_____。
A．光盘驱动器　　　　B．视频卡　　　　C．音频卡　　　　D．加密卡

【解析】 多媒体计算机系统包括多媒体主机（如微型机）、多媒体输入设备（如摄影机）、多媒体输出设备（如音响）、多媒体存储设备（如声像磁带）、多媒体适配器（如显示卡、声卡）和操纵控制设备（如操纵杆）。

【例 2】 我们常说的多媒体，在计算机中的媒体是指_____。
A．计算机的输入/输出信息　　　　B．各种信息的载体
C．计算机中的硬件设备　　　　　　D．外界对计算机技术宣传的传播媒体

【解析】 在计算机系统中的媒体是指各种信息和传播的载体，例如，文字、声音、图像等都是媒体，它们向人们传递着各种信息。

【例 3】 下列选项中不属于多媒体技术特点的是_____。
A．集成性　　　　B．交互性　　　　C．实时性　　　　D．通用性

【解析】 在计算机系统中，多媒体技术的特点是集成性、交互性、实时性和数字化。

1.6 案例6——程序设计语言

1.6.1 相关知识

知识点1：程序设计语言

程序设计语言是用户用来编写程序的语言，是人与计算机之间交换信息的工具。它可分为以下几类。

（1）机器语言

机器语言可由计算机硬件直接识别，是二进制形式的指令代码。

（2）汇编语言

汇编语言是一种面向机器的程序设计语言，采用一定的助记符号表示机器语言中的指令和数据，也就是用助记符号代替了二进制形式的机器语言。汇编语言编写的是源程序，经翻译后成为目标程序。

（3）高级语言

从机器语言和汇编语言过渡而来，逐步发展了面向问题的程序设计语言，称为高级语言。任何用高级语言编写的程序（源程序）都要通过编译程序翻译为计算机能够识别的机器语言程序（目标程序）后才能被计算机执行。

知识点2：计算机指令

计算机CPU中处理的指令包括两部分：操作码和地址。

1.6.2 典型例题解析

【例1】 一条计算机指令中规定其执行功能的部分称为_____。

A．源地址码　　　　B．操作码　　　　C．目标地址码　　　　D．数据码

【解析】 计算机CPU中处理的指令包括两部分：操作码和地址。而操作码规定其执行功能。

【例2】 用户用计算机高级语言编写的程序，通常称为_____。

A．汇编程序　　　　B．目标程序　　　　C．源程序　　　　D．二进制代码程序

【解析】 由各种高级语言编写的程序都称为源程序，源程序通过语言处理程序翻译成的计算机能够识别的机器语言程序称为目标程序。

【例3】 将高级语言编写的程序翻译成机器语言程序，采用的两种翻译方式是_____。

A．编译和解释　　　　B．编译和汇编　　　　C．编译和链接　　　　D．解释和汇编

【解析】 通过高级语言编写的代码程序称为源程序，计算机并不能识别这些代码，而是需要通过某种方式把这些代码翻译成计算机能够识别的机器语言。翻译方式有两种，即编译和解释。

【例4】 能把汇编语言源程序翻译成目标程序的程序，称为_____。

A．编译程序　　　　B．解释程序　　　C．编辑程序　　　D．汇编程序

【解析】 汇编程序能把汇编语言源程序翻译成目标程序。而编辑程序是编辑修改程序。

1.7 本章小结

本章介绍了计算机发展的历史、计算机的分类、计算机的特点以及计算机的应用领域。

本章还介绍了常用数值及转换方法、计算机中信息的单位、字符的编码和汉字的编码、计算机硬件系统和软件系统。

1.8 本章习题

1．电子数字计算机最主要的工作特点是_____。

A．高速度　　B．高精度　　C．存储程序与自动控制　　D．记忆力强

2．第四代电子计算机使用的电子元件是_____。

A．晶体管　　　　　　　　　　B．电子管

C．中、小规模集成电路　　　　D．大规模和超大规模集成电路

3．解释程序的功能是_____。

A．解释执行高级语言程序　　　B．将高级语言程序翻译成目标程序

C．解释执行汇编语言程序　　　D．将汇编语言程序翻译成目标程序

4．用C语言编写的源程序需要用编译程序先进行编译，再经过_____之后才能得到可执行程序。

A．汇编　　　　　B．解释　　　　C．连接　　　　D．运行

5．CAD是计算机的应用领域之一，其含义是_____。

A．计算机辅助教学　　　　　　B．计算机辅助管理

C．计算机辅助设计　　　　　　D．计算机辅助测试

6．在计算机内一切信息的存取、传输和处理都是以_____形式进行的。

A．ASCII码　　　B．二进制　　　C．BCD码　　　D．十六进制

7．十进制数268转换成十六进制数是_____。

A．10BH　　　　B．10CH　　　　C．10DH　　　　D．10EH

8．十六进制数1000H转换成十进制数是_____。

A. 1024　　　　　B. 2 048　　　　　C. 4096　　　　　D. 8192

9. 二进制数 0.101B 转换成十进制数是_____。

A. 0.625　　　　B. 0.75　　　　　C. 0.525　　　　D. 0.6125

10. 下列整数中最大的数是_____。

A. 10100011B　　B. FFH　　　　　C. 237O　　　　D. 789

11. 若一个字节为一个存储单元，则一个 64KB 的存储器共有_____个存储单元。

A. 64 000　　　　B. 65 536　　　　C. 65 535　　　　D. 32 768

12. 以下 4 个数虽然未标明属于哪一种数制，但是可以断定_____不是二进制数。

A. 1101　　　　　B. 100　　　　　C. 1021　　　　　D. 1010

13. 已知字母"F"的 ASCII 码是 46H，则字母"f"的 ASCII 码是_____。

A. 66H　　　　　B. 26H　　　　　C. 98H　　　　　D. 34H

14. 已知字母"C"的 ASCII 码为 67，则字母"G"的 ASCII 码的二进制值为_____。

A. 01111000　　　B. 01000111　　　C. 01011000　　　D. 01000011

15. 下列 4 个字符中，ASCII 码值最小的是_____。

A. B　　　　　　B. b　　　　　　C. N　　　　　　D. g

16. 在 ASCII 码表中，按照 ASCII 码值从小到大顺序排列的是_____。

A. 数字、英文大写字母、英文小写字母

B. 数字、英文小写字母、英文大写字母

C. 英文大写字母、英文小写字母、数字

D. 英文小写字母、英文大写字母、数字

17. 汉字国标码把 6 763 个汉字分成一级汉字和二级汉字，国标码本质上属于_____。

A. 机内码　　　　B. 交换码　　　　C. 拼音码　　　　D. 输出码

18. 汉字在计算机内的表示方法一定是_____。

A. 国标码　　　B. 机内码　　　C. ASCII 码　　　D. 最高位置 1 的两字节代码

19. 如果表示字符的连续两个字节（不是在内存中）为 31H 和 41H，则_____。

A. 一定是一个汉字的国标码

B. 一定不是一个汉字的国标码

C. 一定是两个西文字符的 ASCII 码

D. 可能是两个西文字符的 ASCII 码，也可能是一个汉字的国标码

20. 如果计算机内存中连续 4 个字节的数据依次为 31H、41H、51H、61H，则这些数据可能是_____。

A. 西文字符串　　　　　　　　　　B. 汉字字符串

C. 控制字符串　　　　　　　　　　D. 汉字与西文混合字符串

第 2 章　Windows XP 操作系统

2.1　案例 1——Windows XP 概述

2.1.1　相关知识

知识点 1：操作系统的基本概念

操作系统是一种系统软件，是在计算机硬件上配置的第一层软件。

操作系统是指控制和管理计算机软件和硬件资源，用以合理地组织计算机系统的工作流程，方便用户使用的程序和数据的集合。它提供了用户与操作系统之间的软件接口。在操作系统的管理下，计算机内部的各个资源得到了更有效的管理。好的操作系统可以充分发挥各硬件的功能，使计算机效率更高。

知识点 2：操作系统的功能

操作系统是计算机中控制和管理资源的软件，它的基本功能有作业管理、处理器管理、文件管理、设备管理和存储管理。

① 作业是指用户在一次处理过程中要求计算机系统做的工作总和。作业管理的任务就是建立作业，使之执行，在完成后将其撤销。它包括作业建立、作业调度、作业完成和作业控制。

② 处理器管理用于创建和撤销进程，管理各进程协调工作。

③ 文件管理是对用户和系统文件进行管理，方便用户使用和保证文件的安全。

④ 设备管理用于管理计算机的外围设备，主要是管理 I/O 设备。

⑤ 存储管理主要是方便用户使用存储器，提高存储器的利用效率。

知识点 3：操作系统的分类

按使用环境的不同可将操作系统分为分时操作系统、实时操作系统和批处理操作系统三类。

按用户数目的不同可将操作系统分为单用户操作系统和多用户操作系统，另外还有网络操作系统、分布式操作系统等。

当前流行的操作系统有 Windows、Linux 和 UNIX 等。

知识点 4： Windows XP 的特点

Windows XP 具有运行可靠、稳定而且速度快的特点，为用户计算机的安全、正常和高效运行提供保障。它不但使用更加成熟的技术，而且外观设计也焕然一新，桌面风格清新明快、优雅大方，用鲜艳的色彩取代以往版本的灰色基调，使用户有良好的视觉享受。

知识点 5： 常用术语和概念

Windows 操作系统中的常用术语和概念主要有以下几个。

- 盘符：盘符也称驱动器名，用于指出被操作的文件或目录在哪个物理磁盘上的符号。盘符常表示为"A："或"B："等。在对文件或目录进行操作时省略盘符的设置，默认是当前盘。
- 文件：文件是存储在外部介质上的相关数据的集合，它可以是一段程序、一组数据等。文件在操作系统中是一个很重要的概念，计算机是以文件的形式来对数据进行存储和管理的。
- 文件名：为每一个文件所取的名字，称为文件名。它一般由文件标识符和扩展名两部分组成，其形式为"标识符[.扩展名]"，扩展名为可选项。加入扩展名是为了使不同的文件在操作系统中被区分开来，也便于系统对文件进行操作。文件名一般由英文字符、数字、符号或汉字等组成。
- 目录（文件夹）：操作系统为了方便地管理磁盘中大量的文件，在磁盘的根目录下建立若干个子目录，该目录就被称为文件夹。为了快速地查找某一指定的文件，操作系统采用树形的目录结构、分层次管理、按文件名存取的办法，将文件分门别类地存放在不同的文件夹下，这就是 Windows 的树形目录结构。

注意：文件和文件夹的名称中不能包括 \，/，:，*，?，"，<，>，| 这些符号。

- 路径：若要执行某个文件，则需要给出到达该文件目录的各级父目录名，这一系列的目录就组成了路径。路径分为以下两种形式。
    * 绝对路径：从根目录开始说明路径的方式。
    * 相对路径：从当前目录开始说明路径的方式。

Windows 操作系统是采用树形结构的目录形式来对磁盘上的文件进行组织和管理的，如图 2-1 所示。

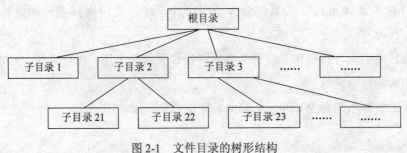

图 2-1　文件目录的树形结构

2.1.2 典型例题解析

【例1】 操作系统是计算机中控制和管理资源的软件，它具有的功能模块是_____。

A．程序管理、文件管理、编译管理、设备管理、用户管理

B．硬盘管理、软盘管理、存储管理、文件管理、批处理管理

C．运算器管理、控制器管理、打印机管理、磁盘管理、分时管理

D．处理器管理、存储管理、设备管理、文件管理、作业管理

【解析】 操作系统是计算机中控制和管理资源的软件，它的基本功能有作业管理、处理器管理、文件管理、设备管理和存储管理。

【例2】 Windows XP 是一个_____的系统。

A．单用户分时   B．多用户实时

C．多用户多任务   D．单用户多任务

【解析】 Windows XP 是一个多用户多任务操作系统，它允许运行多个任务，这样可以提高 CPU 的利用率。

【例3】 在 Windows XP 中，下列字符中在文件名中的是_____。

A．，   B．^   C．?   D．+

【解析】 文件和文件夹可以由英文字母、数字、符号或者汉字等组成。但 \, /, :, *, ?, ", <, >, | 这些符号是不可以出现在 Windows 的文件夹或文件名中的，否则会出错。

2.2 案例2——Windows XP 资源管理

2.2.1 相关知识

知识点1：资源管理器

1．启动资源管理器

启动资源管理器的常用方法有下面三种：

① 单击"开始"按钮，执行"程序"→"附件"→"Windows 资源管理器"命令。

② 右击桌面上的"我的电脑"、"回收站"或"我的文档"等图标，在弹出的快捷菜单中选择"资源管理器"命令。

③ 右击"开始"按钮，在弹出的快捷菜单中选择 "资源管理器"命令。

2. 资源管理器窗口的组成

资源管理器窗口是一个普通的应用程序窗口，如图 2-2 所示。它除了有一般窗口的通用组件外，还将窗口工作区分成以下两个部分。

（1）浏览器窗格

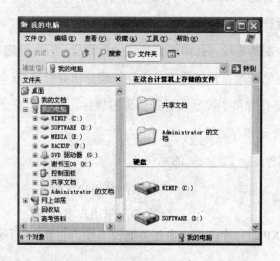

图 2-2　资源管理器窗口

浏览器窗格位于资源管理器窗口的左侧。默认情况下显示了一个层次分明的文件夹结构，最高层次是"桌面"，下一层次包括"我的文档"、"我的电脑"、"网上邻居"和"回收站"等系统文件夹，再下一层次分别列出各个驱动器以及"打印机"和"控制面板"等系统文件夹。查看该窗格，可以通过单击"查看"→"浏览器栏"菜单中的各选项进行设置。

（2）文件列表窗格

文件列表窗格位于资源管理器窗口的右侧。当用户在浏览器窗格中选择一个驱动器或文件夹后，该驱动器或文件夹的所有文件和文件夹都会出现在文件列表窗格中。

3. 资源管理器窗口显示方式的设置

资源管理器窗口的显示方式，可根据需要进行设置。

（1）调整左右窗格大小

把鼠标移动到左、右窗格中间的分隔线上，此时，鼠标指针变成"↔"，只要拖动鼠标就可移动分隔条。

（2）显示或隐藏工具栏

选择"查看"→"工具栏"菜单，在其下一级菜单中有"标准按钮"、"地址栏"、"链接"和"自定义"等菜单项，如果菜单项前有"√"符号，则表示该工具呈显示状态，在窗口的工具栏中以按钮的方式显示；如果菜单项前没有"√"符号，则表示该工具呈隐蔽状态，在窗口中不显示。

第2章 Windows XP 操作系统

（3）显示或隐藏状态栏

"查看"菜单中的"状态栏"菜单也可以选择显示或隐藏方式，操作方法与工具栏相同。

（4）改变对象查看方式

在"查看"菜单中有 5 个菜单项："缩略图"、"平铺"、"图标"、"列表"和"详细资料"，它们是资源管理器中对象的 5 种显示方式。这些菜单项是单选项，每次只能选择其中一种显示方式，选中的菜单项前有"·"符号，这时文件列表窗格中的对象就按选定的方式显示。

单击工具栏中"查看"按钮后的下拉按钮，也可以弹出这 5 个选项的菜单。

（5）文件排序方式的设置

为了方便用户查找文件，资源管理器提供了几种不同的文件排序方式，分别是按名称、大小、类型和修改时间排列文件。用户可选择其中任意一种排序方式显示。

操作方法是：执行"查看"→"排列图标"命令，在子菜单中选择所需要的菜单项。若"自动排列"选项被选中时，资源管理器可将文件列表窗格中的文件自动重新排列。

（6）设置"详细资料"内容

执行"查看"→"选择详细信息"命令，弹出如图 2-3 所示的对话框，选中需要显示的列，单击"确定"按钮退出对话框。当用户按"详细资料"方式显示文件列表时，每一个文件就显示刚指定的参数。其中，"属性"列可以帮助用户查看文件的属性，是常用的选项。该菜单项对于系统文件夹无效。

（7）文件夹选项

用户可以指定资源管理器是否显示文件的扩展名和那些被设置为隐藏属性的文件。执行"工具"→"文件夹选项"命令，弹出如图 2-4 所示的"文件夹选项"对话框。单击该对话框的"查看"选项卡，在"隐藏文件和文件夹"下面选中"显示所有文件和文件夹"单选按钮，再取消选择"隐藏已知文件类型的扩展名"复选框，单击"确定"按钮退出对话框，就可

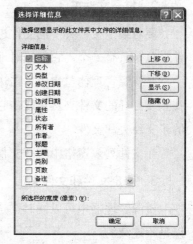

图 2-3 "选择详细信息"对话框

以显示隐藏文件和全部文件的扩展名了。其他选项也都是与资源管理器的显示内容有关的，用户可根据需要设置。

在图 2-4 所示对话框的"常规"选项卡中，浏览文件夹时可以设置"在同一窗口中打开每个文件夹"或"在不同窗口中打开不同的文件夹"。默认设置是"在同一窗口中打开每个文件夹"。如果设置为后者则每打开一个文件夹将启动一个新的窗口。

知识点 2：文件的基本操作

文件的移动、复制、删除和重命名等操作是用户在使用计算机的过程中经常用到的。资源管理器是 Windows XP 中完成这些操作最方便的工具。在使用时，用户要掌握一个原则，即任

何对文件的操作都要先选定对象,然后再选择操作命令。

1. 展开和折叠文件夹

在资源管理器的浏览器窗格中列出了系统文件夹名,其中某些文件夹可能还包含多级子文件夹。用户要展开该文件夹,才能显示它下面的子文件夹。当文件夹折叠时,不显示它下面的子文件夹。

图 2-4　"文件夹选项"对话框

在浏览器窗格中,文件夹图标前有标识 ⊞ 的,则表示该文件夹可以展开,双击文件夹图标或单击 ⊞ 即可展开文件夹。当一个含有子文件夹的文件夹被展开后,它前面的标识由 ⊞ 变为 ⊟,表示该文件夹已被展开,再双击文件夹图标或单击 ⊟ 即可折叠文件夹。

2. 打开文件夹

要对某个文件夹中的文件进行操作,必须先打开该文件夹,使它成为当前文件夹,当前文件夹总是只有一个,它的绝对地址显示在资源管理器的地址栏中。

在资源管理器窗口中单击浏览器窗格中的驱动器图标,选定当前驱动器,再滚动左窗格,找到要打开的文件夹然后双击它,即可打开该文件夹。此时,文件列表窗格中列出该文件夹中的子文件夹和文件。

在文件列表窗格中打开文件夹的方法是双击文件夹图标。

3. 选定文件和文件夹

资源管理器中可以同时选定一个或多个文件和文件夹,多个文件可以是连续显示的,也可以是不连续的。

(1) 选择连续显示的多个文件

在详细资料和小图标显示方式中,单击第一个文件,然后按住 Shift 键再单击另一个文件,则从第一个文件到另一个文件之间的所有文件被选中;在大图标和列表的显示方式中,则以第一个文件为左上角,另一个文件为右下角的矩形范围内的文件被选中。被选中的文件反相显示。

(2) 选择不连续的多个文件

单击第一个要选定的文件,然后按住 Ctrl 键,再单击其他要选定的文件。被选中的文件均反相显示。

4. 搜索文件

当用户要查找一些具有某些特征的文件或文件夹时,可以使用资源管理器窗的工具栏中的"搜索"按钮。它使用的搜索工具与执行"开始"→"搜索"→"文件和文件夹"命令出现的搜索工具是同一个。下面举例说明。

第 2 章　Windows XP 操作系统

在 C 盘的"cai"文件夹中查找所有扩展名为 .ppt 的文件（包括子文件夹），其操作步骤如下：

Step 01 在资源管理器窗的工具栏中单击"搜索"按钮，则浏览器窗格变为搜索信息窗格。

Step 02 在该"搜索"窗格中设置要搜索的文件或文件夹名为"*.ppt"。

Step 03 单击"搜索范围"右边的下拉按钮，在弹出的下拉列表中选择"浏览"选项，在打开的对话框中找到文件夹"c:\cai"。也可以直接在"搜索范围"文本框中输入"c:\cai"。

Step 04 在"搜索选项"下面选中"高级选项"复选框，然后再选中"高级选项"下面的"搜索子文件夹"复选框。

Step 05 单击"立即搜索"按钮后，搜索结果将显示在右边的文件列表窗格中。

Step 06 如果在"要搜索的文件或文件夹名为"文本框中指定搜索文件为"*.*"，可以将指定文件夹及其子文件夹下的所有文件显示在同一个文件列表窗口中。

5. 创建文件夹

用户可以在磁盘中的任何文件夹中创建新的文件夹，但要注意，在同一个文件夹中不能同时存在两个名字相同的文件夹或文件。

创建文件夹的操作步骤如下：

Step 01 打开新建文件夹的父文件夹作为当前文件夹。

Step 02 执行"文件"→"新建"→"文件夹"命令后，右边的文件列表窗格中将出现一个新的文件夹，默认名称是"新建文件夹"，此时该文件夹名称处于编辑状态。

Step 03 在新文件夹的名称处于编辑状态时，直接输入一个名字，将新建文件夹名改为指定文件夹名。

6. 为文件或文件夹重命名

用户随时可以为已存在的文件或文件夹更改名字，其操作步骤如下：

Step 01 选中要重新命名的文件或文件夹。

Step 02 执行"文件"→"重命名"命令，被选中的文件或文件夹名字处自动加上了一个方框，并处于编辑状态。

Step 03 输入新的名字，按 Enter 键或单击窗口的空白处，即可完成重命名。

> 注意：步骤(1)、(2)也可以用两次单击（不是双击）文件或文件夹名来为它们重命名，或者先选中文件或文件夹后直接按 F2 键实现。

7. 复制或移动文件和文件夹

复制或移动文件和文件夹是指将文件和文件夹从原来的位置（源地址）复制或移动到一个新的位置（目的地址）。Windows XP 一次可复制或移动一个或多个文件和文件夹，被复制或移动到目的地后，文件和文件夹的名字不变。如果发现目的地址中已有同名的文件或文件夹存在，系统将弹出"确认文件替换"的对话框，询问用户是否替换。复制或移动文件和文件夹可用鼠标拖动来完成，也可用菜单命令或工具栏上的按钮来完成。

（1）用拖动鼠标的操作

用拖动鼠标的操作方法为：选定要复制或移动的文件和文件夹，移动鼠标到选定的源文件区域，按住鼠标左键拖动文件到目的文件夹，松开鼠标即可完成文件和文件夹的移动。

> **注意**：如果目的文件夹已经在一个独立的窗口中打开，则要把源文件或文件夹拖动到该文件夹窗口才能松开；如果文件夹没有打开，则目的文件夹是指资源管理器的浏览器窗格中的文件夹图标，把源文件或文件夹拖动到该文件夹图标，当图标变为高亮度显示时才能松开鼠标。以后的类似操作就不再说明。

复制文件和文件夹时，移动鼠标到选定的源文件区域，按住 Ctrl 键的同时，按住鼠标左键拖动文件或文件夹到目的文件夹，此时可看到光标上带有"+"号，表示为复制操作，不带"+"时为移动操作。

要特别说明的是，当源文件与目的文件夹不在同一个磁盘时，直接拖动（不要按住 Ctrl 键）是完成复制操作，而不同磁盘之间的移动不能使用拖动的方法完成。

（2）使用菜单命令的操作

使用菜单命令的操作方法为：选定要复制或移动的源文件和文件夹，如果要进行移动操作，执行"编辑"→"剪切"命令；如果要进行复制操作，则执行"编辑"→"复制"命令。然后选定目的文件夹并将其打开，执行"编辑"→"粘贴"命令，则选定的文件和文件夹就被移动或复制到当前文件夹。

（3）使用工具栏上的按钮操作

选定要复制或移动的文件和文件夹，如果要进行移动操作，单击工具栏上的"移动"按钮，在弹出的"移动项目"对话框中选定目的文件夹，单击"确定"按钮；如果要进行复制操作，单击工具栏上的"复制到"按钮，在弹出的"移动项目"对话框中选定目的文件夹，单击"确定"按钮。

如果用户是向软盘复制文件或文件夹，既可以使用上述三种复制操作的方法，也可以使用"文件"菜单中的"发送"命令。其操作方法是：选定源文件夹或文件，执行"文件"→"发送到"→"3.5 英寸软盘"命令。也可以将鼠标移动到选定的文件区域，右击，在弹出的快捷菜单中选择"发送到"命令。

8．删除文件和文件夹

删除磁盘中不再有用的文件和文件夹，可以释放磁盘空间。被删除的文件和文件夹通常只是被放入回收站，只要回收站没有清除，这些文件还可以被恢复。只有当回收站中的文件和文件夹被清除后，文件和文件夹才真正被删除。

常用删除文件和文件夹的方法有下面几种：

- 选定要删除的文件和文件夹，执行"文件"→"删除"命令，屏幕上弹出确认文件或文件夹删除的对话框（注意：用户可以在"回收站"属性中设置，使删除文件时不弹出该对话框而直接将删除的文件放入回收站），待用户在对话框上确认后，被删除的文件和文件夹移到回收站。
- 将选中的文件或文件夹直接拖动到桌面上的"回收站"图标上，松开鼠标，也可以实现文件的删除。
- 选定文件后，按 Delete 键，可以将文件放入回收站；按 Shift+Delete 组合键，则可直接将文件彻底从磁盘删除。

9．设置文件或文件夹属性

用户可以为普通存档文件设置属性，可设置的属性包括"只读"属性（用字母"R"表示）和"隐藏"属性（用字母"H"表示）。

设置属性的方法是：选定一个或多个文件，执行"文件"→"属性"命令，在弹出的对话框中选择"常规"选项卡，在底部的"属性"区域选中指定属性前面的复选框即可。

知识点 3：我的电脑

"我的电脑"是 Windows XP 提供的另一个文件管理工具，由于启动 Windows XP 后桌面上的第一个图标就是"我的电脑"，所以初学者非常喜欢使用它来管理文件。其实 Windows XP 已完全将"我的电脑"与"资源管理器"统一为一个应用程序。唯一不同的是启动后的初始界面有所不同，从"我的电脑"启动后，文件是以"大图标"方式显示，并且没有"文件夹"窗格，用户只要单击工具栏上的"文件夹"按钮，并且将文件显示方式设置为"详细资料"，就使"我的电脑"与"资源管理器"的界面完全一致了。

知识点 4：回收站

Windows XP 的"回收站"是一个用来存放被暂时删除文件的文件夹。每个磁盘中都预留一定的磁盘空间作为"回收站"用。在 Windows XP 的桌面上有一个"回收站"图标，右击该图标，在弹出的快捷菜单中选择"属性"命令，可以对每个磁盘"回收站"的容量进行设置，还可以通过"显示删除确认对话框"复选框，设置删除文件时是否弹出确认删除的对话框。

1．恢复被删除的文件

在桌面上双击"回收站"图标，打开的"回收站"窗口，如图 2-5 所示，选定要恢复的文件。执行"文件"→"还原"命令，这些文件就被还原到原来的位置。

2．清理"回收站"

（1）删除"回收站"中的文件

在"回收站"窗口中选定要删除的文件，执行"文件"→"删除"命令，屏幕上弹出"确认文件删除"对话框,单击"是"按钮,即可将文件彻底从磁盘中删除。

(2)清空"回收站"

在"回收站"窗口中,执行"文件"→"清空回收站"命令,屏幕弹出"确认删除多个文件"对话框,单击"是"按钮,即可将"回收站"中的所有文件从磁盘上删除。

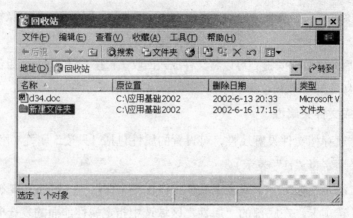

图 2-5 "回收站"窗口

2.2.2 典型例题解析

【例1】 Windows XP 中,不含"资源管理器"命令的快捷菜单是_____。

A.右击"我的电脑"图标,弹出的快捷菜单

B.右击"回收站"图标,弹出的快捷菜单

C.右击桌面任一空白位置,弹出的快捷菜单

D.右击"我的电脑"文件夹窗口内的任一驱动器,弹出的快捷菜单

【解析】 右击桌面任一空白位置,在弹出的快捷菜单中有"活动桌面"、"排列图标"、"对齐图标"、"刷新"、"新建"、"属性"等图标,并没有"资源管理器"这一项。

【例2】 在 Windows XP 资源管理器窗口中,左部显示的内容是_____。

A.所有未打开的文件夹

B.系统的树形文件夹结构

C.打开的文件夹下的子文件夹及文件

D.所有已打开的文件夹

【解析】 浏览器栏位于左侧。显示了一个层次分明的树形文件夹结构,最高层次是"桌面",下一层次包括"我的文档"、"我的电脑"、"网上邻居"和"回收站"等系统文件夹,再下一层次分别列出各个驱动器以及"打印机"、"控制面板"等系统文件夹。

【例3】 在 Windows XP 下,下列关于文件复制的描述不正确的是_____。

A.利用鼠标左键拖动可实现文件复制

B. 利用鼠标右键拖动不能实现文件复制

C. 利用剪贴板可以实现文件复制

D. 利用快捷键 Ctrl+V 和 Ctrl+C 可以实现文件复制

【解析】 实现文件复制可利用鼠标进行拖动。方法是按住 Ctrl 键，利用鼠标拖动要复制的文件或文件夹。利用剪贴板也同样可以实现文件复制。快捷键 Ctrl+V 具有粘贴功能，Ctrl+C 具有复制的功能。

【例 4】 下列关于 Windows XP 中"回收站"的说法中，错误的是_____。

A. "回收站"可以暂存或永久存放硬盘上被删除的信息

B. 放入"回收站"的信息可以恢复

C. "回收站"所占据的空间是可以调整的

D. "回收站"空间可以存放软盘上被删除的信息

【解析】 "回收站"只能存放硬盘上所删除的信息，并不能存放软盘上被删除的信息。如果用户不对"回收站"进行"清空回收站"操作，那么被删除的信息将永久存放在硬盘上。默认的情况下，"回收站"的空间是硬盘容量的 10%，用户可以调整。

2.3 案例 3——Windows XP 系统管理

2.3.1 相关知识

知识点 1： 控制面板

启动"控制面板"的方法有以下三种：

（1）打开"我的电脑"窗口，双击"控制面板"图标。

（2）单击桌面上的"开始"按钮，执行"设置"→"控制面板"命令。

（3）从资源管理器窗口中选择"控制面板"文件夹。

"控制面板"窗口如图 2-6 所示，"名称栏"列出的是控制面板中各种设置工具的名称，"备注栏"中说明了相应的功能。本节以"显示"设置为例，介绍显示方式的设置。

在"控制面板"窗口中双击"显示"图标，弹出如图 2-7 所示的"显示属性"对话框。要启动该对话框，还可以通过在桌面空白处的任意位置右击，在快捷菜单中选择"属性"命令来实现。"显示属性"对话框可以完成桌面的背景颜色、添加图案、桌面的外观、屏幕保护等的设置。

图 2-6 "控制面板"窗口

图 2-7 "显示属性"对话框

1. 桌面背景设置

设置桌面背景的操作步骤如下。

Step 01 在"显示属性"对话框中选择"桌面"选项卡，在设置墙纸的列表框中选择需要的墙纸文件。

Step 02 单击"浏览"按钮，弹出"浏览"对话框，选择需要的图案文件。

Step 03 设置显示方式为"平铺"（用相同的图片覆盖整个桌面）、"居中"（只在桌面中央放一张图片）或"拉伸"（用所选图片覆盖整个桌面）。

Step 04 单击"确定"按钮后即完成了背景的设置。

2. 改变桌面颜色和外观

在"显示属性"对话框中选择"外观"选项卡，如图 2-8 所示。用户可在"窗口和按钮"下拉列表框中选择一种自己喜欢的 Windows 预定义方案，也可以通过"色彩方案"和"字体大小"下拉列表框对各个项目的颜色、字号重新调整，设置好后还可以单击"应用"按钮将方案保存在磁盘上，单击"确定"按钮便可看到刚设置的桌面外观效果。

3. 设置屏幕保护

屏幕保护的作用是：当用户在规定时间内没有进行计算机的键盘和鼠标操作，系统就自动在屏幕上显示预定的动态图案，用以屏蔽原来屏幕上的内容。

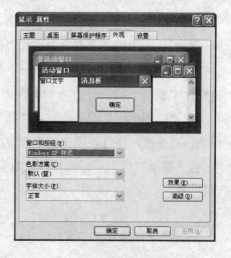

图 2-8 "外观"选项卡

在"显示属性"对话框中选择"屏幕保护程序"选项卡。用户可从"屏幕保护程序"列表框中选择系统提供的一种屏幕保护程序,单击"预览"按钮,可以看到动态图案的显示效果。然后在"等待"数值框中设置等待时间,也可以选中"在恢复时使用密码保护"复选框,为结束屏幕保护设置口令,单击"确定"按钮完成屏幕保护的设置。

目前很多网站提供各种个性化的壁纸和屏幕保护图案,用户可以下载,也可以在网上浏览到图片时直接将它设置为壁纸,有很多图片处理程序也可以直接将正在编辑的图片设置为壁纸,如"画图"应用程序。

4. 显示器特性设置

显示器特性包括颜色和分辨率等参数。在"显示属性"对话框中,选择"设置"选项卡,用户可在该对话框中完成下列设置。

(1) 颜色设置

这一参数与计算机系统使用的显示卡有关。一般情况下,SVGA 卡至少支持 256 种颜色;VESA 卡或 PCI 卡支持 64K 或 16M 真彩色。

(2) 屏幕区域设置

这个参数设置显示器的分辨率,它与计算机所使用的显示卡和显示器都有关。一般情况下,最低分辨率是 640×480 像素,最高分辨率可达 1280×1024 像素,多数用户使用 800×600 或 1024×768 像素分辨率。

(3) 显示器类型设置

单击"设置"选项卡中的"高级"按钮,可进入设置显示器类型的对话框。用户可通过该对话框更改显示器类型和显示卡类型。

显示器设置改变后,许多情况下,系统要求用户重新启动计算机才能使新的设置生效。

知识点 2: 定制任务栏和"开始"菜单

在 Windows XP 中,"开始"菜单是启动应用程序的一个主要工具,目前大多数应用程序都是通过自带的安装程序安装到系统中的,安装的过程通常包括在"开始"菜单的"程序"选项中为该应用程序创建一个快捷方式,用户也可以自己为应用程序在"开始"菜单中添加快捷方式,或者删除那些不常用的快捷方式。"开始"菜单中的"设置"→"任务栏和开始菜单"命令就是用来完成这个工作和设置任务栏的。

1. 定制"开始"菜单

执行"开始"→"设置"→"任务栏和开始菜单"命令,弹出如图 2-9 所示的"任务栏和开始菜单属性"对话框。选择"开始菜单"选项卡,在选项卡中可以调整"开始"菜单中的应用程序。

(1) 在"开始"菜单中添加应用程序

要在"开始"菜单中添加应用程序,要先指定被执行文件的路径和文件名,并给出在"程序"菜单中显示的名称与图标。其具体操作步骤如下。

① 在图 2-9 所示的对话框中,单击"自定义"按钮,弹出"自定义经典开始菜单"对话框。在该对话框中单击"添加"按钮,弹出"创建快捷方式"向导对话框,在"请键入项目的位置"文本框中输入执行文件的路径及名称,或者通过"浏览"按钮查找要添加的应用程序,单击"下一步"按钮。

② 在弹出的对话框中指定添加的程序放在"开始"菜单中的位置,单击"下一步"按钮。

③ 在弹出的对话框中指定应用程序的显示名称,单击"完成"按钮。这时在"开始"菜单的指定位置中就添加了一个应用程序项。

(2) 删除"开始"菜单中的应用程序

在"自定义经典开始菜单"对话框中,单击"删除"按钮,弹出"删除快捷方式/文件夹"对话框。该对话框中列出了"开始"菜单中可以删除的程序项。选定要删除的一个或多个程序项或程序组,然后单击"删除"按钮,选定的应用程序项即被删除。

图 2-9　"任务栏和开始菜单属性"对话框

在"自定义经典开始菜单"对话框中,除了上述两个按钮之外,还有一个"清除"按钮,用来删除"文档"菜单中最近编辑过的文件清单和 Web 站点记录。对话框底部的列表框是用来设置在"开始"菜单中是否显示"注销"菜单等功能的。

2. 任务栏设置

在"任务栏和开始菜单属性"对话框中选择"任务栏"选项卡(如图 2-10 所示),在其中有两个区域:任务栏外观和通知区域。

在"任务栏外观"中有"锁定任务栏"、"自动隐藏任务栏"、"将任务栏保持在其他窗口的前端"、"分组相似任务栏按钮"、"显示快速启动"5个选项。

在"通知区域"有"显示时钟"和"隐藏不活动的图标"2个选项。

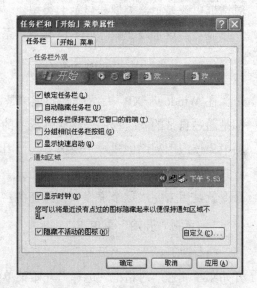

图 2-10　"任务栏"选项卡

2.3.2 典型例题解析

【例1】 在 Windows XP 中有两个管理系统的程序组,它们是_____。

A．"我的电脑"和"控制面板"

B．"资源管理器"和"控制面板"

C．"我的电脑"和"资源管理器"

D．"控制面板"和"开始"菜单

【解析】 用户对系统的管理都是通过"我的电脑"和"资源管理器"两个程序组进行的,所有的关于文件或文件夹的管理都可以在它们中进行。

【例2】 在 Windows XP 系统卸载某个软件,可以使用"控制面板"中的_____模块。

A．系统　　B．用户　　C．添加新硬件　　D．添加/删除程序

【解析】 双击"添加/删除程序"图标,在弹出的"添加/删除程序"窗口中进行程序的添加和删除等操作。

【例3】 在 Windows XP 的"显示属性"对话框中,用于调整桌面背景图片功能的选项卡是_____。

A．桌面　　　　B．外观　　　　C．主题　　　　D．设置

【解析】 在"显示属性"对话框中,选择"桌面"选项卡,可以设置桌面背景图片。

2.4 案例4——Windows XP 应用程序

知识点1: 记事本

"记事本"是 Windows XP 为用户提供的一个日常事务处理工具,它是一个简单的文本文件编辑器,只能创建、编辑仅包含文字和数字的纯文本格式的文件,不能插入图形,也没有格式设置、排版等功能。

执行"开始"→"程序"→"附件"→"记事本"命令,可以启动"记事本","记事本"窗口如图 2-11 所示。

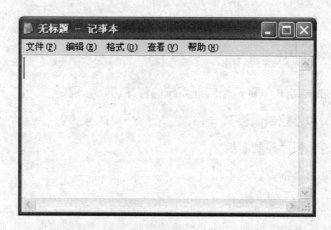

图 2-11 "记事本"窗口

在窗口工作区中是被编辑文档的内容。工作区中闪烁的光标是插入点的位置，输入的正文将在插入点开始出现，输入时不会自动换行，只有执行"格式"→"自动换行"命令后才会自动换行。开始一个新段落时按 Enter 键。按一次 Enter 键可以插入空行，按一次 Backspace 键可以删除光标左边的一个字符。

启动"记事本"时，系统为被编辑的文件自动命名为"无标题"。如果要保存被编辑的文档，执行"文件"→"另存为"命令，可以对新文档存盘或把编辑修改过的文件以新文件名存盘；若执行"文件"→"保存"命令，则可以对一个已存在的文件以原文件名再次保存。"记事本"文档在保存时默认的扩展名为".txt"。

"记事本"可以对文档内容进行移动、复制、段落重组等编辑操作，方法是选定要复制（或移动）的文本内容，执行"编辑"→"复制"（或"剪切"）命令，再将光标定位到目的位置，执行"编辑"→"粘贴"命令，就可以实现文本内容的复制或移动。

"记事本"仅适合输入基本文字，不具备像 Word 那样的高级字处理软件的编辑、排版功能，但对于创建纯文本格式的文件，如源程序等，记事本是一个非常方便的常用工具。

知识点 2： 写字板

"写字板"是 Windows XP 中的另一个字处理软件，使用方法与记事本类似，但功能比记事本多，它可以为文本设置字符格式和段落格式，可以实现图文混排，还可以插入表格等对象。执行"开始"→"程序"→"附件"→"写字板"命令，启动"写字板"程序，如图 2-12 所示。

在写字板中编辑文档的方法与记事本相似，不同的是写字板中的"格式"菜单可以为文本设置字符和段落格式，"插入"菜单可以将图片、表格等非字符对象插入到文档中。保存写字板文档时有几种格式供选择，即纯文本文档（.txt）、带格式文档（.rtf）和 Word 文档（.doc），用户要根据自己文档的内容和要求指定格式保存。

第 2 章 Windows XP 操作系统

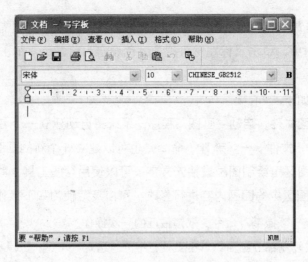

图 2-12 "写字板"窗口

知识点 3： 画图

Windows XP 的"画图"工具是创建图片格式文件的基本工具，它不仅可以绘制线条图和比较简单的艺术图案，还可以修改由扫描仪输入或来自其他工具的多种格式的图片文件。

执行"开始"→"程序"→"附件"→"画图"命令，可以打开"画图"窗口，如图 2-13 所示。"画图"窗口由绘图区、工具栏和调色板等部分组成。

绘图区是供用户绘制图形或输入文字的区域，可以通过执行"图像"→"属性"命令改变绘图区的大小。

"画图"程序的工具栏如图 2-14 所示。

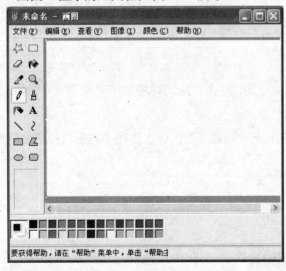

图 2-13 "画图"窗口

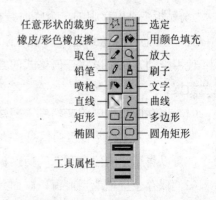

图 2-14 工具栏

调色板左边的大方框有两个错开而重叠的小矩形框，前框的颜色为前景色（即当前画笔的颜色），后框的颜色为背景色（即绘图的底色）。调色板中用许多小方框提供了能够使用的各种颜色样板），在颜色框中，单击鼠标左键可把该颜色设定为前景色，单击鼠标右键则设定为背景色。

画图的基本步骤如下：

Step 01 建立一个画图文件。启动"画图"程序，系统将自动建立一个名为"未命名"的画图文档。执行"文件"→"新建"命令，也可以建立一个新的画图文件。

Step 02 绘图。在绘图区里绘制图画或输入文字。可以使用绘图工具、颜色板等进行编辑。

Step 03 修改。对绘图区中的图画内容进行修改，可以灵活使用如下操作。

- 执行"编辑"→"撤销"命令，取消最近的一次操作。
- 擦除、移动或复制部分画面：单击工具栏中的"选定"按钮，把鼠标指向擦除区域或移动区域的左上角，拖动鼠标使虚线框框住要擦除或移动的部分画面。要擦除时执行"编辑"→"剪切"命令，或按 Delete 键；要移动时先执行"编辑"→"剪切"命令，再执行"编辑"→"粘贴"命令，或者把鼠标指向选定区域，当光标变为十字形状，按住鼠标进行拖动；要复制时执行"编辑"→"复制"命令，再执行"编辑"→"粘贴"命令。可以使用"橡皮"按钮进行修改。

Step 04 存盘。在"画图"窗口中，执行"文件"→"保存"命令，或执行"文件"→"另存为"命令，将绘制的图画保存到磁盘中。"画图"程序可以将文件存为 6 种格式，分别是位图文件单色、16 色、256 色、24 位真彩色（.bmp、.dib）、JPEG 文件和 GIF 文件，保存的颜色数越多，图片就越逼真，但颜色数的增加会大大地增加文件所占用的存储空间。

知识点 4： 剪贴板

1．"剪贴板"的概念

"剪贴板"是内存中的一个临时数据存储空间，用来在应用程序之间交换文本或图像信息。"剪贴板"上总是保留最近一次用户存入的信息。

使用下列方法可以将任何格式的数据保存到"剪贴板"上，以便在不同应用程序之间使用这些数据。

（1）保存应用程序的文档到"剪贴板"

选中待存入"剪贴板"的信息，执行"编辑"→"复制"命令，或执行"编辑"→"剪切"命令，可以将选定的信息存入"剪贴板"中。

（2）保存全屏幕或当前窗口画面到"剪贴板"

① 保存全屏幕画面到剪贴板的方法：按 PrintScreen 键，可以将当前整个屏幕的画面存入"剪贴板"。

② 保存当前窗口画面到剪贴板的方法：按 Alt+PrintScreen 键，将当前窗口的画面保存到

"剪贴板"。

"剪贴板"上的信息将一直保存，直到被清除或有新的信息输入为止。

2．"剪贴板"的使用

（1）查看"剪贴板"上的信息

执行"开始"→"运行"命令，在"运行"对话框中输入命令"clipbrd.exe"，按 Enter 键，可打开"剪贴簿查看器 - [剪贴板]"窗口，在"窗口"菜单中选择"剪贴板"命令，可看到当前剪贴板上的内容，如图 2-15 所示。

（2）保存"剪贴板"文件

可以将"剪贴板"上的内容，直接以"剪贴板"文件的格式保存到磁盘上。"剪贴板"文件的扩展名是.clp。存盘的方法是：在"剪贴簿查看器-[剪贴板]"窗口中，执行"文件"→"另存为"命令，在弹出的"另存为"对话框中给定文件名，单击"确定"按钮即可。

图 2-15　"剪贴簿查看器-[剪贴板]"窗口

（3）打开"剪贴板"文件

对于已保存的"剪贴板"文件，可以在"剪贴簿查看器-[剪贴板]"窗口中，执行"文件"→"打开"命令，将其装入"剪贴板"。

（4）清除"剪贴板"上的内容

在"剪贴簿查看器—[剪贴板]"窗口中，执行"编辑"→"删除"命令，即可将"剪贴板"上的信息清除。

知识点 5："命令提示符"窗口

在 Windows XP 中，仍然提供了对部分 DOS 程序的支持，用户可以在 Windows XP 的"命令提示符"窗口中，使用命令行的方式直接输入应用程序命令来运行应用程序。

"命令提示符"窗口是 Windows XP 中使用命令行的环境，在该窗口中，用户可以输入一个 Windows XP 的命令，按 Enter 键运行该命令，然后再输入其他命令。这种从键盘上逐行输入字符形式的命令的操作方式，就是早期的微机操作系统 DOS 的特点。Windows XP 的"命令提示符"提供了一个运行早期 DOS 程序或命令的入口。以前的 DOS 是一个单独的操作系统，是在全屏幕中运行的，而 Windows XP 的"命令提示符"是在窗口方式运行的，它是经过改进的。

2.5 本章小结

本章主要讲解了 Windows XP 操作系统的基本概念和常用术语，文件、文件名、目录（文件夹）树和路径等概念和相关操作，并讲解了 Windows XP 操作系统的基本操作和应用。

在 Windows XP 操作系统的操作和应用中详细讲解了 Windows XP 的基础知识以及"我的电脑"、"资源管理器"和"回收站"的操作与应用。此外，文件和文件夹的创建、移动、复制、删除和属性设置，"控制面板"、任务栏和"开始"菜单的使用，"记事本"、"写字板"、"画图"、"剪贴板"和"命令提示符"的使用，快捷方式的设置和使用也是读者应掌握的。

2.6 本章习题

1. 按用户使用的多少，MS-DOS 系统属于_____。
   A. 多用户操作系统　　　　　　　B. 分时系统
   C. 单用户操作系统　　　　　　　D. 分布式操作系统
2. Windows XP 的"开始"菜单具有 Windows XP 系统的_____。
   A. 主要功能　　　B. 部分功能　　　C. 最初功能　　　D. 全部功能
3. 在 Windows XP 中，若选定当前文件夹中的全部文件和文件夹对象，可以使用的快捷键是_____。
   A. Ctrl+V　　　　B. Ctrl+A　　　　C. Ctrl+X　　　　D. Ctrl+D
4. 运行中文 Windows XP 操作系统至少需要的内存是_____。
   A. 32MB　　　　B. 64MB　　　　C. 16MB　　　　D. 128MB
5. 在 Windows XP 中，为保护文件不被修改，可将它的属性设置为_____。
   A. 隐藏　　　　　B. 存档　　　　　C. 只读　　　　　D. 系统
6. 中文 Windows XP 环境下，下列属于非法文件名的是_____。
   A. X#Y　　　　　B. X>Y　　　　　C. X~Y　　　　　D. X。Y
7. 在某一时刻，Windows XP 活动的窗口可以有_____。
   A. 256 个　　　　　　　　　　　　B. 任意个，只要内存够大
   C. 前台和后台两个　　　　　　　　D. 唯一一个
8. 设置显示屏幕的刷新频率，要选择"显示属性"对话框中的_____选项卡。
   A. 桌面　　　　　B. 外观　　　　　C. 设置　　　　　D. 主题
9. 退出 Windows XP 系统可以使用快捷键_____。
   A. Alt+Esc　　　B. Ctrl+F4　　　C. Alt+F4　　　D. F5
10. 在 Windows XP 中，对选定的文件，下列操作不将文件复制到同一文件夹中的操作是_____。

A．使用鼠标右键拖动文件

B．选择"编辑"菜单中的"复制"命令，再选择"粘贴"命令

C．使用鼠标左键拖动文件

D．按住 Ctrl 键，使用鼠标拖动文件

11．如果用户需要将选定的文件直接删除而不是将其放入回收站中，以下操作正确的是_____。

A．直接按 Delete 键删除

B．用鼠标直接将文件拖动到回收站中去

C．直接使用快捷键 Shift+Delete 删除

D．使用"我的电脑"或"资源管理器"窗口中的"文件"菜单中的"删除"命令

12．在 Windows XP 资源管理器窗口中，选择 D 盘中名为"WEL"文件夹中的一文件，然后使用鼠标左键将该文件拖到 E 盘中名为"WWW"的文件夹中，该项操作实际上是_____。

A．将该文件从 E 盘 WWW 文件夹中移动到了 D 盘 WEL 文件夹中

B．将该文件从 D 盘 WEL 文件夹中复制到了 E 盘 WWW 文件夹中

C．将该文件从 D 盘 WEL 文件夹中更名复制到了 E 盘 WWW 文件夹中

D．将该文件从 D 盘 WEL 文件夹中进行了删除操作

13．在 Windows XP 中，"关闭 Windows"对话框不包含的选项是_____。

A．注销　　　　　　　　　　　　B．重新启动

C．关闭　　　　　　　　　　　　D．将你的计算机转入睡眠状态

第 3 章　Word 2003 文字处理软件

　　Microsoft Office Word 2003 是属于 Microsoft Office 2003 软件中的一个产品,是美国微软公司于 2003 年在 Word 2002 的基础上推出的新一代文字处理软件,其启动界面如图 3-1 所示。Word 2003 具有强大的文档处理功能,可以实现各种文档的录入和编辑和打印等操作,已成为目前个人计算机上使用相当普遍的字表处理软件。Word 2003 作为文档处理工具,熟练掌握其常用功能的使用是学习和生活必备的技能。本章通过四个案例,介绍了 Word 2003 的编辑文档、格式化文档、表格制作和邮件合并等知识。

图 3-1　Word 2003 软件启动界面

3.1　案例 1——合同的制作

3.1.1　案例分析

　　随着"法制"社会的建设,合同扮演着一个相当重要的角色。例如,工作有劳资合同,买房有买房合同,等等。这些合同能保护合同双方的合法利益,本案例将介绍合同的制作,具体效果举例如图 3-2 所示。

第 3 章 Word 2003 文字处理软件

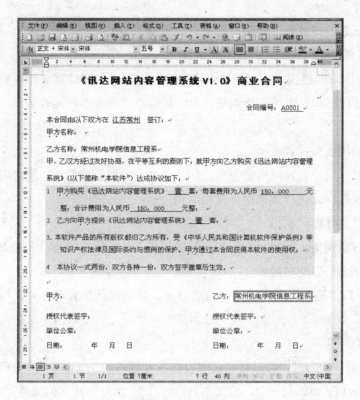

图 3-2 合同的制作

本案例涉及的知识点：

- 创建文档
- 输入文本
- 文字格式设置
- 段落格式设置
- 页面设置
- 保存文档

3.1.2 相关知识

知识点 1：Word 2003 简介

1．Word 的功能

Word 是一个字处理软件，但它所处理的绝对不只是文字，还包括图形、图像和表格等。利用 Word，可以编辑出图文并茂的文章、报纸、书刊或者国际互联网(Internet)的主页内容。

2．Word 的主要特点

（1）友好的用户界面

Word 提供了非常友好的用户界面，同时它具有一个突出的特点：计算机窗口中编辑的内容与打印机打印出来的样式是一样的，即所见即所得。

（2）强大的制表功能

Word 中的表格功能很强大，可以在表格中输入文字、图像或对象。内容自动排序，表格可合并或分解，其行高和列宽可灵活调整。表内数据计算有十多种运算公式，而且还可以自定义算式。

（3）标准化的模板与样式

文档编辑是展示用户自我风格的重要工作，也是一项繁重的劳动。用户可以使用系统原有的、自定义的模板或格式化样式来进行文档编辑。

（4）预示效果的打印预览

使用文档的打印预览，既可减少很多盲目的编辑工作，又可节省文档处理上的开支。

（5）方便的一系列自动功能

Word 提供了自动检查拼写和语法、自动更正、自动统计、自动建立文档结构和自动编写摘要等自动功能。

（6）良好的兼容性

Word 有着良好的兼容性。可以直接读取以前各个版本的 Word 文档，也可以直接读入写字板(*.wri)、Rich Text Format（*.rtf）、超文本 HTML（*.htm）等格式的文档。

3．Word 2003 的新增功能

① 支持 XML 文档。Word 2003 可以 XML 格式保存文档。

② 增强的可读性。Word 2003 可以根据屏幕的尺寸和分辨率优化显示；同时，它还新增了阅读版式视图、文档结构图和缩略图窗格，以获得最佳的屏幕显示效果。

③ 支持手写设备。Word 2003 的手写输入功能支持墨迹输入的设备，如 Tablet PC。

④ 改进的文档保护。Word 2003 的文档保护可以控制文档格式设置及特定内容，如禁止更改部分样式。

⑤ 并排放置文档以比较。将两篇文档并列显示在整个屏幕上，可以同时对照这两篇文档来辨认文档间的差异。

⑥ 文档工作区。新增的文档工作区功能，可以简化实时的共同写作、编辑和审阅文档的过程。

⑦ 信息权限管理。可以防止敏感信息落入到没有权限的用户手中。

知识点 2：Word 2003 的启动与退出

1．启动 Word

启动 Word 的方法有以下两种：

① 通过 Windows 桌面快捷方式启动。双击桌面的 W 快捷图标即可启动 Word。若无该图标可在 Office 安装文件夹下找到 WINWORD 图标，按住鼠标右键将该图标拖到桌面，松开鼠

标时弹出如图 3-3 所示的快捷菜单，在其中单击"在当前位置创建快捷方式"即可。在桌面上创建的快捷方式图标如图 3-4 所示。

图 3-3 弹出式菜单　　　　　图 3-4 快捷方式图标

② 使用"开始"→"程序"菜单命令启动 Word。单击任务栏的"开始"按钮，选择"程序"菜单，在打开的"程序"子菜单中单击选择"Microsoft Word"可启动 Word。

2．退出 Word

退出 Word 有以下的四种方法：

① 执行"文件"菜单中的"退出"命令。
② 单击 Word 窗口标题栏右侧的关闭按钮 ✕。
③ 双击 Word 窗口标题栏最左边的系统菜单图标 ▣。
④ 按 Alt＋F4 组合键。

> 提示：当打开或建立多个 Word 文档时，Word 会同时打开多个应用程序窗口。这时除了用第一种方法可以将全部 Word 窗口关闭外，其余方法只能关闭当前窗口。

知识点 3：Word 2003 的窗口组成

Word 窗口由多部分组成，如图 3-5 所示，它主要包括以下几部分。

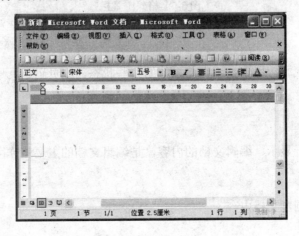

图 3-5 Word 窗口组成

1．标题栏

标题栏用于显示窗口名称和当前编辑的文档名称（如文档1）。其左边是系统菜单图标 ▣，单击该图标可以显示窗口控制菜单，双击则可以退出 Word 应用程序。

2. 菜单栏

菜单栏中有各种命令可供选择使用，以完成各种不同的操作。菜单栏上的每个主菜单都包含一个下拉菜单，有的下拉菜单还包含级联菜单。

3. 工具栏

工具栏是 Word 窗口的重要组成部分。一般情况下，Word 不会将所有的工具栏都打开，Word 窗口只显示常用工具栏（如图 3-6 所示）和格式工具栏（如图 3-7 所示）。如果要显示其他工具栏，可打开"视图"→"工具栏"菜单，从中选择要显示的工具栏；也可以在窗口工具栏上的任意处右击，并在弹出的快捷菜单中选取要显示的工具。

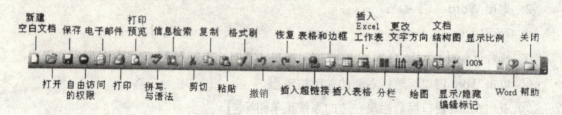

图 3-6 常用工具栏

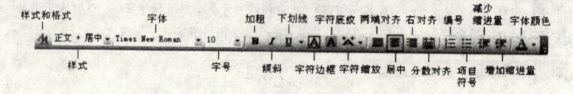

图 3-7 格式工具栏

4. 状态栏

状态栏位于窗口底端，用于显示当前系统的某些状态，如页码、页号、行、列、语言和打印等信息。

5. 文档编辑区

文档编辑区是用于显示、编辑文档的内容，是编辑文档的主要工作区域。

6. 滚动条

滚动条用于快速浏览文档内容。

7. 视图按钮

常见的视图有普通视图、Web 版式视图、页面视图、大纲视图、阅读版式视图，其对应的视图按钮分别为 ≡、▣、▣、▣ 和 ▣。

8. 任务窗格

在 Word 窗口右侧是 Word 2003 的任务窗格，当前它显示的是"开始"工作主题，并提供

第3章　Word 2003 文字处理软件

与"开始工作"相关的操作提示。它是整个 Word 系统与使用者之间进行信息交流的重要途径。

知识点 4：创建文档

写字必须要有白纸，在 Word 中必须要有空白的文档才能输入文字。常用的创建文档的方法以下三种：

① Word 启动之后自动建立了一个新文档。注意：标题栏上的文档名称是"文档 1.doc"。

② 单击工具栏上的"新建空白文档"按钮□，即又新建了一个空白的文档，其命名为"文档 2.doc"。再单击这个按钮，即可出现"文档 3"。这是新建一个文档最常用的方法。

③ 选择"文件"→"新建"→"空白文档"命令，也可建立一个空白文档。

知识点 5：在文档中输入内容

1．插入点

插入点即内容输入的位置。当新建一个文档时，插入点自动定位于文档页面的左上角处。

> 提示：Word 提供了即点即输的功能，在页面上的有效范围内任何空白处双击，插入点便被定位于该处。这对于想从页面上的某个地方开始输入内容提供了极大的方便。

2．输入内容

单击插入点，即可输入文档内容。一般从页面的首行首列开始输入。从键盘可直接输入英文字符。如果要输入中文字符，则需选择中文输入法：单击桌面右下角的输入法图标，在输入法列表中选择其中一种，或者可通过 Ctrl＋Shift 组合键实现不同输入法之间的切换。

输入完毕后，按 Enter 键，表示结束本段落输入，开始另一新的段落。

> 提示：当插入点位于页面右边界时再输入字符，Word 会自动换行，插入点将自动移到下一行的行首位置。所以除另起一段的情况外，用不着输完一行就按 Enter 键。

如果要删除已输入的字符，可将插入点移到要删除的字符右侧，再按 Back space 键；也可按 Delete 键删除插入点右侧的字符。

在文档编辑过程中如果发生了某些错误操作，可以将其撤销。选择"编辑"→"撤销键入"命令或单击 按钮可以撤销上一次的操作，该命令对应的快捷键为 Ctrl＋Z。如果要取消"撤销"操作，可选择"编辑"→"恢复键入"命令或单击 按钮，恢复上一次的操作，该命令对应的快捷键为 Ctrl＋Y。

3．插入特殊符号

在输入文档时，有时有些符号或特殊字符无法从键盘上输入，如≥，∞，§等。为此，Word 提供了插入符号的功能。选择"插入"→"特殊符号"命令，弹出"插入特殊符号"对话框，如图 3-8 所示，在不同的选项卡中选择各类符号，然后单击"确定"按钮即可。

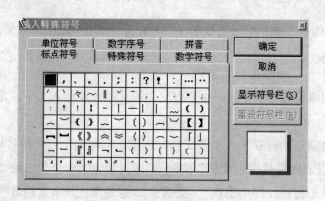

图 3-8 "插入特殊符号"对话框

知识点 6：选定文本

选择，通俗地讲就是告诉计算机用户要操作的对象。在对计算机进行操作前，首先要做的就是选定对象。下面介绍怎么选择文本。

1．拖动光标以选取

将光标移动到准备要选择的文字的最左边，按住鼠标左键，拖至所选文字段的最末尾，松开左键。这时，被选文字背景反白，表示该段文字被选中。

2．单击以选取

- 移动光标至任意一行文字的左侧选择区（如图 3-9 所示），当光标形状为右上箭头时，单击可选中该行文字。
- 移动光标至段落的左侧选择区，双击可以选中整个段落。
- 在段落的左侧选择区内连续三击，可选中整篇文档。

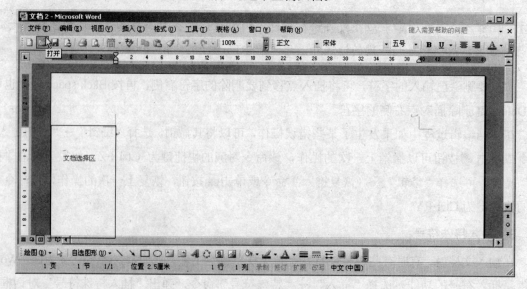

图 3-9 文档选择区示意图

第3章 Word 2003 文字处理软件

3. 扩展选取

利用"扩展"按钮选取可以选中任意长度的文字,其操作步骤如下:

Step 01 先将光标定位在所选中文字的开始处。

Step 02 双击状态栏上的"扩展"按钮。

Step 03 单击要选中文字的末尾即可。

要关闭"扩展"状态,只要再次双击"扩展"按钮即可。

4. 键盘选取

键盘选取有如下四种情况。

- 选取一行文字:按 Home 键,将光标移到行首,按住 Shift 键后,再按 End 键。
- 选取一句话:按住 Ctrl 键,单击该句中的某一处。
- 选取整个文档:按 Ctrl+A 组合键。
- 快速跨页选取:按 Shift 键后按 Page Down 键或 Page Up 键。

5. 鼠标与键盘组合式的选取

将光标定位在要选文字开始处,然后按住 Shift 键不放,移动光标到要选文字的结尾处,单击即可。

知识点 7:设置文字格式

---

1. 设置字体格式

> 提示:在做任何操作前,必须要选定对象。

Step 01 选择"格式"→"字体"命令,打开"字体"对话框,如图 3-10 所示。

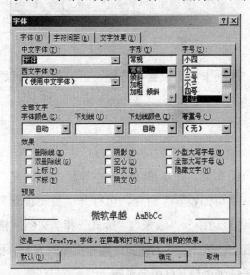

图 3-10 "字体"对话框

Step 02 选择"字体"选项卡,可在其中设置"中文字体"、"西文字体"、"字形"和"字号"等。

此外,工具栏上也提供了一些设置字体格式的按钮,利用它们可以更方便地进行操作。

2.设置文字效果

选择"文字效果"选项卡,在"文字效果"中,随便选一种效果(具体效果可在下面的预览框中看到),单击"确定"按钮即可。

3.设置字符间距

选择"字符间距"选项卡,可在其中设置字符"缩放"、"间距"、"磅值"和"位置"等属性。

知识点8:设置段落格式

Step 01 选中段落,选择"格式"→"段落"命令,打开"段落"对话框,如图3-11所示。

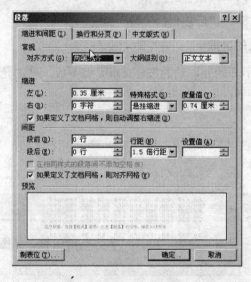

图3-11 "段落"对话框

Step 02 在"缩进和间距"选项卡中可设置"常规"、"缩进"、"间距"等。

知识点9:设置页面格式

1.页面设置

页面设置指对文档的页面布局、外观和纸张大小等属性的设置。页面设置直接决定文档的打印效果。选择"文件"→"页面设置"命令,可打开"页面设置"对话框,如图3-12所示。该对话框包括四个选项卡:"页边距"、"纸张"、"版式"和"文档网格"。各选项卡的功能如下。

- "页边距":可设置上、下、左、右的页边距和页面的方向(横向和纵向)等。
- "纸张":用于设置纸张类型及纸张来源等。
- "版式":"页眉和页脚"区域可设置"奇偶页不同"或"首页不同";页面区域可设置

页面的对齐方式，包括"顶端对齐"、"居中"和"底端对齐"。
- "文档网格"：可设置文字在文档中的排列方式、每页行数和每行字符数等。

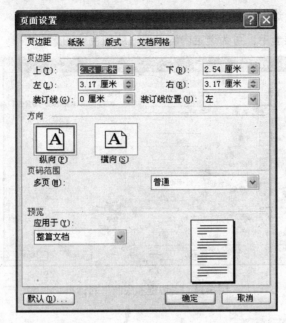

图 3-12 "页面设置"对话框

2. 设置页眉和页脚

页眉与页脚是文档中的注释性信息，如文章的章节标题、作者、日期时间、文件名或公司标志等。一般地，页眉位于页面顶部，页脚位于页面底部；但也可利用文本框技术，在页面的任意地方可设置页眉与页脚。其具体的设置步骤如下：

Step 01 选择"视图"→"页眉和页脚"命令，Word 将文档切换到页面视图，并显示"页眉和页脚"工具栏，如图 3-13 所示。

Step 02 单击"在页眉和页脚间切换"按钮可分别设置页眉和页脚格式。

图 3-13 "页眉与页脚"工具栏

知识点 10：设置边框和底纹

在 Word 中，可为文档中的字符、段落、表格、图形等对象设置各种边框和底纹。

选定要设置边框或底纹的对象，然后选择"格式"→"边框和底纹"命令，打开"边框和

底纹"对话框,如图3-14所示。其上各选项卡功能如下:

- 在"边框"选项卡中,可设置"方框"、"阴影"和"三维"等效果。
- 在"页面边框"选项卡中,可为整个页面设置边框。
- 在"底纹"选项卡中,可为选定内容设置底纹颜色或图案。

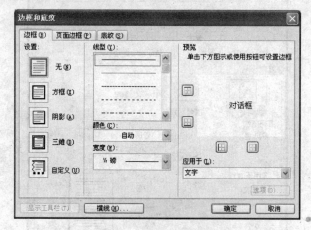

图 3-14 "边框和底纹"对话框

知识点 11:设置项目符号和编号

为使文章的内容更清晰,有时要用项目符号和编号来标识。如果不愿意手工输入编号或符号,也可以应用自动项目符号和编号功能。

选择"格式"→"项目符号和编号"命令,打开"项目符号和编号"对话框。在"项目符号"选项卡中,选择相应的符号,然后单击"确定"按钮,如图3-15所示。

> 提示:Word中提供了多种项目符号图形,若不满意"项目符号和编号"对话框提供的符号形式,可以单击"自定义"按钮,在打开的如图3-16所示的对话框中选择符号图形。

图 3-15 "项目符号和编号"对话框

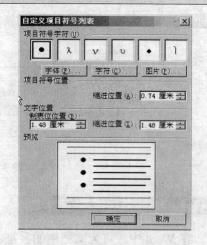

图 3-16 "自定义项目符号列表"对话框

知识点 12：分栏

分栏可将文档内容在页面上分成多个列块显示，使排版更加灵活。只有在页面视图的方式下才能看到分栏效果。其具体操作步骤如下：

> 提示：如果只对文档中的部分内容分栏，需先选择这些内容，否则将对整篇文档分栏。如果文档被分成多个节，可对指定的节分栏。

Step 01 选择"格式"→"分栏"命令，打开"分栏"对话框，如图 3-17 所示。
Step 02 在该对话框的"预设"区域中选择分栏样式。
Step 03 在"栏宽"与"间距"中分别设置适当的数值。如果栏与栏之间需要分隔线，可选中"分隔线"复选框，最后单击"确定"按钮退出该对话框。图 3-18 所示为文档设置分栏后的效果示例。

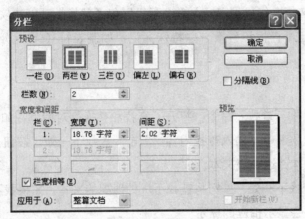

图 3-17 "分栏"对话框

图 3-18 分栏效果

知识点 13：首字下沉

为使文档更美观、引人注目，常要设置"首字下沉"。首字下沉就是使第一个字放大，这种格式可在报刊中经常看到。

Step 01 选择"格式"→"首字下沉"命令，打开"首字下沉"对话框，如图 3-19 所示。

Step 02 在该对话框中的"位置"区域中选择一种样式，然后再对下面的"字体"、"下沉行数"、"距正文"作相应设置，最后单击"确定"按钮即可。

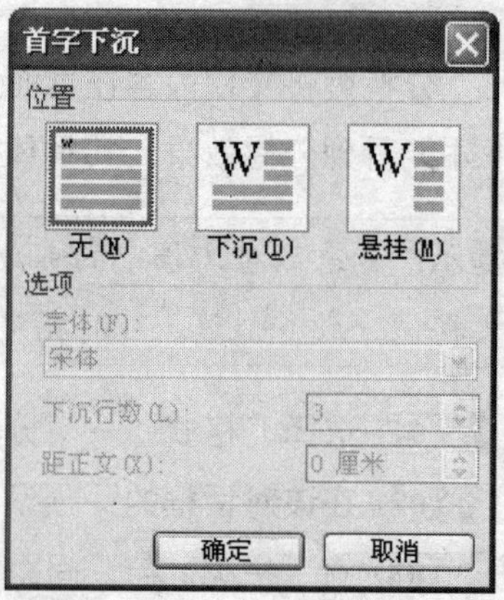

知识点 14：查找与替换

图 3-19 "首字下沉"对话框

在文档编辑过程中，经常要对文本进行定位、查找或替换某些特定的内容。这些操作可用 Word 的"查找"和"替换"功能来实现。Word 不仅能查找和替换普通文本，还可查找和替换一些特殊标记，如制表符（^t）、分节符（^b）、尾注标记（^e）等。

1. 查找普通文本

Step 01 选择"编辑"→"查找"命令，打开"查找和替换"对话框，如图 3-20 所示。

Step 02 在"查找"选项卡中，输入查找内容，单击"查找下一处"按钮，便开始向下查找第一处匹配的文本并选中该文本。

Step 03 继续单击"查找下一处"按钮将查找下一处匹配的文本。如果找不到或完成最后一次查找，系统将会显示相应的提示。

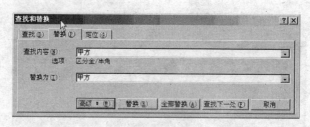

图 3-20 "查找和替换"对话框

2. 替 换

① 在"查找和替换"对话框中打开"替换"选项卡，可进行替换操作。替换操作与查找相似。在"查找内容"中输入要查找的内容，在"替换为"中输入替换后的内容。单击"查找下一处"按钮开始向下查找第一处匹配的文本，查到后单击"替换"按钮，即可对当前查到的内容进行替换。

② 单击"查找下一处"按钮，继续下一处的查找、替换操作，直到完成全部工作。

如果要将全部文档中查到的内容全部替换掉，只要单击"全部替换"按钮即可。

第3章 Word 2003 文字处理软件

3. 查找或替换特殊格式的内容

在"查找和替换"对话框中单击"高级"按钮可得对应的扩展后对话框（如图 3-21 所示），这时可看到"格式"和"特殊字符"两个按钮。单击"格式"按钮，可设置要查找或替换内容的字体、段落等格式；单击"特殊字符"按钮可查找或替换一些特殊字符。

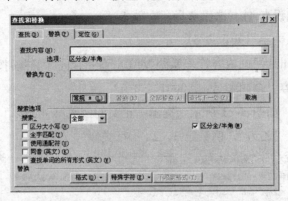

图 3-21 "查找和替换"高级对话框

知识点 15：保存文档

保存文档有以下两种情况：

① 保存新文档。选择"文件"→"保存"命令，或单击常用工具栏上的"保存"按钮，均会出现"另存为"对话框，如图 3-22 所示。选择保存位置并输入文件名，再单击"保存"按钮，文档即可保存至指定路径中。

图 3-22 "保存"对话框

② 若当前编辑的文档已事先保存过，单击"保存"按钮可保存修改结果；如果要以新文件名保存或保存在新的位置中，则可选择"文件"→"另存为"命令，再在"另存为"对话框中选择其他保存位置或输入新的文件名，再单击"保存"按钮。

3.1.3 操作步骤

本例合同制作的具体操作步骤如下：

Step 01 启动 Word（知识点 2）。

Step 02 创建文档（知识点 4），这里选择"文档 1"。

Step 03 在文档中输入内容（知识点 5）。

① 输入标题 "《讯达网站内容管理系统 V1.0》商业合同"，然后按 Enter 键。

② 输入第二行内容"合同编号：A0001"。

③ 输入正文内容，如图 3-23 所示（提示：正文的倒数第 4 行，"甲方"输入完毕后，按一定数量的空格再输入"乙方"，倒数第 3、2、1 行类似）。

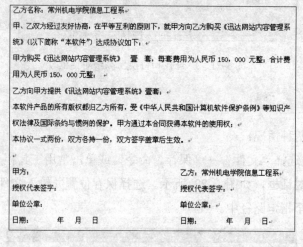

图 3-23　正文内容

Step 04 保存（知识点 15）（提示：在输入文档时要养成经常保存文档的习惯，这样可防止因意外而丢失文档内容）。

> 提示：有时大家会发现，遇到一些意外情况（如断电或死机）时，一篇文档即使来不及时保存里面的部分内容也会存储在计算机中，这是什么原因呢？原来，Word 中有自动保存的功能。选择"工具"→"选项"命令，打开"选项"对话框（如图 3-24 所示），在"保存"选项卡中有"允许后台保存"功能，并且可以设置自动保存的时间间隔。

第3章 Word 2003 文字处理软件

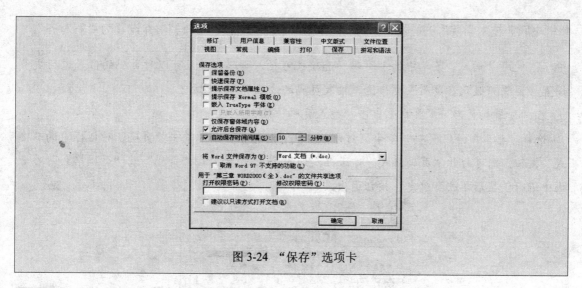

图 3-24 "保存"选项卡

Step 05 设置标题字体格式（知识点 7）。

选择"格式"→"字体"命令，在打开的"字体"对话框设置字体为"黑体"，字号为"小三"，字体颜色为"黑色"，并添加"阴影"效果，字符间距加宽"1 磅"。

Step 06 设置正文字体格式（知识点 7）。

设置字体为宋体，字号为五号，并给相应的文字添加下划线，给第一段设置"文字效果"。

Step 07 设置标题段落格式（知识点 8）。

选择"格式"→"段落"命令，在打开的"段落"对话框中设置"段后"间距为 0.5 行，对齐方式为"居中"。

Step 08 设置正文段落格式（知识点 8）。

① 正文的第 1 段（本合同……签订），设置其"段前"间距 1 行，自定义正文（合同的日期格式），"行距"设置为"1.5 倍行距"，左缩进选"0.5 字符"，左缩进"0.5 字符"。

② 正文 5～8 段（甲方购买……生效），在特殊格式中选择"首行缩进"，量度值为"2 字符"。

提示：Word 的"行距"中只有"单倍行距"、"1.5 倍行距"或"2 倍行距"。若要设置其他的值必须自己输入，如要设置 1.2 倍行距，则应先选择"多倍行距"，再在"设置值"里面输入"1.2"。其他的如果选择了"最小值"、"固定值"或"多倍行距"，则需在"设置值"中输入一个介于 0 和 1584 间的值。

Step 09 设置"合同实例"的纸型及页边距（知识点 9）。

选择"文件"→"页面设置"命令，在打开的"页面设置"对话框中，设置整篇文档的上、下页边距为"2.54"厘米，左、右边距为"3.17"厘米，纸张大小为"A4"。

Step 10 设置页眉、页脚（知识点 9）。

选择"格式"→"页眉和页脚"命令，打开"页眉和页脚"对话框，在"页眉"输入"常州机电职业技术学院",并设置为"居中"。在"页脚"插入"页码",并设置为"右对齐"。

> 提示:使用"插入"菜单中的"页码"选项也可插入页码,并且可以对页码的位置进行更多设置。页码一般放在页眉或页脚区。插入页码的方法有如下两种:
> ① 在"页眉和页脚"工具栏上单击"插入页码"按钮。
> ② 选择"插入"→"页码"命令,打开"页码"对话框。如果单击"页码"对话框中的"格式"按钮,则可打开"页码格式"对话框,如图 3-25 所示。在"页码"或"页码格式"对话框中进行设置后单击"确定"按钮退出。

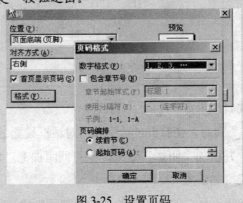

图 3-25 设置页码

Step 11 添加边框和底纹(知识点 10)。

选择"格式"→"边框和底纹"命令,在"边框和底线"对话框中给最后署名的"常州机电学院信息工程系"部分内容添加"双线"、"1/2 磅"文字边框,给 5~8 段添加灰色-10%底纹,给整个页面添加艺术型边框。

> 提示:添加边框和底纹时要先选择"应用于",注意"应用于"的范围,应用于"文字"和"段落"设计的效果是有区别的,应根据需要选择。

Step 12 添加项目符号和编号(知识点 11)。

选择"格式"→"项目符号和编号"命令,在"项目符号和编号"对话框中为 5~8 段设置 1,2,3 和 4 编号。

Step 13 高级替换(知识点 14)。

把"合同案例"中所有的"甲方"两字都加上着重号,具体操作步骤如下:

① 选中全文。

② 打开"编辑"菜单中的"替换"选项,打开"查找和替换"对话框,在"替换"选项卡中的"查找内容"中输入"甲方",在"替换为"中输入"甲方"。

③ 单击"高级"按钮,打开"查找和替换"高级对话框,如图 3-26 所示。将光标定位在"替换为"后面的文本框内(注意:这一步不能少),单击"格式"按钮,打开"字体"对话框,在"着重号"下选择着重号。

第3章 Word 2003 文字处理软件

④ 最后单击"全部替换"按钮，关闭此对话框。

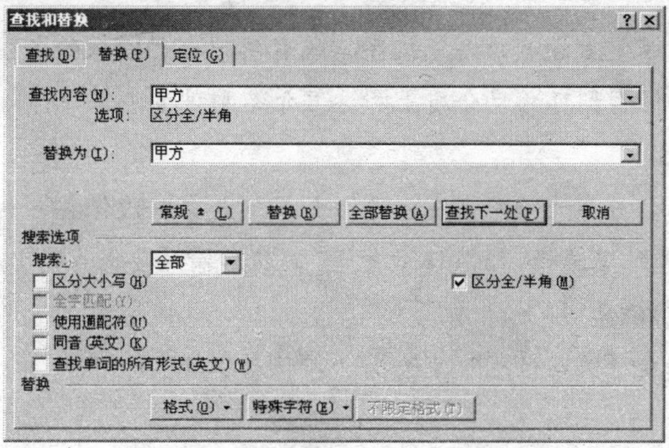

图 3-26 "查找和替换"高级对话框

Step 14 保存文档（知识点 15）（提示：这不是第一遍保存，再次保存只要单击"保存"按钮即可）。

提示：Word 文件保存完后，可在计算机相应的位置找到它，如现在可以在"我的电脑"的"本地磁盘 D"上找到"合同"这个文件。这时会发现，保存的文件完整的名字是"合同.doc"。这里".doc"是所有 Word 文件的扩展名（或称为后缀名）。

可能有些用户看不到".doc"这个扩展名，这是怎么回事呢？其实利用前面所学的知识就可知道，这是因为计算机把扩展名隐藏了，可以通过"我的电脑"窗口中"工具"菜单下的"文件夹选项"中的"查看"选项卡进行"高级设置"选项设置，如图 3-27 所示。

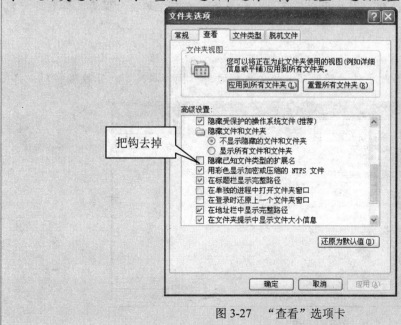

图 3-27 "查看"选项卡

1. 文档存入软盘或移动磁盘

可能有的同学在课堂上没有录入完文字，或者想把自己输入的文字带走，那我们就可以把我们已录入的文档保存到可移动介质上，这里介绍两种方法。

(1) 把文档保存入软盘

选择"文件"→"另存为"命令（注意：如果不是第一次保存，则必须选择"另存为"命令），在"保存位置"里选择"3.5英寸软盘"，然后输入要保存的名字。

(2) 把文档保存入移动磁盘

同上操作，只是在"保存位置"里选择"可移动磁盘"即可。

2. 保护文档

如果编辑的是一份机密文件，不希望无关人员查看，则可以给文章设置"打开权限密码"，使别人在不知道密码的情况下无法打开。另外，若编辑的文档允许别人查看，但禁止修改，则可给其添加"修改权限密码"。

(1) 设置打开权限密码

① 打开一个文档，执行"文件"→"另存为"命令。

② 单击"另存为"对话框中的"工具"按钮（如图3-28所示），在打开的下拉菜单中选择"安全措施选项"，则打开"安全性"对话框，如图3-29所示。

③ 在"打开文件时的密码"文本框中输入密码。

④ 单击"安全性"对话框"确定"按钮，打开"确认密码"对话框，在该对话框中重复输入以上密码并单击"确定"按钮，则打开"另存为"对话框，在其中单击"保存"按钮即可完成设置。

(2) 设置修改权限密码

除了将密码输入到"修改文件时的密码"的文本框之外，操作与设置打开权限密码一样。

图 3-28 "另存为"对话框

第3章 Word 2003 文字处理软件

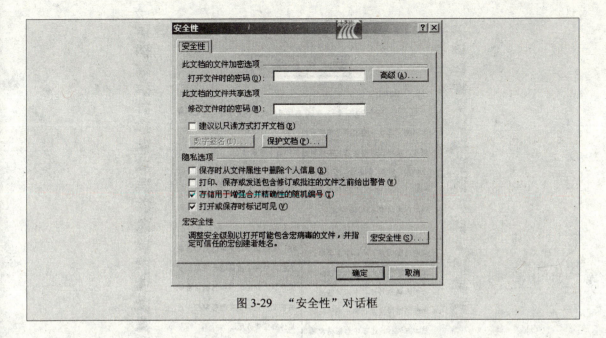

图 3-29 "安全性"对话框

3.1.4 操作练习——通知的制作

1. 题目说明

通知的格式包括标题、称呼、正文和落款,现分别介绍各部分的内容。

① 标题:写在第一行正中。可只写"通知"二字,如果事情重要或紧急,也可写"重要通知"或"紧急通知",以引起注意。有的在"通知"前面写上发通知的单位名称,还有的写上通知的主要内容。

② 称呼:写被通知者的姓名、职称或单位名称,其第二行需顶格写。有时,因通知事项简短、内容单一,书写时会略去称呼,直起正文。

③ 正文:另起一行,空两格写正文。正文因内容而异。例如,开会的通知要写明开会的时间、地点、参加会议的对象以及开什么会,还要写明要求;布置工作的通知要写明所通知事件的目的、意义以及具体要求和做法。

④ 落款:分两行写在正文右下方,一行署名,一行写日期。

写通知一般采用条款式行文,可以简明扼要,使被通知者能一目了然,便于遵照执行。

2. 题目要求

(1) 创建一个通知,内容自拟。

(2) 利用所学知识点,尽可能地设置通知的文字、段落和页面格式,使其美观。

(3) 在桌面上保存该文档,并取名为"通知"。

3. 参考文档

此次操作练习的参考文档如图 3-30 所示。

图 3-30 "通知"参考文档

3.1.5 本节评估

下面是学完 3.1 节后应该掌握的内容,请大家对照表 3-1 中的内容进行自我测评。

表 3-1 本节评估表

知识点	掌握程度	测评
Word 简介	了解	
Word 的启动和退出	掌握	
Word 窗口组成	了解	
汉字录入	掌握	
创建文档	掌握	
打开文档	掌握	
选定内容	掌握	
插入、删除、复制内容	掌握	

续表 3-1

知识点	掌握程度	测评
字体格式设置	掌握	
段落格式设置	掌握	
页面格式设置	掌握	
特殊格式设置（首字下沉、边框和底纹、分栏）	掌握	
替换（高级替换）	掌握	
文档保存	掌握	

3.2 案例 2——学生成绩表的制作

3.2.1 案例分析

日常工作中，经常要用到各种各样的表格，如工资报表、档案统计表和日程表等。Word 2003 具有强大的表格制作功能，可以方便地制作出各种形式的表格。本节将介绍学生成绩表的制作，具体效果如图 3-31 所示。

网络 0931 班学生成绩表				
姓名\科目	英语	数学	物理	总分
古龙	67	76	70	213
金庸	78	88	87	253
卧龙生	89	90	98	277
梁羽生	90	60	76	226

图 3-31 学生成绩表

本案例涉及的知识点：

- 创建表格
- 编辑表格中的内容
- 表格的编辑
- 表格数据的排序和计算

3.2.2 相关知识

知识点1：创建表格

创建表格的方法有插入表格和绘制表格两种。

1．插入表格

插入表格的方法有以下两种：

① 选定插入点，单击常用工具栏上的"插入表格"按钮，并拖动鼠标至适当的行数与列数处释放，即可插入表格。

② 选定插入点，选择"表格"→"插入表格"命令，打开"插入表格"对话框，如图3-32所示。在对话框中设置表格的行数与列数，再单击"确定"按钮，便可创建指定行数与列数的表格。

2．绘制表格

插入表格的方法只能创建简单的表格。如果要制作比较复杂的表格，可采用绘制表格的方式。

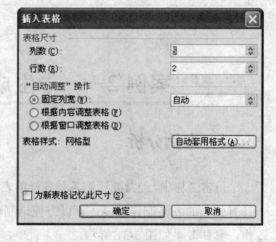

图3-32 "插入表格"对话框

单击工具栏上的"表格和边框"按钮，可打开"表格和边框"工具栏，如图3-33所示。此时鼠标指针呈"笔形"。选定线型、线条粗细等样式，按住鼠标左键从表格的左上角拖曳至右下角，释放鼠标，即可形成表格的外框。然后按实际需要绘制表格的横线、竖线及斜线。对于已制作好的表格，也可用"表格和边框"工具栏进行修改。

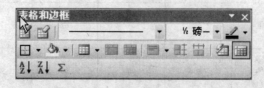

图3-33 "表格和边框"工具栏

知识点2：向表格输入内容

表格中的基本单位是单元格，每个单元格相当于一个段落，可用Tab键将插入点移至下一单元格,用 Shift+Tab 组合键将插入点移动到前一个单元格,也可用方向键在各单元格中移动。在表格中定位插入点,便可向表格输入内容。

知识点 3:选定

1.选择单元格

将鼠标指向单元格左下角,当指针变为"➧"时按下左键,便可选中该单元格。此时若按住左键拖曳,则可选择连续的几个单元格。

2.选择行和列

若要选择某行,只需将鼠标移至该行最左边,当鼠标指针形状变为"⌐"时按下左键,便可选中该行。若要选择连续几行,可在按住鼠标左键的同时往上或往下拖曳。

选择列的操作与选择行的操作类似。

3.选择整个表格

若要选中整个表格,可单击表格左上角的选择柄"⊞"。

以上操作也可通过选择"表格"→"选定"→"单元格"/"列"/"行"/"表格"命令实现。

知识点 4:绘制表头

表头位于表格中的第一个单元格中,用来描述表格行、列中的内容。要在表格中绘制表头,可按以下步骤进行。

Step 01 将光标定位在第一个单元格。

Step 02 单击选择"表格"→"绘制斜线表头"命令,则打开"插入斜线表头"对话框,如图 3-34 所示。

Step 03 在"表头样式"下拉列表框中选择一种符号的样式,在"字体大小"下拉列表框中设置字体大小,在"行标题"和"列标题"文本框中输入相应文字,最后单击"确定"按钮即可。

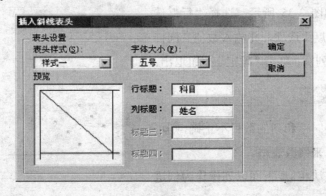

图 3-34 "插入斜线表头"对话框

知识点 5：调整表格的高度和宽度

创建表格时，Word 使用系统默认的行高和列宽。一般来说，这样的宽度与高度需要调整。调整的方法主要有以下几种。

1．使用表格的自动调整功能

使用表格的自动调整功能调整表格行/列分布的具体操作如下：

Step 01 选中要调整的行或列。

Step 02 选择"表格"→"自动调整"命令，弹出其子菜单，该子菜单中各命令选项的含义如下。

- 选择"根据内容调整表格"命令，Word 会根据输入的内容自动调整单元格的行高和列宽。
- 选择"根据窗口调整表格"命令，Word 将以正文的总宽度除以列数得出每列的宽度随着页面宽度的调整，表格的宽度与列宽也会相应发生变化。
- 选择"固定列宽"命令，表格的列宽将不会发生任何变化，其宽度由创建表格时设置的宽度决定。
- 选择"平均分布各行"命令，Word 会根据表格的高度平均分配各行的行高。
- 选择"平均分布各列"命令，Word 会根据表格的宽度平均分配各列的列宽。

Step 03 在"自动调整"子菜单中选中合适的命令选项，即会自动调整表格的行高和列宽。

2．使用鼠标进行手动调整

用鼠标直接在表格上进行调整。当鼠标指针移至表格的横线（最上一条除外）上时指针变成"⇳"，这时按住左键上下拖动鼠标可调整行高；当鼠标指针移至表格的竖线上时，指针变成"↔"，这时按住左键左右拖动鼠标可调整列宽。调整列宽时，如果同时按住 Ctrl 或 Shift 键会出现不同的效果。

3．通过"表格"菜单的"表格属性"选项设置精确列宽

选择"表格"→"表格属性"命令，打开"表格属性"对话框，如图 3-35 所示。选择"行"选项卡，选中"指定高度"选项，并输入数值。同样在"列"选项卡设置列宽，单击"确定"按钮退出。

知识点 6：行和列的编辑

如果在插入表格时行和列的数目不正确，则可以通过行和列的编辑来修改表格。

行和列的编辑方法相似，下面以列操作为例进行介绍。

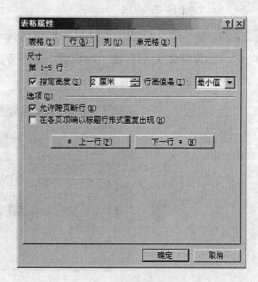

图 3-35 "表格属性"对话框

第3章 Word 2003 文字处理软件

1. 插入列

选择要插入列的位置（可选一列或多列，插入的列数将与选择的列数相同），然后执行"表格"→"插入"→"列（在左侧）"命令（或"列（在右侧）"命令），即可在表格中插入一列或多列。也可以在要插入列的地方右击，在弹出的快捷菜单中选择"插入列"命令。

2. 删除列

选择要删除的列，选择"表格"→"删除"→"列"命令，也可在要删除的列上右击，在弹出的快捷菜单中选择"删除"→"列"命令。如果要删除整个表格，则选择"表格"→"删除"→"表格"命令。

3. 复制列

选定要复制的列，再通过"复制"与"粘贴"操作实现。

4. 移动列

选定要移动的列，再通过"剪切"与"粘贴"操作实现。

知识点7：单元格的编辑

1. 插入与删除单元格

对单元格进行编辑的具体步骤如下：

Step 01 选定要插入单元格的位置，选择"表格"→"插入"→"单元格"命令，弹出"插入单元格"对话框，如图3-36所示。

Step 02 选择其中一种插入方式，再单击"确定"在按钮。

Step 03 插入单元格后，表格将作相应的调整。

若要删除单元格，需先选定要删除的单元格，再选择"表格"→"删除"→"单元格"命令，在弹出的"删除单元格"对话框中再作相应的选择。

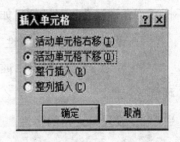

图 3-36　"插入单元格"对话框

2. 单元格的合并与拆分

合并单元格指将矩形区域的多个单元格合并成一个较大的单元格。操作方法有以下两种：

① 选定要合并的单元格，选择"表格"→"合并单元格"命令；或打开右键快捷菜单并选择"合并单元格"命令。

② 选定要合并的单元格，在"表格和边框"工具栏中单击"合并单元格"按钮。

拆分单元格指将一个单元格拆分成几个较小的单元格。单元格的拆分操作与合并操作相似。图3-37所示为单元格拆分与合并的结果。

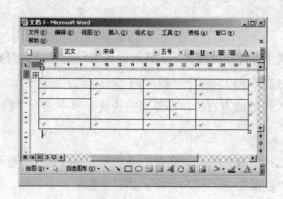

图 3-37　单元格的拆分与合并

知识点 8：拆分表格

有时，需把一个表格拆分成两个独立的表格，其拆分的具体操作如下：

Step 01 将插入点移至表格中欲拆分的那一行（此行将成为拆分后第二个表格的首行）。

Step 02 选择"表格"→"拆分表格"命令。

Step 03 如果要将表格当前行后面的部分强行移至下一页，可在当前行按 Ctrl+Enter 组合键。

知识点 9：设置表格的属性

如果要精确地定制表格或修饰表格，可以设置表格的属性。将插入点移至表格中任何地方，打开"表格属性"对话框，如图 3-38 所示。

1．设置整个表格的属性

单击"表格属性"对话框中的"表格"选项卡，在其中设置表格的尺寸、对齐方式、文字环绕等属性。

2．设置单元格的属性

选定单元格，在对话框中打开"单元格"选项卡，在其中可设置单元格的大小及垂直对齐方式，如图 3-39 所示。

图 3-38　"表格属性"对话框

图 3-39　"单元格"选项卡

3. 边框和底纹

在"表格属性"对话框中,单击"边框和底纹"按钮可打开"边框和底纹"对话框,如图 3-40 所示。其中的"边框"和"底纹"选项卡用于设置选定表格或单元格的边框和底纹。

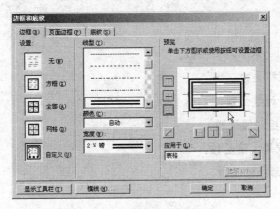

图 3-40 "边框和底纹"对话框

知识点 10:表格自动套用格式

除了利用上面的各种方法设置表格格式外,Word 还提供了 40 多种预定义的表格格式供套用。使用表格自动套用格式的具体步骤如下:

Step 01 将插入点置于表格中。

Step 02 选择"表格"→"表格自动套用格式"命令,打开"表格自动套用格式"对话框,如图 3-41 所示。

Step 03 在"表格样式"列表框中列出各种样式供选择,"预览"区域可显示当前样式的效果。

Step 04 选择其中一种样式,在"将特殊格式应用于"区域中选择或清除复选框选项,最后单击"应用"按钮,所选样式便可应用到当前表格中。

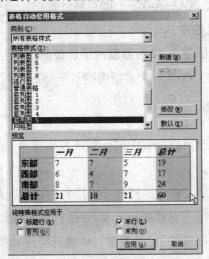

图 3-41 "表格自动套用格式"对话框

知识点 11：表格的计算

在 Word 中，可以利用公式对表格中的数据进行一些简单的计算。Word 提供了一些在实际运算中经常用到的函数。

1. 常用函数

- AVERAGE()：求平均值函数。
- SUM()：求和函数。
- COUNT()：计数函数。
- ABS()：求绝对值函数。
- MAX()：求最大值函数。
- MIN()：求最小值函数。

2. 单元格的引用

对于 Word 中的表格，每一个单元格都有自己的名字，具体命名规则如下。

列数从左到右用 A，B，C…表示，行数从上到下用 1、2、3…表示，如图 3-42 所示。

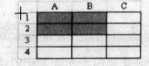

图 3-42 单元格的命名

3. 表格中数据的计算步骤

Step 01 将光标定位于存放结果的单元格中。

Step 02 选择"表格"→"公式"命令，出现"公式"对话框，如图 3-43 所示。

Step 03 在"公式"文本框内的等号后面录入公式或函数。假设需要计算单元格(A3+A4)/2 的值，只需要在对话框的等号后面录入"(A3+A4)/2"，即可将计算结果存放到指定的单元格中。

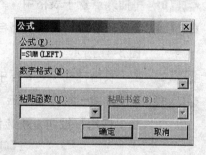

图 3-43 "公式"对话框

Step 04 当需要计算第一列中的第 2~10 行数值的平均值时，就可以在该对话框的"公式"文本框内的等于号后录入"=SUM(A2：A10)/9"。

知识点 12：表格中数据的排序

可对整个表格进行排序，也可选择其中的一列或多列排序，其具体操作步骤如下。

Step 01 把光标定位在表格上。

Step 02 选择"表格"→"排序"命令，打开"排序"对话框，如图 3-44 所示。

Step 03 在"列表"区域中选择"有标题行"，即标题行是不参加排序的。

Step 04 在排序依据中选择要排序的列，"类型"中选择排序依据，再选择"开序"还是"降序"，然后单击"确定"按钮。

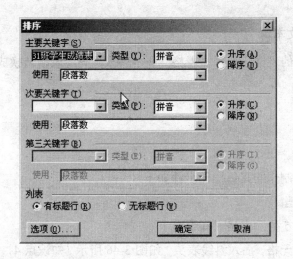

图 3-44 "排序"对话框

知识点 13: 表格与文本的相互转换

在 Word 中，可将表格转换为文本格式，也可将规则文本转换为表格。

1. 将文本转换成表格

首先，转换成表格的文本应含有一些能确定表格单元格起止位置的分隔符，如 *、? 或制表符、段落标记等。

选定要转换成表格的文本，选择"表格"→"转换"→"文本转换成表格"命令，弹出"将文字转换成表格"对话框，如图 3-45 所示。在对话框中，系统将自动检测分隔符并显示在"文字分隔位置"的文本框中（如果文本中含有多种分隔符，应在该文本框中输入要使用的分隔符），然后指定生成表格的行数、列数及表格的尺寸等。

设置完毕后单击"确定"按钮，文本即被转换为表格。

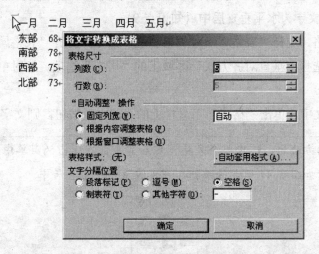

图 3-45 "将文字转换成表格"对话框

2. 将表格转换为文本

选择要转换为文本的表格，选择"表格"→"转换"→"表格转换成文本"命令，可将表格转换为文本。

3.2.3 操作步骤

本例中学生成绩表制作的具体操作步骤如下：

Step 01 创建 Word 文档。

Step 02 创建一个 5 行 5 列的表格（知识点 1）。

Step 03 绘制第一个单元格，插入斜线表头，如图 3-46 所示（知识点 4）。

① 选择"表格"→"插入斜线表头"命令。

② 在"表头样式"中选择"样式一"，"行标题"中输入"科目"，"列标题"中输入"姓名"。

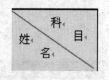

图 3-46　绘制斜线表头

Step 04 在各个单元格内输入相应内容，如图 3-31 的学生成绩表所示（知识点 2）。

Step 05 调整表格的高度和宽度。指定高度为 2 厘米，列宽为 3 厘米（知识点 5）。

① 选择"表格"→"表格属性"命令，打开"表格属性"对话框。

② 选择"行"选项卡，选中"指定高度"选框，并输入"2 厘米"。

③ 同样在"列"选项卡里设置列宽为 3 厘米，单击"确定"按钮退出。

Step 06 设置表格对齐方式为"居中"（知识点 9）。

① 选择"表格"→"表格属性"命令，打开"表格属性"对话框。

② 选择"表格"选项卡，设置表格对齐方式为"居中"。

Step 07 设置单元格文字为水平垂直居中（知识点 9）。

① 选定整个表格，选择"表格"→"表格属性"命令，打开"表格属性"对话框，选择"单元格"选项卡，选择"垂直对齐方式"区域上的"居中"选项。这时单元格中的文字在垂直方向上就居中了。

② 选中表格中文字，单击"格式"工具栏上的"居中"按钮，则文字水平居中了。

> 提示：有种更简单的方法为，选中整个表格，然后右击，在弹出的菜单中选择"单元格对齐方式"命令，再选择如图 3-47 所示的按钮，即可设置水平垂直居中。
>
>
>
> 图 3-47　单元格对齐方式

第3章 Word 2003 文字处理软件

Step 08 在表格第一行前插入一行（知识点6）。

① 把光标定位在第一行上。

② 选择"表格"菜单中的"插入"→"行（在上方）"命令。

Step 09 合并标题行单元格，输入标题"网络0931班学生成绩表"（知识点7）。

① 选择第一行。

② 选择"表格"菜单中的"合并单元格"命令。

③ 输入标题。

Step 10 给表格外框线加 2.25 磅双线边框（知识点9）。

① 选择表格。

② 打开"边框和底纹"对话框，选择"边框"选项卡，在"设置"中选择"方框"，在"线型"中选择"双线"，在"宽度"中选择"2 1/2 磅"，在"预览"中即可看到效果，如图3-48所示，然后单击"确定"按钮。

Step 11 给第一行下线加 3 磅单线（知识点9）。

① 选择第二行。

② 打开"边框和底纹"对话框，选择"边框"选项卡，在"线型"中选择"单线"，在"宽度"中选择"3 磅"，在"预览"中单击左方的第一个按钮，看到右边的边框上线变成相应的效果即可，然后单击"确定"按钮，如图3-49所示。

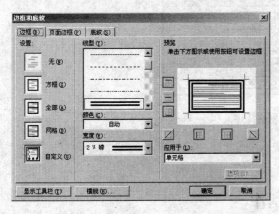

图 3-48 外框线的设置

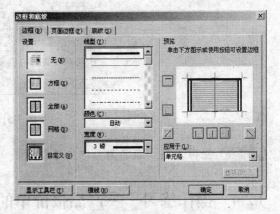

图 3-49 3 磅单线的设置

Step 12 给表格第一、二行加灰色-12.5%底纹（知识点9）。

① 选择第一、二行。

② 打开"边框和底纹"对话框，选择"底纹"选项卡，在"填充"中选择"灰色-12.5%"然后单击"确定"按钮。

Step 13 计算总分（知识点11）。

① 将插入点移至古龙的总分单元格。

② 选择"表格"→"公式"命令，打开"公式"对话框，如图 3-50 所示。在"公式"文本框中可输入公式，如"＝B3+C3+D3"。或者可在"粘贴函数"下拉列表框中选择公式，如"＝SUM(LEFT)"。最后单击"确定"按钮，即可获得计算结果。

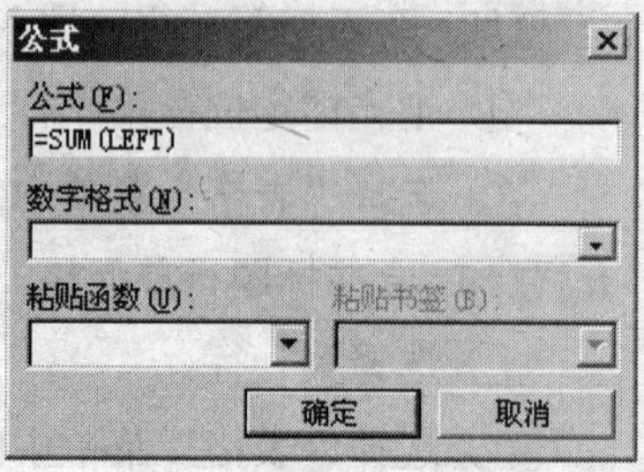

同上步骤可计算出其他人的总分。

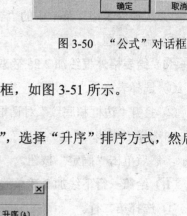

图 3-50　"公式"对话框

Step 14 根据英语升序排序（知识点 12）。

① 选中第 2 到第 6 行。

② 选择"表格"→"排序"命令，打开"排序"对话框，如图 3-51 所示。

③ 在"列表"区域中选择"有标题行"。

④ 在排序依据中选择"英语"，"类型"中选择"数字"，选择"升序"排序方式，然后单击"确定"按钮。

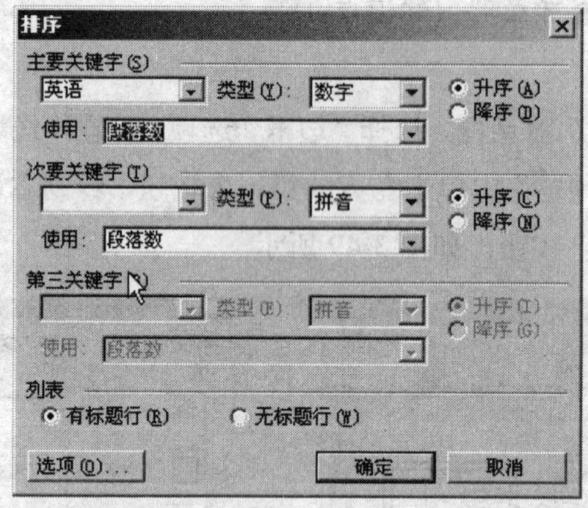

图 3-51　表格排序

Step 15 保存表格，取名为"学生成绩表"。

3.2.4　操作练习——产品报价单的制作

1．题目说明

产品报价单是一种常见的表格文档，在实际工作中也经常涉及，大家应该学会如何创建此类文档。

2．题目要求

① 创建一个产品报价单，内容自拟。例如，旅行团线路报价、电器报价、食品报价单等）。

② 要求表格设置边框和底纹、单元格格式、列宽和行高。

③在桌面上保存文档，取名为"＊＊报价单"。

3. 参考文档

图 3-52 和图 3-53 给出了此次实训的参考文档，以及其格式设置。

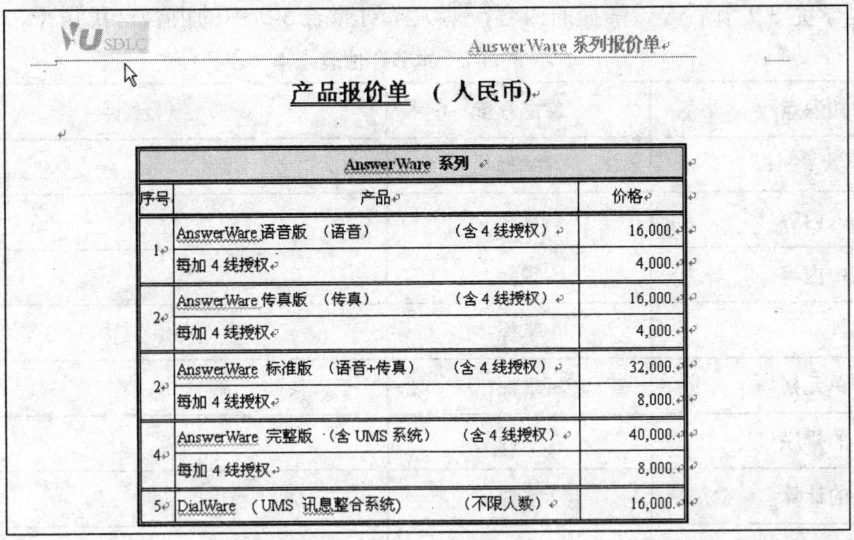

AnswerWare 系列报价单

产品报价单 （人民币）

AnswerWare 系列		
序号	产品	价格
1	AnswerWare 语音版 （语音） （含 4 线授权）	16,000
	每加 4 线授权	4,000
2	AnswerWare 传真版 （传真） （含 4 线授权）	16,000
	每加 4 线授权	4,000
2	AnswerWare 标准版 （语音+传真） （含 4 线授权）	32,000
	每加 4 线授权	8,000
4	AnswerWare 完整版 （含 UMS 系统） （含 4 线授权）	40,000
	每加 4 线授权	8,000
5	DialWare （UMS 讯息整合系统） （不限人数）	16,000

图 3-52 参考文档（a）

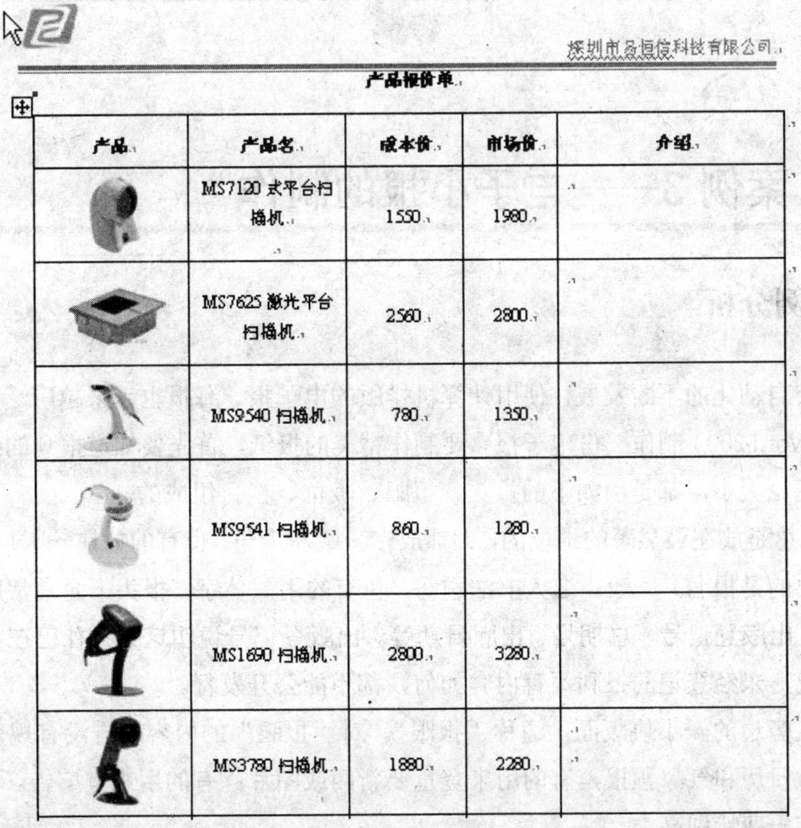

深圳市易恒信科技有限公司

产品报价单

产品	产品名	成本价	市场价	介绍
	MS7120 式平台扫描机	1550	1980	
	MS7625 激光平台扫描机	2560	2800	
	MS9540 扫描机	780	1350	
	MS9541 扫描机	860	1280	
	MS1690 扫描机	2800	3280	
	MS3780 扫描机	1880	2280	

图 3-53 参考文档（b）

3.2.5 本节评估

下面是学完 3.2 节后应该掌握的内容，请大家对照表 3-2 中的内容自我测评。

表 3-2　本节评估表

知识点	掌握程度	测评
创建表格	掌握	
向表格中输入内容	掌握	
格式化表格中内容	掌握	
设置表格属性	掌握	
合并和拆分单元格	掌握	
表格内资料的排序	掌握	
表格内资料的计算	掌握	
表格和文字的互相转换	掌握	
表格自动套用格式	了解	

3.3 案例 3——电子小报的制作

3.3.1 案例分析

随着办公自动化的不断发展，使用计算机排版的电子报、海报也越来越广泛。本案例将介绍如何利用 Word 2003 制作一份电子报。要制作精美的报纸，首先要知道报刊的组成要素，任何一份报纸无论大小，都是由如下的报头、报眼、版位、栏目组成的。

（1）报头总是放在最显著的地位的，大都放在一版左上角，也有的放在一版顶上面的中间。报头上最主要的是报名，一般由名人书法题写，也有的用黑体字。报头下面常常用小字注明编辑出版部门、出版登记号、总期号、出版日期等。出版登记号说明这家报社已在国家新闻出版管理机构登记，未经登记的报刊不管内容如何，都不能公开发行。

（2）报头旁边的一小块版面，通称"报眼"。对"报眼"的内容安排没有规定，有的用来登内容提要、日历和气象预报，有的用来登重要新闻或图片，有的用来登广告。由于"报眼"位置显著，广告费特别高。

（3）报纸的版面位置叫版位。对一份报纸来说，第一版是要闻版，排在这一版上的新闻比其他版重要。在横排报纸的版面上，左上角要比右上角重要。报纸新闻标题所用的字号大小也能显示它是否重要。标题是报纸刊登的新闻和文章的题目，用来概括和提示这些新闻和文章的内容，帮助读者了解它们的意义和实质。因此，读者可以从版位情况以及标题大小上了解报纸的立场、观点和态度，引起更大的读报兴趣。

（4）栏目是报纸定期刊登同类文章的园地，经常在报纸上看到的有"科技天地"、"国际瞭望"、"读者来信"等。除栏目外，还有一些不定期的专版，范围比专栏更大一些。比如庆祝什么节日，组织一批征文专版；什么问题引起读者广泛的兴趣，组织一些讨论专版。这些专版有一定的时间性，不像定期专栏那样固定。广告是当代报纸常用的一种宣传手段，这里主要是商业广告，还有一些通告、通知、启事以及文化娱乐广告等。报纸收取一定的广告费，用于报社的基本建设。

要使报纸内容丰富，除了把一些文字放置在页面的不同位置外，还需要插入图片和图形，并要注意颜色搭配，使报纸图文并茂。本案例的效果如图 3-54 所示。

图 3-54　电子小报

本案例涉及的知识点：

- 插入艺术字
- 使用文本框
- 图形功能
- 插入图形

3.3.2 相关知识

知识点 1：插入艺术字

Word 2003 的"艺术字库"中有多种艺术字式样，可以用 艺术字(W)… 命令给文字、符号增加特殊效果，如创建带阴影、延伸、旋转等特殊效果的文字。艺术字无法作为文本对待，在大纲视图中无法查看其文字效果，也不能像检查普通文本一样地检查艺术字有无拼写和语法错误。

1．添加艺术字

添加艺术字的操作步骤如下。

Step 01 首先将光标定位在准备插入艺术字的位置。

Step 02 选择"插入"→"图片"→"艺术字"命令，打开"艺术字库"对话框，如图 3-55 所示。或者单击"绘图"工具栏上的"插入艺术字"按钮。

Step 03 从对话框中选择一种艺术字，单击"确定"按钮，打开如图 3-56 所示的"编辑艺术字文字"对话框，先在该对话框中输入内容，然后可选择"字体"和"字号"，单击"确定"按钮，即可插入艺术字。

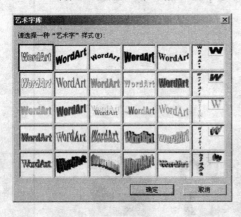

图 3-55 "艺术字库"对话框

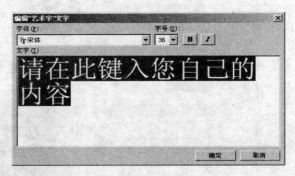

图 3-56 "编辑艺术字文字"对话框

2．艺术字的编辑

（1）修改艺术字

艺术字的修改有如下几种情况。

- 改变艺术字大小：单击要修改的艺术字，这时艺术字周围会出现 8 个关键点和一个黄色菱形块，移动鼠标指针到任一关键点处，指针均会变成双向箭头，若进行拖曳操作，可改变艺术字的大小，如图 3-57 所示。

图 3-57 改变艺术字大小

- 移动艺术字位置:将鼠标指针移至艺术字上,指针变成四方向箭头,此时移动鼠标可以移动艺术字的位置。
- 改变艺术字形状:黄色菱形块叫"控制柄",用鼠标按住此柄移动,可改变艺术字的形状。
- "艺术字"工具栏:利用"艺术字"工具栏可以对艺术字进行拟定编辑、形状修改、自由旋转、字间距设置等,还可以在文档中另一位置插入新的艺术字。图3-58所示为"艺术字"工具栏。

图3-58 "艺术字"工具栏

(2)给艺术字添加阴影

为艺术字添加阴影,可以改变艺术字的视觉效果,其具体操作步骤如下。

Step 01 单击要添加阴影的艺术字。

Step 02 在"绘图"工具栏中单击"阴影"按钮,出现"阴影"列表。从"阴影"列表中选择一种阴影类型,可给选择的艺术字添加阴影。本例选择第二种效果。

如果要调整阴影的位置,可以选择"阴影"列表下端的"阴影设置"选项,在"阴影设置"工具栏中有几种工具可以用来进行阴影设置。

(3)给艺术字设置三维效果

给艺术字设置三维效果,可以改变艺术字的延伸深度、照明角度、选状、旋转角度、表面效果和三维颜色等,其具体操作步骤如下。

Step 01 单击要添加三维效果的艺术字。

Step 02 单击工具栏中的"绘图"图标按钮,出现如图3-59所示的"绘图"工具栏,单击"三维"按钮,出现"三维"列表。从"三维"列表中选择一种三维效果,可给选择的艺术字添加三维效果。

如果要调整阴影的位置,可以选择"阴影"列表下端的"阴影设置"选项,在"阴影设置"工具栏中有几种工具可以用来进行阴影设置。

图3-59 "绘图"工具栏

知识点2:使用文本框

文本框也是Word的一种绘图对象。在文本框中可以方便地输入文字、图形等对象,并可放在页面上的任意地方。

1. 插入文本框

Step 01 选择插入点。

Step 02 选择"插入"→"文本框"→"横排"命令（或"竖排"命令），或直接单击"绘图"工具栏上的"文本框"按钮 ▦ 或"竖排文本框"按钮 ▦。此时鼠标指针变成"十"状，按住左键移动鼠标便可绘制出一个文本框，如图 3-60 所示。在文本框中可添加文字或图形。

2. 编辑文本框

Step 01 选择"格式"→"文本框"命令，打开如图 3-61 所示的"设置文本框格式"对话框。

Step 02 在对话框中可设置文本框的颜色与线条，定制大小、版式、文本框内部边距等。

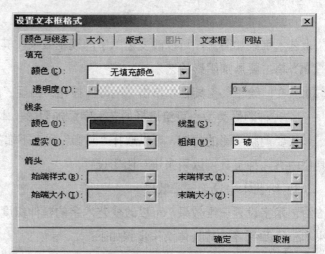

图 3-60　文本框示例　　　　　图 3-61　"设置文本框格式"对话框

3. 文本框的链接

Word 可以把多个文本框链接起来，实现文本框中的文本互相关联，这好比报刊中的"转到××页"或"上接第×版"。这种技术有助于文档内容的灵活跳转，方便排版。创建文本框链接的步骤如下：

Step 01 在文档中建立两个或多个空白文本框。

Step 02 选择第一个文本框，单击鼠标右键，在打开的快捷菜单中选择"创建文本框链接"命令，此时鼠标指针变为"🕻"状。

Step 03 单击要链接到的空白文本框，即可完成链接。

Step 04 如果要继续链接到其他文本框，可单击上面最后一个被链接到的文本框，重复第（2）步操作。

Step 05 生成文本框的链接后，在鼠标右键快捷菜单中，增加了菜单项"前一文本框"和/或"后一文本框"，通过该两项，可以进行文本框的跳转。

第3章 Word 2003 文字处理软件

Step 06 如果要断开文本框的链接，选中要断开链接的文本框，单击鼠标右键，在打开的快捷菜单中选择"断开向前链接"命令。

知识点3：插入图形

Word 的"剪贴库"里有大量的图片，可以从"剪贴库"中选取图片插入到文档中，也可以从其他图形文件中选取图片插入在文档中。

1．插入剪贴画

插入剪贴画的步骤如下。

Step 01 将插入点移至要插入剪贴画处。

Step 02 选择"插入"→"图片"→"剪贴画"命令，打开"剪贴画"任务窗格，如图 3-62 所示。

Step 03 单击"剪贴画"任务窗格下方的 [管理剪辑] 按钮，如果用户是第一次执行此操作，则 Word 会弹出如图 3-63 所示的对话框，询问用户是否将剪辑添加到管理器。剪辑管理器可以对用户硬盘中或指定文件夹中的所有媒体文件进行分类，单击"立即"按钮马上进行分类，单击"以后"按钮可推迟此任务，单击"选项"按钮可以指定要进行分类的文件夹。这里单击"立即"按钮，将硬盘中的所有媒体文件添加到"剪辑管理器"中，然后打开如图 3-64 所示的窗口。

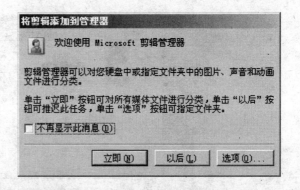

图 3-62 "剪贴画"任务窗格　　　　图 3-63 "将剪辑添加到管理器"对话框

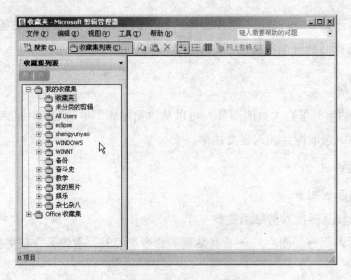

图 3-64 剪辑管理器

Step 04 "剪辑管理器"窗口左边是所有剪辑的分类文件夹列表，单击其中的一个分类，如选择"Office 收藏集"中"工具"分类中的"建筑业"，则在窗口右边就会列出该分类所包含的多个剪贴画。选择想要的剪贴画，单击鼠标右键，或者是剪贴画旁边的 按钮，弹出快捷菜单，单击其中的"复制"命令，然后粘贴到文档中合适的地方即可。

2. 插入图片

Word 中的图片可以来自文件，也可来自扫描仪或数码相机。下面就介绍如何插入图片。

Step 01 将插入点定位于要插入图片处。

Step 02 选择"插入"→"图片"→"来自文件"命令，打开"插入图片"对话框，如图 3-65 所示。在"查找范围"中选择图片文件所在的位置。图片列表区域中列出了当前文件夹中的图片，可以单击"视图"工具按钮 选择图片文件的浏览方式（如缩略图）。选择要插入的图片，单击"插入"按钮，图片将被插入到文档中。

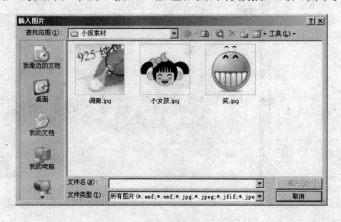

图 3-65 "插入图片"对话框

3. 处理插入的图形

插入图形的处理有如下多种情况。

（1）调整图形大小

选中图片，图片四周将出现 8 个尺寸控制点。将鼠标移至其中一个控制点，当鼠标指针变成"↔"时按住鼠标左键向所需方向移动鼠标，便可对图形大小进行缩放。

（2）处理图片

当选中图片时，窗口中会自动弹出如图 3-66 所示的"图片"工具栏，在该工具栏中可设置图片的亮度、对比度、环绕等。

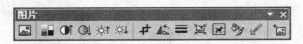

图 3-66 "图片"工具栏

（3）设置图片格式

选中图片，选择"格式"→"图片"命令，弹出"设置图片格式"对话框，如图 3-67 所示。在此可对图片的颜色与线条、大小及版式等进行相应的设置。

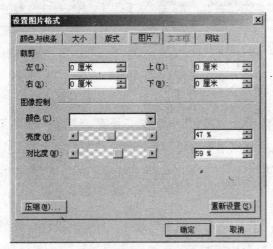

图 3-67 "设置图片格式"对话框

知识点 4：绘制图形

在文档编辑过程中，有时需要绘制一些图形以满足实际需要。利用 Word 的绘图工具可以绘制一些常用的图形，如直线、矩形、椭圆、流程图、标注等。选择"视图"→"工具"→"绘图"命令，可打开"绘图"工具栏，如图 3-68 所示。

图 3-68 "绘图"工具栏

1. 绘制图形

绘制"直线"、"箭头"、"自选图形"的操作步骤如下：

Step 01 将光标移动到要插入图形的地方。

Step 02 单击"直线"或"箭头"按钮，在光标处会出现一张画布，当鼠标指针变成"＋"状时，在画布上拖动鼠标就可以画出"直线"或"箭头"，如图3-69所示。

Step 03 单击"自选图形"按钮，弹出下拉列表框，框中每一项都有子菜单。

Step 04 单击"基本形状"选项中的某个图标，如图3-70所示。当鼠标变成"＋"状时，拖动就可画出这种形状的图形。

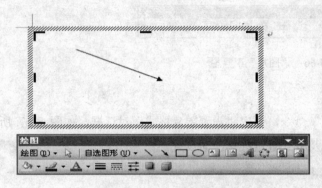

图3-69 绘制箭头　　　　　　　　图3-70 绘制基本形状

2. 编辑绘制的图形

单击图形，图形周围除了8个尺寸控制点外，还有一个绿色控制点和一个黄色菱形控制点（称为调整控制点）。绿色控制点用于旋转图形，黄色控制点用于改变图形形状。拖动标注的黄色控制点，使其对准文本框。

3. 设置图形格式

选中图形，选择"格式"→"自选图形"命令，打开"设置自选图形格式"对话框，如图3-71所示。其中，主要选项卡功能如下：

- "颜色与线条"：可设置图形的填充颜色与线条颜色。
- "大小"：可精确设置图形的大小及旋转角度，或对图形进行精确缩放。
- "版式"：可设置图形在文字中的环绕方式和水平对齐方式。单击"版式"选项卡中的"高级"按钮可设置高级格式。
- "图片"：设置图片格式，功能与"图片"工具栏相似。

4. 在图形中添加文字

除线条和任意多边形外，在其他的自选图形中都可以添加文字，具体操作步骤如下。

Step 01 右击要添加文字的图形，弹出如图3-72所示的菜单。

第3章 Word 2003 文字处理软件

Step 02 单击"添加文字"命令，即可在图形中添加文字。

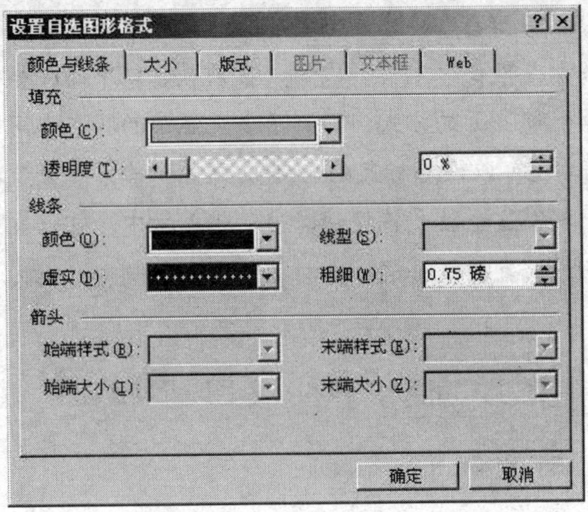

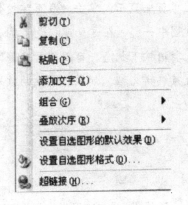

图 3-71 "设置自选图形格式"对话框

图 3-72 弹出的快捷菜单

知识点 5：打印预览和打印文档

选择"文件"→"打印"命令，在如图 3-73 所示的"打印"对话框中选择打印机名称，设置页码范围，单击"确定"按钮即可以打印。

若要打印几份同样的稿件，可以在"打印"对话框中的"副本"选择区的"份数"输入框中输入要打印的稿件数量，单击"确定"按钮就可以了。

打印一部分页码时，可在"页面范围"选择区中选择"页码范围"，输入要打印的页码，每两个页码之间加一个半角的逗号，连续的页码之间加一个半角的连字符就可以了；也可以选择打印当前页，或者打印选定的内容。

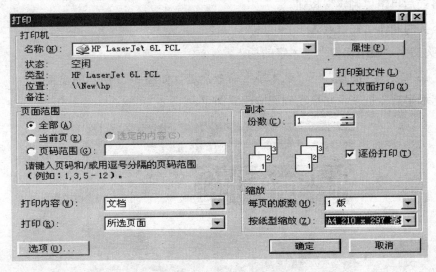

图 3-73 "打印"对话框

提示：一般在打印之前需要先预览一下打印的内容：单击常用工具栏上的"打印预览"按钮，如图 3-74 所示。将窗口转换到"打印预览"窗口中，在这里看到的文档的效果就是打印出来的效果，预览有多页同时显示，也有单页显示。单击"单页"按钮，在预览窗口中的文档就按照单页来显示；单击"多页"按钮，选择一种多页的方式，回到了多页显示的状态。同页面视图中一样，在这里可以设置显示的比例，还可以设置标尺的显/隐，单击"查看标尺"按钮，取消按下状态，可以将标尺隐藏起来。单击这个放大镜按钮，使它不再按下，可以在这里直接编辑文档，如果对预览的效果感到满意，直接单击这个"打印"按钮，就可以把文档打印出来。

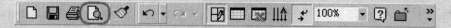

图 3-74 "打印预览"按钮

除了使用"打印预览"按钮可以进入打印预览状态外，选择"文件"→"打印预览"命令也可以进入打印预览状态。

3.3.3 操作步骤

本例中电子报制作的具体步骤如下。

Step 01 页眉页脚的制作。

① 设置页眉内容为"保健年报——爱护眼睛，从现在开始"，"宋体"，"小五"。选择"视图"→"页眉页脚"命令进行设置。

② 设置页脚为当前页数，位置为"外侧"。选择"插入"→"页码"命令，设置位置、对齐方式、格式后单击"确定"按钮。

Step 02 报头的制作（知识点1）。

① 报头文字"眼睛保健"艺术字的插入。

选择"插入"→"图片"→"艺术字"命令，进行如图 3-75 所示的设置。

插入艺术字后，把艺术字拖动到相应位置即可。

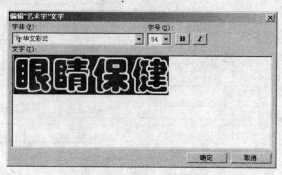

图 3-75 报头制作

第 3 章　Word 2003 文字处理软件

② 报头图片的插入。

选择"插入"→"图片"→"来自文件"命令，找到图片文件"眼睛.jpg"插入。

插入图片后，设置插入图片的格式，把其版式设置为"四周型"，这样图片就可以随意拖动了。动到正确的地方后，改变图片大小即可。

Step 03 报头下文字的输入（知识点 2）。

① 插入一个横排的文本框。

② 调整其宽度和长度。

③ 输入文字"出版部门：常州机电职业技术学院信息工程系　　出版登记号：000000　　总期号：第一期　　出版日期：2009 年"。

④ 右击文本框，打开"设置文本框格式"对话框，选择"颜色与线条"选项卡，在"填充"颜色中选择"无填充颜色"，在"线条"颜色中选择"无线条颜色"，如图 3-76 所示，单击"确定"按钮。

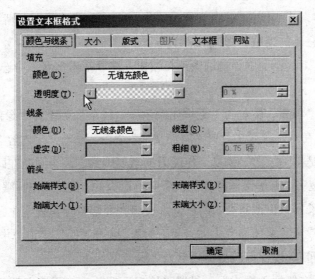

图 3-76　"设置文本框格式"对话框

> 提示：在制作图文并茂的文档时，巧用文本框能使版式设计随心所欲，如果设计后不想看到文本框的边框可以打开"设置文本框格式"对话框，选择"颜色与线条"选项卡，在"填充"颜色中选"无填充颜色"，在"线条"颜色中选"无线条颜色"，这样打印出来的文档就看不出有文本框了。

Step 04 插入报头"眼睛保健"下的线条（知识点 3）。

① 选择"插入"→"图片"→"剪切画"命令，在"剪贴画"任务窗格中单击"管理剪辑"按钮，弹出"剪辑管理器"。在"Office 收藏集"中单击"装饰元素"，选择"分割线"，找到如图 3-77 所示的图片，右击在快捷菜单中选择"复制"命令。

图 3-77　剪贴画

② 把光标定位到要插入线条的地方，粘贴即可。

Step 05 制作"预防近视下面五条注意："（知识点3）。

① 插入图片，名字为"边框.bmp"，把图片拖动到合适的位置。

> 提示：插入的图片是不能拖动的，需要对图片进行一定的格式设置：选中图片，选择"格式"→"图片"命令，在弹出的"设置图片格式"对话框中把插入的图片的"版式"设置为"四周型"这样这些图片就可以随意地拖动了。

② 在图片中的合适位置插入一个"文本框"，设置 "填充"颜色为"无填充颜色"，"线条"颜色为"无线条颜色"。

③ 输入文字 "预防近视下面五条要注意：1．注意用眼卫生 2．坚持做眼保健操 3．劳逸结合，睡眠充足 4．注意营养，加强锻炼，增强体质 5．定期到专业眼镜公司检查视力，发现减退应及时矫正，防止近视加深"，设置"预"字为"华文彩云"、"三号"。"防近视下面五条要注意："为"宋体"、"小四"，其余文字为"华文新魏"、"小四"。最后改变字体颜色。

Step 06 制作"保证充足的睡眠"（知识点4）。

① 单击"绘图"工具栏上的"自选图形"按钮，在"基本形状"中选择"折角型"，并在适当的地方拖动。

② 设置其格式，"填充"颜色为"无填充颜色"，"线条"颜色为"绿色"。

③ 右击该图形，在弹出菜单中选择"添加文字"命令，输入文字内容"保证充足的睡眠：保证充足的睡眠时间是消除疲劳、恢复工作能力的重要因素。因为眼睛在睡眠状态下，肌肉放松最充分，最易消除疲劳，也是保证身体健康所必不可少的。同时，在睡眠时内分泌激素增多，这对儿童青少年的生长发育也很重要。所以，家长和教师都应当重视学生睡眠，保证学生有充足的休息时间。"。设置正文字体为"宋体"、"五号"，标题"保"字为"华文彩云"、"三号"，其余为"宋体"、"小四"，设置标题文字颜色为"绿色"。

④ 在该自选图形右侧插入文本框，设置"填充"颜色为"无填充颜色"，"线条"颜色为"无线条颜色"。

⑤ 把光标定位在文本框内，插入图形"小熊睡觉.jpg"，并调整其大小。

Step 07 插入图片"女孩写字.jpg"（知识点3）。

① 插入图片"女孩写字.jpg"。

② 选中图片，选择"格式"→"图片"命令，在弹出的"设置图片格式"对话框中把插入的图片的"版式"设置为"四周型"，拖动图片到适当的位置。

③ 打开"设置图片格式"对话框，在"大小"选项卡里设置"旋转"为45°，如图3-78所示，单击"确定"按钮。

Step 08 制作"眼疲劳导致近视"（知识点4）。

① 单击"绘图"工具栏上的"自选图形"按钮，在"流程图"中选择"顺序访问存储器"，

并在适当的地方拖动,如图 3-79 所示。

图 3-78　图片格式设置

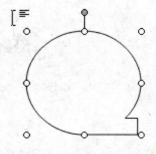

图 3-79　顺序访问存储器

② 设置其格式,"填充"颜色为"无填充颜色","线条"颜色为"粉红"。

③ 右击该图形,在弹出菜单中选择"添加文字"命令,输入文字内容"眼疲劳导致近视:众所周知,近视的形成主要源于物理病变。由于近距离用眼和高强度用眼,致使眼睛出现视疲劳。如果长时间处于疲劳状态,得不到缓解和调整,就容易导致睫状肌痉挛,从而挤压眼内毛细血管,导致微循环障碍,最终成为近视。视疲劳会使你眼睛近视、眼球干涩、肿胀充血、畏光流泪、头痛眩晕、黑眼圈,甚至失眠眼花……睫状肌的持续收缩时间过长,使眼睛长期处于疲劳近视的病态,就会发生假性近视。对于假性近视,如果不及早治疗,就会变为真性近视,所以必须引起重视。我们可以通过补充维生素、多吃蔬菜水果、增加户外运动和登高望远来改善眼睛疲劳程度。"。设置正文字体为"宋体"、"五号",标题"眼"字为"华文彩云"、"三号",其余为"宋体"、"小四",设置标题文字颜色为"蓝色"。

④ 在该自选图形右侧插入文本框,设置"填充"颜色为"无填充颜色","线条"颜色为"无线条颜色"。

⑤ 把光标定位在文本框内,插入图形"眼球.jpg",调整其大小。

Step 09　插入右边三幅图片(知识点 3)。

① 插入"剪贴画"中"保健"文件夹下的"医学.jpg"。

② 插入"来自文件"的"眼保健操 1.jpg"。

③ 插入"来自文件"的"眼保健操 2.jpg"。

④ 在"绘图"工具栏中选择 ,选中三个图片并右击,在弹出的快捷菜单中选择"组合"→"组合"命令。

⑤ 设置图片"版式",把图片拖动到相应位置。

⑥ 选中图片，右击，在弹出的快捷菜单中选择"叠放次序"→"置于底层"命令。

Step 10 二十四角星的制作（知识点 4）。

① 在"自选图形"中选择"星与旗帜"，在其子菜单中选择"二十四角星"，并在适当的地方拖动。

② 选中此图形，把鼠标放在其左边的黄色菱形上，按住鼠标左键往二十四角星里面拖动，拖动到一定位置，放开鼠标左键，设置该图形颜色为"红色"，如图 3-80 所示。

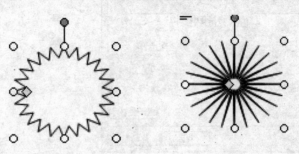

图 3-80　二十四角星的制作

③ 复制该图形，拖动到合适位置，设置该图形颜色为"黄色"。

④ 复制该图形，拖动到合适位置，设置该图形颜色为"蓝色"。

Step 11 打印预览（知识点 5）。

小报做完后，为了查看其效果可以选择"文件"→"打印预览"命令。

Step 12 保存。

最后，保存该文档，取名为"电子小报"。

3.3.4　操作练习——产品宣传单的制作

1. 题目说明

产品宣传单在企业在建立品牌形象和促进产品销售中都有不可忽视的作用。它可使消费者从外观、功能、特点上了解产品，在不断的视觉重复中，让企业的产品或形象深入人心。

2. 题目要求

① 设计一张 A4 的平面宣传单页，横板竖版均可，宣传单页表达产品特点及其应用。

② 图片运用和整体风格上突出产品的特点。

③ 内容与图片设计融洽，激发客户和消费者的兴趣。

④ 突出产品的专利特点，产品图片可以从相应公司网站中下载。

⑤ 宣传用语要精炼、准确，如"美好生活，从这里开始"、"品质源于专业"。

⑥ 要有公司 LOGO。

⑦ 在桌面上保存文档，取名为"＊＊宣传单"。

3. 参考文档

图 3-81 和图 3-82 所示给出了此次操作练习的参考文档。

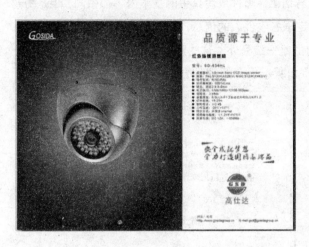
图 3-81 参考文档（a）

图 3-82 参考文档（b）

3.3.5 本节评估

下面是学完 3.3 节后应该掌握的内容，请大家对照表 3-3 中的内容自我测评。

表 3-3 本节评估表

知识点	掌握程度	测评
艺术字的使用	掌握	
文本框的使用	掌握	
插入各种类型的图形	掌握	
图像编辑器的使用	掌握	

3.4 案例 4——入学通知书的批量制作

3.4.1 案例分析

在实际工作中，经常会遇到这种情况，处理大量日常报表和信件。这些报表和信件其主要内容基本相同，只是具体数据有变化。为了减少重复工作，提高效率，Word 提供了邮件合并功能。使用邮件合并功能，可以创建以下几种特殊的文件。

- 一组标签或信封：所有标签或信封上的寄信人地址均相同，但每个标签或信封上的收信人地址将各不相同。
- 一组套用信函、电子邮件或传真：所有信函、邮件或传真中的基本内容都相同，但是每封信、每个邮件或每份传真中都包含特定于各收件人的信息，如姓名、地址或其他个人数据。
- 一组编号赠券：除了每个赠券上包含的唯一编号外，这些赠券的内容完全相同。

本案例以批量制作通知单为例，如图 3-83 所示，介绍邮件合并的知识。

3-83 批量制作通知单案例

本案例设计的知识点：邮件合并

3.4.2 相关知识

知识点 1：邮件合并

所谓邮件合并，是指先把文件中相同的结构和信息创建为一份文档，再把不同的信息创建为另一份文档，然后将两份文档以一定的方式进行合并，从而得到主体结构信息一致，而只有某些属性不一致的一系列文档。

邮件合并的相关概念介绍如下。

- 主文档：是指在合并操作中，对合并文档的每个部分都相同的文档。
- 数据源：包含要合并到文档中的信息的不同的部分。
- 合并文档：将主文档和数据源合后并得到的结果性文档。

知识点 2：主文档的设置

1. 选择要创建的文档类型

选择"工具"→"信函和邮件"→"邮件合并"命令，打开"邮件合并"任务窗格，如图 3-84 所示。"邮件合并"任务窗格将询问要创建的合并文档的类型。选择之后，单击任务窗格底部的"下一步"按钮。

> 提示：如果计算机上安装了传真支持和传真调制解调器，则文档类型列表中还将显示"传真"选项。

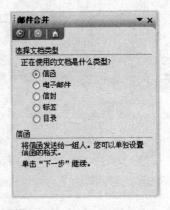

图 3-84　"邮件合并"窗格

2. 选择要使用的主文档

如果已打开主文档（在任务窗格中称做"开始文档"），或者从空白文档开始，则可以单击"使用当前文档"选项，如图 3-85 所示。

否则，单击"从模板开始"选项或"从现有文档开始"选项，然后定位到要使用的模板或文档。

设置完主文档之后，就可以进入下一步了。

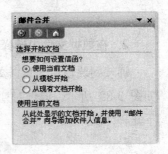

图 3-85　选择开始文档

知识点 3：连接到数据源文件并选择记录

若要将唯一信息合并到主文档，必须连接到（或创建并连接到）存储唯一信息的数据文件。如果在合并中不希望使用该文件中的全部数据，则可以选择要使用的记录。

1. 连接到数据文件

在邮件合并过程的这一步骤中，将连接到存储要合并到文档的唯一信息的数据文件。

- 如果在 Microsoft Office Outlook 联系人列表中保存了完整的最新信息，则联系人列表是客户信函或电子邮件的最佳数据文件。只需单击任务窗格中的"从 Outlook 联系人中选择"选项，然后选择"联系人"文件夹即可。
- 如果具有包含客户信息的 Microsoft Office Excel 工作表或 Microsoft Office Access 数据库，请单击"使用现有列表"选项，然后单击"浏览"按钮来定位该文件，如图 3-86 所示。
- 如果没有数据文件，请单击"键入新列表"选项，然后使用打开的窗体创建列表，如图 3-87 所示。该列表将被保存为可以重复使用的邮件数据库(.mdb)文件。

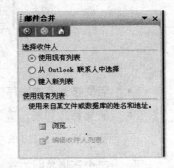

图 3-86　选择数据源

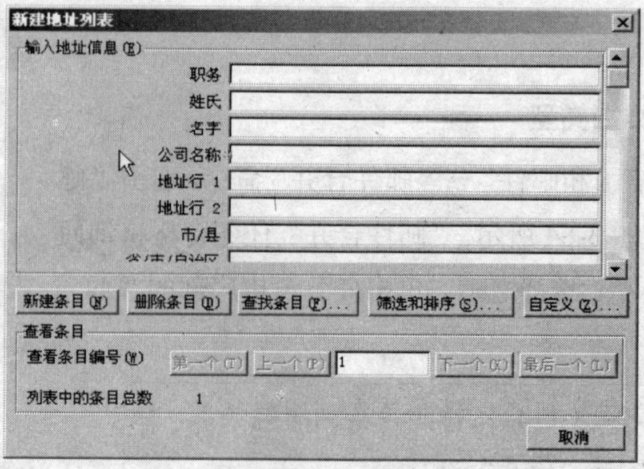

图 3-87 新建数据文件

2．在数据文件中选择要使用的记录

连接到要使用的数据文件或创建新的数据文件之后,将会打开"邮件合并收件人"对话框,如图 3-88 所示。通过对列表进行排序或筛选可以为邮件合并选择记录子集,其具体操作有如下几种情况：

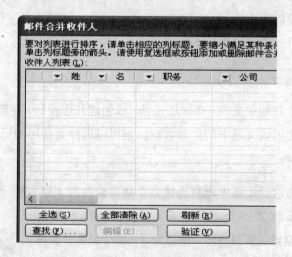

图 3-88 "邮件合并收件人"对话框

- 若要按升序或降序排列某列中的记录,请单击列标题。
- 若要筛选列表,请单击包含要筛选值的列标题旁的箭头,然后单击所需的值。或者,如果列表很长,可以单击"高级"选项打开一个对话框来设置值。单击"空白"选项可以只显示不含信息的记录,单击"非空白"选项可以只显示包含信息的记录。
- 清除记录旁的复选框可以排除该记录。
- 使用按钮可以选择或排除全部记录或者查找特定记录。

选择所需记录之后,就可以进入下一步——域的添加了。

第3章 Word 2003 文字处理软件

知识点 4：添加域

1. 添加域

域是插入主文档中的占位符，在其上可显示唯一信息。例如，单击任务窗格中如图 3-89 所示的"地址块"或"问候语"链接可在新产品信函的顶部附近添加域，从而每个收件人的信函都包括个性化的地址和问候。域在文档中显示《》形符号内，例如，《地址块》。

如果单击任务窗格中的"其他项目"，则可以添加与数据文件中任意列相匹配的域。例如，数据文件可能包含名为"个人便笺"的列。通过将"个人便笺"域放在套用信函的底部，可进一步个性化每一副本。

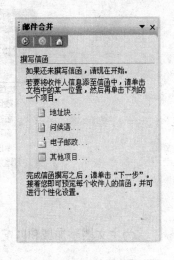

图 3-89 添加域

2. 匹配域

如果向文档中插入地址块域或问候语域，则将提示用户选择喜欢的格式。例如，单击任务窗格中的"问候语"后将打开如图 3-90 所示的"问候语"对话框，可以使用"问候语格式"下的列表进行选择。

如果 Word 不能将每个问候或地址元素与数据文件中的列相匹配，则将无法正确地合并地址和问候语。为了避免出现问题，请单击"匹配域"按钮，这将打开"匹配域"对话框，如图 3-91 所示。

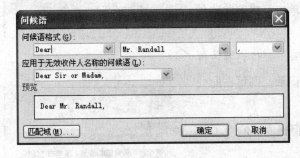

图 3-90 "问候语"对话框

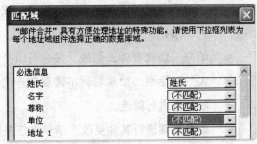

图 3-91 "匹配域"对话框（a）

地址和问候元素在左侧列出，数据文件的列标题在右侧列出。

Word 搜索与每个与元素相匹配的列。在图 3-91 中，Word 自动将数据文件的"姓氏"列与"姓氏"匹配。但 Word 无法匹配其他元素。例如，在此数据文件中，Word 不能匹配"名字"或"地址 1"。

通过使用右侧列表，可以从数据文件中选择与左侧元素相匹配的列。如图 3-92 所示，"名字"列与"名字"相匹配，"地址"列与"地址 1"相匹配。

107

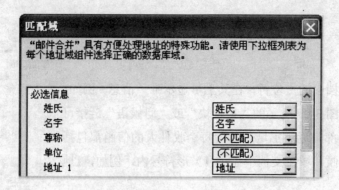

图 3-92 "匹配域"对话框（b）

为主文档添加域和匹配域之后，就可以进入下一步——邮件合并了。

知识点 5：邮件合并

1．预览合并

在实际完成合并之前，可以预览和更改合并文档，如图 3-93 所示。

若要进行预览，可执行下列任意操作：

- 使用任务窗格中的 >> 和 << 按钮来浏览每一个合并文档。
- 通过单击"查找收件人"按钮来预览特定的文档。
- 如果不希望包含正在查看的记录，请单击"排除此收件人"按钮。
- 单击"编辑收件人列表"按钮可以打开"邮件合并收件人"对话框，如果看到不需要包含的记录，则可在此处对列表进行筛选。
- 如果需要进行其他更改，请单击任务窗格底部的"上一步"按钮后退一步或两步。
- 如果对合并结果感到满意，请单击任务窗格底部的"下一步"按钮。

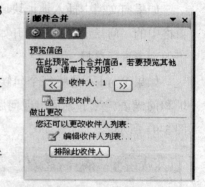

图 3-93 预览合并

2．完成合并

如图 3-94 所示，现在需要执行的操作取决于所创建的文档类型。如果合并信函，则可以单独打印或修改信函。如果选择修改信函，Word 将把所有信函保存到单个文件中，每页一封。

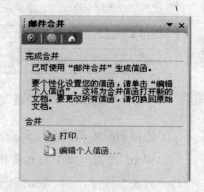

图 3-94 完成合并

无论创建哪一种类型的文档，都可以打印、发送或保存全部或部分文档。

3.4.3 操作步骤

本例产品宣传单的制作过程的具体步骤如下：

Step 01 创建主文档（知识点2）。

① 打开 Word，输入如图 3-95 所示的内容。

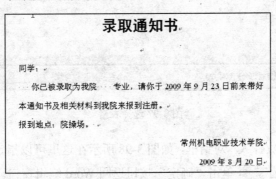

图 3-95 正文内容

② 打开"邮件合并"任务窗格，进入邮件合并向导的第一步：选择文档类型。这里采用默认选择"信函"，单击"下一步"按钮。

③ 进入第二步：选择开始文档。由于当前文档就是主文档，故采用默认选择"使用当前文档"，单击"下一步"按钮。

Step 02 选取数据源（知识点3）。

① 进入第三步：选择收件人。在这里是要告诉 Word 数据源在哪里。单击"使用现有列表"区的"浏览"按钮，通过"选取数据源"对话框，定位至"学生信息.xls"的存放位置，选中并打开它，如图 3-96 所示。

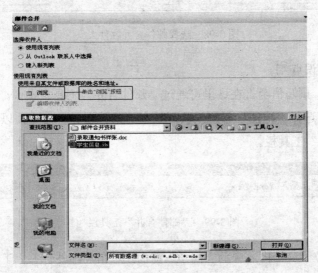

图 3-96 打开数据源

② 弹出"选择表格"对话框，如图 3-97 所示，这里选择"Sheet1"，然后单击"确定"按钮。

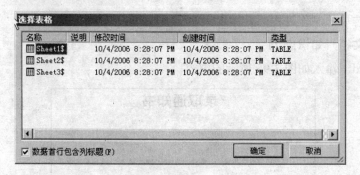

图 3-97 选择表格

③ 弹出"邮件合并收件人"对话框，如图 3-98 所示在这里可以指定参与邮件合并的记录。这里保持默认选择"全选"，并单击"确定"按钮返回 Word 编辑窗口。

④ 单击"下一步"按钮。

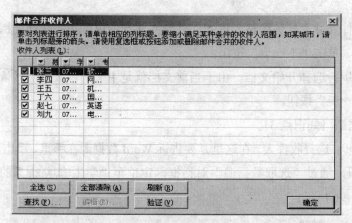

图 3-98 选择邮件合并收件人

Step 03 合并域（知识点 4）。

① 进入第四步：撰写信函。在这里可通过"邮件合并"工具栏操作。如果"邮件合并"工具栏没有显示，请选择"视图"→"工具栏"→"邮件合并"命令，以显示它。如图 3-99 所示即为"邮件合并"工具栏。

图 3-99 "邮件合并"工具栏

② 将插入点定位于文档内容中的"同学"前面，单击"邮件合并"工具栏上"插入 Word 域"左边的"插入域"按钮，打开"插入合并域"对话框（如图 3-100 所示），选择"姓名"，

单击"插入"按钮后关闭对话框。

③ 类似地插入"专业"前的内容"专业"域。

④ 完成所有合并域操作后单击"下一步"按钮。

Step 04 预览合并(知识点 5)。

① 进入第五步:预览信函。在这里通过"邮件合并"窗格的 « 和 » 按钮,可以浏览通知书的大致效果。

② 单击"下一步"按钮。

Step 05 完成合并(知识点 5)。

① 浏览满意之后就可以进入第六步:完成合并。然后把通知书打印出来,制作完成。

② 若暂时不想打印,可单击"邮件合并"工具栏上的"合并到新文档"按钮,把内容保存起来。

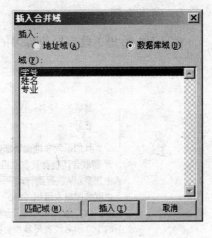

图 3-100 插入合并域

3.4.4 操作练习——邀请函的批量制作

1. 题目说明

邀请函(邀请书)是为了增进友谊,发展业务,邀请客人参加庆典、会议及各种活动的信函。

一般情况下,邀请函应包括以下内容:

① 称谓。

② 开头:向被邀请人简单问候。

③ 交待时间、地点和活动内容、邀请原因等。

④ 参加活动的细节安排。

⑤ 联系人、电话、地址、落款、日期。

单位搞活动,要邀请一些客户来参加。所有人的邀请函格式都是相同的,客户的资料保存在 Excel 工作簿中。所有人的邀请函格式都是相同的,倒不难写,但总不能把空白邀请函打印完成后,再手工将客户姓名逐一填上吧?这时就可以利用 Word 的邮件合并功能来制作此类文档。

2. 题目要求

① 制作公司邀请函。

② 客户资料由教师提供。

③ 利用邮件合并功能完成邀请函的制作。

④ 在桌面上保存文档,取名为"＊＊公司邀请函"。

3. 参考文档

图 3-101 给出了此次操作练习的参考文档。

```
                    邀 请 函

    尊敬的《姓名》《性别》…………：
    您好！

        我们很荣幸地邀请您参加将于10月15-16日在北京21世纪饭店举办的"第
    27届联合国粮食及农业组织亚太地区大会非政府组织磋商会议"。本次会议的
    主题是：从议程到行动——继"非政府组织粮食主权论坛"之后。此次磋商会议
    由联合国粮农组织（FAO）和国际粮食主权计划委员会亚洲分会（IPC-Asia）主
    办，中国国际民间组织合作促进会协办。届时，来自亚太地区80多个民间组织
    的100余名代表将参加会议。

        真诚地期待着您的积极支持与参与！

                                                联系人：李小刚
                                                联系电话：0519-86991145
                                                      2009年9月20日
```

图 3-101　参考文档

3.4.5　本节评估

下面是学完 3.4 节后应该掌握的内容，请大家对照表 3-4 中的内容自我测评。

表 3-4　本节评估表

知识点	掌握程度	测评
邮件合并相关概念	了解	
主文档的设置	了解	
连接到数据源文件	了解	
添加域	了解	
邮件合并	了解	

3.5　综合案例

1. 学习目标

① 熟悉 Word 2003 的工作界面，了解 Word 2003 的主要功能，掌握启动与退出的方法。

第3章 Word 2003 文字处理软件

② 掌握 Word 2003 文档的建立与编辑方法。
③ 掌握 Word 2003 文档格式化的操作方法。
④ 掌握 Word 2003 插入的操作方法。
⑤ 掌握 Word 2003 表格处理方法。
⑥ 掌握 Word 2003 图文混排方法和版面设计与打印输出的方法。

2．主要内容及方法步骤

参照如图 3-102~图 3-106 所示的"毕业生推荐表"，用 Word 2003 制作自己的毕业推荐表，其基本要求如下：

① 文件名为"本人姓名+作业文件名.doc"。
② 自己的毕业推荐表至少包括 5 页内容，即封面、自荐信、简历、学业成绩表、推荐审核表等。
③ 使用插入图片、艺术字等。
④ 使用表格方式制作学业成绩表，要求计算各科平均成绩。
⑤ 所有内容与自己实际发生的相符。

图 3-102 毕业推荐表（a）　　　　图 3-103 毕业推荐表（b）

个人简历表

姓名		性别		出生日期		贴照片处
民族		籍贯				
学校			专业			
语种		级别		政治面貌		
爱好			特长			
住址						
电话			邮编		E-mail	

主要学习经历	
学习的主要课程	
主要实践活动	
主要求职意向	

图 3-104 毕业推荐表（c）

学生学业成绩单

姓名：张黎明　专业：计算机网络技术　日期：2009 年 6 月 6 日

序号	课程名称	成绩	序号	课程名称	成绩
1	法律基础	87	19	VB 语言程序设计	88
2	思想道德修养	85	20	VFP 程序设计	78
3	马克思主义哲学	90	21	软件工程	76
4	邓论与三个代表	85	22	Office 办公软件	90
5	毛泽东思想概论	80	23	Internet 网络	93
6	大学语文	90	24	Delphi 语言	86
7	高等数学	85	25	Win 2000 Server	82
8	外语	85	26	SQL Server	87
9	计算机基础	90	27	多媒体软件	89
10	计算机原理	85	28	图形图像处理	79
11	C 语言程序设计	75	29	ASP 网站技术	74
12	数据结构	75	30	三维图像设计	69
13	网络基础知识	80	31	电子商务	78
14	数字电路	82	32	公关礼仪	85
15	模拟电路	89	33	Maya 语言	86
16	数据库基础	93	34	排版软件	86
17	计算机维护	95	35	会计软件	79
18	网页制作	84	36	预算软件	73
平均成绩		83.7	教务部门审查情况 盖章 年　月　日		
班级排名		6/40			

图 3-105 毕业推荐表（d）

在校表现	盖章 年　月　日	
学校意见	盖章 年　月　日	
用人单位意见	接收单位意见： 盖章 年　月　日	管理部门意见： 盖章 年　月　日
备注	本表必须如实填写，如有虚假成分，由此产生的后果由学生自负。	

图 3-106 毕业推荐表（e）

3.6 本章小结

本章介绍了文字处理软件 Word 2003 的基本使用方法。

通过对本章的学习，读者应掌握 Word 2003 的启动与退出以及创建、编辑、保存文档的方法，重点掌握设置文字和段落以及页面的格式、查找与替换文本内容、制作艺术字、插入/绘制图形、使用表格、邮件合并等知识。

第 4 章　　Excel 2003 电子表格处理软件

Excel 2003 是一个电子表格处理软件，其软件启动界面如图 4-1 所示。利用它，可以制作电子表格、完成许多复杂的数据运算，进行数据的分析和预测，制作功能强大的图表。因此，公司、企业和个人可以用它对大量的数据进行处理。

本章通过 6 个案例，介绍如何建立工作表并使之美化，如何利用 Excel 提供的大量公式和函数，以及对这些数据进行分析处理，如何制作形象生动的图表，如何制作交互式的分析图。

图 4-1　Excel 2003 软件启动界面

4.1　案例 1——员工档案的制作

4.1.1　案例分析

在日常工作中，经常要把一些数据输入到计算机中，而对于表格形式的数据，我们常输入到 Excel 中，以方便以后进行相应的数据处理。例如，学生和员工的基本信息、员工的工资清单，以及家庭的日常支出等。本节就以如何制作员工档案为例，初步介绍 Excel 2003 的基本功能，如图 4-2 所示。

	A	B	C	D	E	F	G	H	I	J
1	序号	工号	姓名	性别	政治面貌	工作时间	身份证号	职务	基本工资	联系电话
2	1	04301103	陈晓磊	男	团员	2004-9-1	320982198509034067	员工	¥1,500	13915078908
3	2	04301118	胡云峰	男	党员	2004-9-1	320923198311164835	员工	¥1,500	13415768954
4	3	04301209	武毅	男	团员	2004-9-1	320925198510274513	员工	¥1,500	13923478908
5	4	04301217	孔芳芳	女	团员	2004-9-1	320321198506181869	经理	¥3,500	13890667890
6	5	04302123	朱俊杰	男	党员	2004-9-1	320482198403014716	主管	¥2,500	13905078907
7	6	4302188	朱俊磊	男	团员	2004-9-1	320723198506274814	员工	¥1,500	13777078908
8	7	04303252	陈源	男	团员	2004-9-1	320722198607114812	员工	¥1,500	13814567899
9	8	04303256	杨晨	男	党员	2004-9-1	321181198510150018	员工	¥1,500	13567890544
10	9	04305148	顾云	男	党员	2004-9-1	321121198710302939	主管	¥2,500	13555689045
11	10	04305168	王莉	女	党员	2004-9-1	320321831021041002	员工	¥1,500	13967854332

图 4-2 员工档案清单

本案例涉及的知识点：

- 启动与退出 Excel
- Excel 窗口介绍
- 新建文档
- 录入内容
- 设置数据的有效性
- 保存文档

4.1.2 相关知识

知识点 1：Excel 2003 概述

Excel 2003 的主要功能有以下几个：

① 可作为一个三维数据库使用。
② 分析财务数据并生成财务报表。
③ 数据的统计分析及回归分析。
④ 交互式的网页数据分析图表。
⑤ 制作各种二维与三维的图表，如散点图、曲线图、柱形图和饼图等。
⑥ 智能化的帮助功能。

以上介绍的只是 Excel 2003 在数据处理、图表制作、数学问题求解等方面的主要功能，其实 Excel 2003 的功能远不止这些。例如，它具有一些与 Word 一样的功能，可以对表格进行各种美化修饰性的格式设置和打印设置等。

知识点 2：启动 Excel

启动 Excel 有以下两种方法：

① 通过 Windows 桌面快捷方式启动。双击桌面的 Excel 快捷图标即可启动 Excel。
② 使用"开始"→"程序"命令启动 Excel。单击任务栏的"开始"按钮，选择"程序"

→ "Microsoft Excel"命令，可启动 Excel。

知识点 3：退出 Excel

退出 Excel 有以下四种方法：
① 使用"文件"→"退出"命令。
② 单击 Excel 窗口标题栏右侧的"关闭"按钮 ☒。
③ 双击 Excel 窗口标题栏最左侧的系统菜单图标 ☒。
④ 使用 Alt＋F4 组合键。

知识点 4：Excel 2003 窗口介绍

当启动 Excel 2003 后，屏幕上即会出现一个 Excel 2003 窗口，并在此窗口中打开一个默认工作簿。Excel 2003 窗口和 Word 2003 窗口类似，如图 4-3 所示。下面就简单介绍该窗口特有选项的功能。

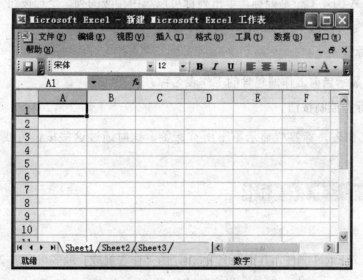

图 4-3 Excel 窗口结构图

1．网格工作区

网格工作区是放置表格内容的地方。网格工作区的右边和下面有两个滚动条，是用来翻动工作表查看内容的。

2．列　标

列标用英文字母和它们的组合来表示，如 A~Z，AA 和 AB~IV（共 256 列）。

3．行　号

行号用阿拉伯数字 1~65 536 来表示。

4. 名称框

名称框可以给一个或一组单元格定义一个名称，也可以从名称框中直接选择定义过的名称来选中相应的单元格。

5. 编辑栏

选中单元格后可以在编辑栏中输入单元格的内容，如公式或文字及数据等。在编辑栏中单击表示准备输入时，名称框和编辑栏中间会出现 ×√= 三个按钮。其中，左边的"×"是"取消"按钮，它的作用是恢复到单元格输入以前的状态；中间的"√"是"输入"按钮，就是确定编辑栏中的内容为当前选定单元格的内容；右边的"＝"是"编辑公式"按钮，单击此按钮表示要在单元格中输入公式。

6. 全选按钮

名称框下面灰色的小方块就是"全选按钮"，单击它可以选中当前工作表的全部单元格。全选按钮右边的 A，B，C…是列标，单击列标可以选中相应的列。全选按钮下面的 1，2，3…是行号，单击行号可以选中相应的行。

7. 工作表标签

工作表标签显示当前工作簿包含的工作表名称。

8. 工作表标签控制按钮

若有多个工作表，标签栏显示不下所有标签，这时通过这些按钮可找到所需的工作表标签。

知识点 5：工作簿、工作表和单元格

1. 工作簿

工作簿是一个 Excel 文件，其扩展名为.xls，由工作表组成。最多可存放 255 个工作表。默认工作簿名为 Book1，其中可以包含很多的工作表 Sheet1，Sheet2，Sheet3…。就好像我们的账本，每一页是一个工作表，而一个账本就是一个工作簿了。

2. 工作表

工作表是以列和行的形式组织的存放数据的表格，由单元格组成。每一个工作表都用一个工作表标签来标识。一个工作表共有 65 536 行和 256 列。

3. 单元格

单元格即行和列的相交点，是工作表的最小单位。一个单元格最多可容纳 32 000 个字符。单元格根据其所处的列号和行号来命名，列号在前、行号在后。例如，A1。

4. 活动单元格

活动单元格即为当前正在操作的被黑线框住的单元格。

5. 活动工作表

活动工作表即为当前正在操作的标签是白底黑字、带下划线的工作表。默认情况下活动工作表为 Sheet1。

知识点 6：新建工作簿

常用的创建工作簿的方法有三种：

① Excel 启动之后自动建立了一个新工作簿。注意：标题栏上的工作簿名称是"Book1"。

② 单击工具栏上的"新建"按钮 ，就可新建了一个空白的工作簿，它命名为"Book2"。再单击这个按钮，就出现了"Book3"。这是新建一个工作簿最常用的方法。

③ 选择"文件"→"新建"→"工作簿"命令，也可建立一个空白的工作簿。

知识点 7：输入数据

Excel 2003 中的数据可以分为文本数据、数值型数据、日期型数据和时间型数据四大类型，它们的概念及含义如下：

① 文本型数据通常是指字符或者任何数字、空格和字符的组合，如 125DLDW、32—64 等。

② 数值型数据包含数字和公式两种形式，数字除了通常所理解的形式外，还有各种特殊格式的数字形式，如 12345，（123.62），￥123.56 等。

③ 日期型数据是用来表达日期的数据，如 08/07/06，2006-08-07 等。

④ 时间型数据是用来表达时间的数据，如 9:00，2:00 a 等。

1．输入文本型数据

单击某单元格，如 A1，输入"序号"，单元格中就出现了"序号"两个字。这时单元格中多了一个一闪一闪的竖线，那就是光标。光标出现在输入文字的地方，光标所在的地方就叫做插入点。

那怎么才能进入输入状态呢？

① 选中单元格以后直接输入文字就表示自动进入输入状态。

② 双击单元格，光标出现在这个单元格中，表示正进入输入状态。

③ 编辑栏中也可以显示选中的单元格的内容。把光标移动到编辑栏中，光标就变成了这样的一个"I"形，单击可将光标移动到这个单元格中了，在编辑栏中输入文字或数字，单元格的内容也会随之改变。

输入完成后，按 Enter 键或单击编辑栏边上的"输入"按钮 可结束输入。

2．输入数值型数据

输入数值型数据的方法与输入文本型数据的方法基本相同，但在输入的过程中，要注意以下几个问题：

① 数字字符可以是 0~9，＋，－，()，/，…，e，E，且数字 0~9 中间不得出现非法字符或空格。

② 用户可根据需要，套用相应的数字格式，如货币格式￥3.4。

③ 当数值的位数较多时，可使用科学计数法，如 12.3E+08。

④ 输入小于 1 的分数时，可在分数前加"0"，并在"0"后加空格，如"0 4/5"。

3．输入日期和时间型数据

日期和时间也是数字，但它们有特定的格式，用户可按照以下操作步骤在单元格中输入日期和时间：

① 选中要输入日期和时间的单元格。

② 在单元格中输入斜线或短线以分隔年月日的日期，如 2008/09/07、2008-09-07。如果要输入当前的日期，按"Ctrl+；"组合键即可。

③ 输入时间时，如果按 12 小时制输入，需在时间后空一格，再输入字母 a 或 p，分别表示上午或下午，如 10:20 a。如果要输入当前时间，按"Ctrl+Shift+；"组合键即可。

知识点 8：自动填充

在单元格中输入大量有规律可循的数据时，如果逐个选中单元格并进行输入，十分麻烦，且输入速度相当慢。如果用自动填充功能，将会使这一操作变得十分简单，且可以提高输入的速度。

1．相同数据的填充（复制填充）

使用填充柄可以很方便地完成相同数据的填充。

所谓填充柄是指位于当前区域右下角的小黑方块。将光标指向填充柄时，鼠标的形状变为黑十字。

通过拖曳填充柄，可以将选定区域中的内容按某种规律进行复制。利用填充柄的这种功能，可以进行自动填充的操作。

单击填充内容所在的单元格（如图 4-4 所示），然后拖动单元格右下角的填充柄至所需位置，完成填充，如图 4-5 所示。

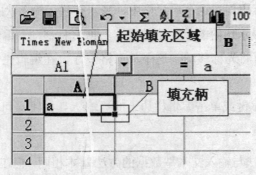

图 4-4　填充开始示意图

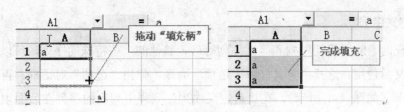

图 4-5　填充结束示意图

如果选定的单元格中包含有 Excel 提供的可扩展序列中的数字、日期或时间段，利用填充柄可以自动填充按序列增长的数据。例如，选定的单元格中的内容为"一月"，则可以快速地在本行或本列的其他单元格中填入"二月"、"三月"、……、"十二月"等。

2．等差/等比序列及日期序列的填充

（1）使用填充柄

输入序列前两项并选中这两个单元格，拖动单元格右下脚的"填充柄"至所需位置，如图 4-6 所示。

（2）使用菜单填充任意步长序列

使用菜单填充任意步长序列的具体操作步骤如下：

Step 01 选定待填充数据区的起始单元格，然后输入序列的初始值。

Step 02 选中整个要填充的区域。

Step 03 选择"编辑"→"填充"→"序列"命令，弹出"序列"对话框，如图 4-7 所示。在该对话框中，"序列产生在"说明序列只能生成在一行或一列；"类型"表明自动填充有四种类型："等差序列"、"等比序列"、"日期"和"自动填充"；"日期单位"是在选定了日期类型后才可用，提供了可以使用的日期单位。

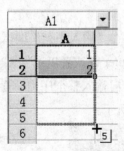

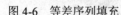

图 4-6　等差序列填充　　　　　图 4-7　"序列"对话框

Step 04 在"序列"对话框中设置好后，单击"确定"按钮，则所要求的序列就可自动生成在所选定的区域中。

如果选择"等差序列"且步长值为 1，就是自动增 1 序列，步长值为负数就产生等差递减序列。如果类型选择"日期"，就需要选择步长值（日期单位）是日、月，还是年等。对于文字型的序列，要在"类型"中选择"自动填充"。

3. 自定义序列

自动填充时，除了等差序列和等比序列等外，其他的一些特殊的序列，可以在"自定义序列"中先定义后使用。选择"工具"→"选项"命令，弹出"选项"对话框，再单击"自定义序列"选项卡（如图 4-8 所示），在"自定义序列"列表中列出的序列在后面填充数据中均可以用自动填充方法输入。

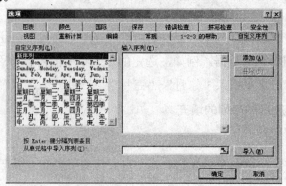

图 4-8　"选项"对话框中的"自定义序列"选项卡

此外，用户可以创建自定义序列或排序次序。创建后的自定义序列或排序次序，就可以在自动填充时被引用。创建自定义序列的方法有如下 3 种。

（1）使用已输入的数据创建自定义序列

选定工作表中要作为自定义序列的数据区域，再单击"自定义序列"选项卡，在|"自定义序列"列表框中选择所需序列后，单击"导入"按钮，所选定的数据区域的内容就添加到数据清单中。

（2）直接在自定义列表中创建自定义序列

选择"自定义序列"列表框中的"新序列"选项，然后在"输入序列"编辑列表框中从第一个序列元素开始输入新的序列。在输入每个元素后，按 Enter 键或者以逗号（半角）相隔开。序列中的元素可以包含文字或带数字的文字。输入时按列方向输入整个序列，输入完毕后单击"添加"按钮，输入的内容就添加到数据清单中，如图 4-9 所示。

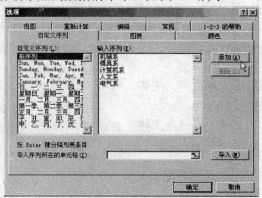

图 4-9　添加自定义序列

第4章 Excel 2003 电子表格处理软件

（3）更改或删除自定义序列

选择"工具"→"选项"命令，单击"自定义序列"选项卡。在"自定义序列"列表框中选择所编辑的序列。在"输入序列"编辑列表框中进行改动，然后单击"添加"按钮。如果要删除序列，单击"删除"按钮。

> 提示：不能对内置的日期和月份序列进行编辑或删除。

知识点 9：设置数据有效性

利用 Excel 的数据有效性功能，可以定制下拉列表框，提高输入效率。

在使用 Excel 的过程中，经常需要录入大量的数据，有些重复输入的数据往往还要注意数据格式等有效性。如果每个数据都通过键盘来输入，不仅浪费时间还浪费精力。利用 Excel 的数据有效性功能，就可以提高数据输入速度和准确性，下面就以其中的序列为例来加以介绍。

例如，要输入一个公司的员工信息，员工所属部门一般不多，输入过程中会重复输入这几个部门的名称，如果把几个部门名称集合到一个下拉列表框中，输入时只要作选择即可，那将会大大简化操作，并节约时间。这可以通过数据有效性功能来实现，具体操作如下：

Step 01 选中"所属部门"列中的所有单元格，选择"数据"→"有效性"命令，打开"数据有效性"对话框，在"设置"选项卡中，单击"允许"右侧的下拉按钮，在列表中选择"序列"选项，然后在下面的"来源"文本框中输入序列的各部门名称（如质检部、人事部、财务处、开发部、市场部等），各部门之间以英文格式的逗号隔开，如图 4-10 所示。最后，单击"确定"按钮。

Step 02 返回到工作表后，单击"所属部门"列的任何一个单元格，都会在右边显示一个下拉箭头，单击它就会出现下拉列表框，如图 4-11 所示。

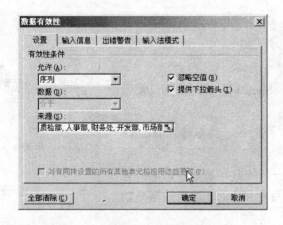
图 4-10　"数据有效性"对话框

图 4-11　数据有效性的使用

Step 03 选择其中的一个选项，相应的部门名称就输入到单元格中了，非常方便而且输入准确不易出错。当单击其他任一单元格时，这个单元格的下拉箭头就消失，不影响操作界面。

知识点 10：保存文档

保存文档有以下几种方法：

① 单击常用工具栏上的"保存"按钮 ■。
② 在"文件"菜单中选择"保存"命令。
③ 在"文件"菜单中选择"另存为"命令，弹出"另存为"对话框，如图 4-12 所示，在其中进行设置即可。

图 4-12 "另存为"对话框

> 提示：第一次保存工作簿时，Excel 会打开"另存为"对话框。

4.1.3 操作步骤

本例员工档案制作的具体步骤如下：

Step 01 启动 Excel 2003（知识 2）。

Step 02 选择工作簿"Book1"中的工作表"Sheet1"，输入内容（知识点 5）。

Step 03 输入列名。单击 A1 单元格，输入"序号"，类似输入 B1：J1 的内容（知识点 6）。

Step 04 输入 A2：A11 的内容。由于在这一列的数字是逐步递增、有一定规律的，对于这类数据的输入可利用 Excel 的自动填充功能输入（知识点 7）。

图 4-13 填充示例

① 先在 A2 单元格输入"1"，再在 A3 单元格输入"2"。
② 选中 A2 和 A3，把鼠标放在右下角，变成填充柄，即实心的"十"字，如图 4-13 所示。
③ 拖动鼠标到 A11，然后放开鼠标，即完成填充。

第4章 Excel 2003 电子表格处理软件

> 提示：通过上面的输入可发现"文本"型数据是右对齐的，而"数字"型数据是左对齐的。

Step 05 输入 B2：B11 的内容。选中 B2 单元格，输入半角状态的"'"后，再输入"04301103"。

> 提示：在某些特定的场合，需要把纯数字的数据作为文本来处理，如产品的代码等。输入时，在第一个字母前用单引号(')。例如，输入"'123"，单元格中显示右对齐方式的 123，则该 123 是文本而非数字，虽然表面上看起来是数字。（单引号应是半角状态的）

Step 06 输入 C2：C11 的内容（知识点 6）。

Step 07 输入 D2：D11 的内容。选中 D2，打开"数据有效性"对话框，进行如图 4-14 所示的设置。单击 D2 单元格，这时出现了下拉列表框，选择"男"。D3：D11 的设置类似（知识点 8）。

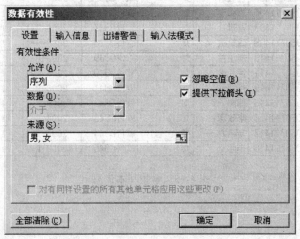

图 4-14 数据有效性设置

Step 08 输入 E2：E11 的内容。输入 H2：H11 的内容，类似步骤 7（知识点 8）。

Step 09 输入 F2：F11 的内容。选中 F2 单元格后输入"2004-9-1"，选中 F3 单元格后输入"2004-9-1"，选中 F2 和 F3，填充数据到 F11（知识点 6）。

Step 10 输入 G2：G11 的内容。选中 G2 后输入"'"，再输入"320982198509034067"。G3：G11 的输入类似（知识点 6）。

Step 11 输入 I2：I11，J2：J11 的内容（知识点 6）。

Step 12 保存文档。选择"我的电脑"中的"D"盘保存此 Excel 文档，文件名为"员工档案.xls"（知识点 9）。

4.1.4 操作练习——学生基本信息清单的制作

1. 题目说明

学生基本信息一般包括学生的学号、名字、性别、入学年月、班级和联系方式等信息，通过学生基本信息清单任课老师可以了解学生的一些信息。

2．题目要求

① 制作如图 4-15 所示学生基本信息清单。

② 尽可能地在输入数据的时候利用一些技巧。

③ 文件保存在自己的 U 盘上，名字为"学生基本信息清单.xls"。

	A	B	C	D	E	F	G
1	序号	学号	姓名	性别	班级	入学年月	联系方式
2	1	050711401	曹玲玲	女	软件0831	2008-9-1	13513456899
3	2	050711402	陈佳艳	女	软件0832	2008-9-1	13456789085
4	3	050711403	邓涛	男	软件0833	2008-9-1	13456789876
5	4	050711404	邓晓琳	女	软件0834	2008-9-1	13542345466
6	5	050711405	杜益琳	女	软件0835	2008-9-1	13813678533
7	6	050711406	葛海燕	女	软件0836	2008-9-1	13813453211
8	7	050711407	宫琪	女	软件0837	2008-9-1	13818987655
9	8	050711408	龚凯敏	女	软件0838	2008-9-1	13056785433
10	9	050711410	桂正兰	女	软件0839	2008-9-1	13789087655
11	10	050711411	何亚玲	女	软件0840	2008-9-1	13456765677
12	11	050711412	何亚仙	女	软件0841	2008-9-1	13123490099
13	12	050711415	鞠巍	女	软件0842	2008-9-1	15945674355
14	13	050711416	李玟蓉	女	软件0843	2008-9-1	15936734562
15	14	050711417	李晓龙	男	软件0844	2008-9-1	13087654588
16	15	050711418	李孝更	女	软件0845	2008-9-1	13786545677

图 4-15 学生基本信息

4.1.5 本节评估

下面是学完 4.1 节后应该掌握的内容，请大家对照表 4-1 中的内容自我测评。

表 4-1 本节评估表

知识点	掌握程度	测评
启动和退出 Excel	掌握	
Excel 窗口组成	掌握	
新建文档	掌握	
录入内容（长精度数字、文本、日期、分数）	掌握	
设置数据的有效性	了解	
隐藏网格线	掌握	
保存文档	掌握	

4.2 案例2——员工考勤表的制作

4.2.1 案例分析

员工考勤表是每个公司考察员工日常工作的一个手段，由于 Excel 强大的表格功能，大多数公司都采用其来制作考勤表。本案例就来介绍怎么制作员工考勤表。图 4-16 所示为员工考勤表的制作效果。

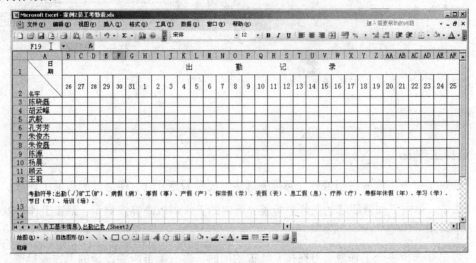

图 4-16 员工考勤表

本案例涉及的知识点：

- 打开文件
- 选择单元格
- 编辑工作表的数据
- 查找和替换

4.2.2 相关知识

知识点 1：打开文件

打开文件有以下三种方法：

① 选择"文件"→"打开"命令，如图 4-17 所示。在如图 4-18 所示的"打开"对话框中选择文件，单击"打开"按钮。

② 单击常用工具栏上的"打开"按钮，在"打开"对话框中选择文件，单击"打开"按钮。

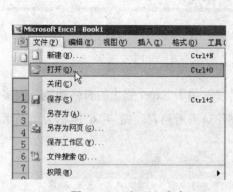
图4-17 "打开"命令

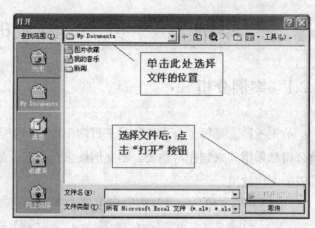
图4-18 "打开"对话框

③ 直接双击要打开的工作簿 。

知识点2：选择对象

1．选择工作表

- 要对某一个工作表进行操作，必须先选中（或称激活）它，使之成为当前工作表。操作方法是：单击工作簿底部的工作表标签，选中的工作表以高亮度显示，则该工作表就是当前工作表。
- 如果要选择多个工作表，可在按 Ctrl 键的同时，逐一单击所要选择的工作表标签。若要取消选择，可松开 Ctrl 键后，单击其他任何未被选中的工作表标签即可。

如果所要选择的工作表标签看不到，可按标签栏左边的标签滚动按钮。这四个按钮的作用按自左至右次序为移动到第一个、向前移一个、向后移一个、移动到最后一个。

2．选定操作区

（1）选择单元格

单击某单元格即可选中该单元格。

（2）选择区域

选定操作区域的方法有很多：如单击行标可以选中一行，单击列标可以选中整列，单击全选按钮（表格左上角的第一个格）可以选中整个工作表，还有单击哪个单元格就可以选中哪个。

如果要选择一些连续的单元格，就是在要选择区域的开始的单元格按住鼠标左键，拖动光标拖到最终的单元格就可以了。

如果要选定不连续的多个单元格，就是按住 Ctrl 键，一一单击要选择的单元格就可以了。

同样的方法可以选择连续的多行、多列，不连续的多行、多列，甚至行、列、单元格混合选择等。

第4章 Excel 2003 电子表格处理软件

知识点3：工作表的重新命名

在实际的应用中，一般不要使用 Excel 默认的工作表名称，而是要给工作表起一个有意义的名字，那么工作表标签就会成为定位工作表的有用界面。下面三种方法可以用来对工作表改名：

① 先选择一个工作表，然后选择"格式"→"工作表"→"重命名"命令。
② 右击某工作表标签，然后从弹出的快捷菜单中选择"重命名"命令。
③ 双击工作表标签。

这三种方法都会使标签上的工作表名高亮度显示，此时可以输入新名称，再按 Enter 键即可。

知识点4：插入工作表

如果工作表不够用，可在工作簿中插入新的工作表，可以选择"插入"→"工作表"命令，这样，一个新的工作表就插入在原来当前工作表的前面，并成为新的当前工作表。新插入的工作表采用默认名，如 Sheet4 等，用户可以将它改成有意义的名字。

也可以右击工作表标签，然后从弹出的快捷菜单中选择"插入"命令插入工作表。

知识点5：删除工作表

要删除一个工作表，先选中该表，然后选择"编辑"→"删除工作表"命令，此时弹出对话框要求用户确认，经确认后才删除。同样也可以右击，在快捷菜单中选择"删除"命令。

知识点6：移动或复制工作表

工作表可以在工作簿内进行移动或复制。

移动：单击要移动的工作表标签，然后沿着工作表标签行将该工作表标签拖放到新的位置。

复制：单击要复制的工作表标签，按住 Ctrl 键，然后沿着工作表标签行将该工作表标签拖放到新的位置。

移动或复制也可以用菜单进行操作。选定要移动或复制的工作表后，选择"编辑"→"移动或复制工作表"命令，或右击，在出现的快捷菜单中选择"移动或复制工作表"命令，出现"移动或复制工作表"对话框，如图 4-19 所示。在对话框中"下列选定工作表之前"列表中选择插入点，单击"确定"按钮即完成移动操作。若在对话框中选中"建立副本"复选框，则可完成复制操作。

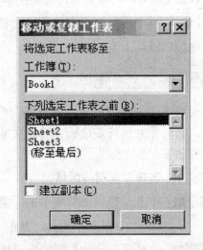

图 4-19 "移动或复制工作表"对话框

知识点 7：移动单元格、行和列

选中要移动的内容，把鼠标移动到选区的边上，当鼠标变成熟悉的左上箭头的形状时，按住左键进行拖动，出现的一个虚框就表示移动区域到达的位置，在合适的位置松开左键，所需移动的区域就移动过来了。

如果区域要移动的距离比较长，超过了屏幕的显示宽度，这样拖动起来就很不方便了，这时可以使用剪切的功能：选中要移动的部分，单击工具栏上的"剪切"按钮 ✂，剪切的部分就被虚线包围了，选择要移动到的地方，再单击工具栏上的"粘贴"按钮，区域的内容就移动过来了。

知识点 8：插入行、列和单元格

右击左边的行标选中一行，然后从打开的菜单中选择"插入"命令，就可以在选中的行前面插入一个行了。

插入列和插入行相似，选中一列，从右击后得到的快捷键菜单中选择"插入"命令，就可以在当前列的前面插入一列了。

还可以插入一个单元格，右击一个单元格，从弹出的快捷菜单中选择"插入"命令，打开"插入"对话框，选择"活动单元格下移"选项，如图 4-20 所示，单击"确定"按钮，即可在当前位置插入一个单元格，而原来的数据都向下移动了一行。

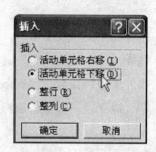

图 4-20　"插入"对话框

知识点 9：删除行、列和单元格

删除行，可以选中这一行，然后从右击得到的快捷菜单中选择"删除"命令。删除列，则可以选中列，从右击得到的快捷菜单中选择"删除"命令，单元格亦一样，但需要在弹出的"删除"对话框中选择"下方单元格上移"，单击"确定"按钮。这样单元格删除了，下面的单元格也可以移动上来。

知识点 10：数据转置

对于 Excel 工作表中的数据，有时需要将其进行行列转换，即将原来的行变成列，而原来的列变成行。其具体操作步骤如下：

Step 01 选择要复制的区域。

Step 02 单击"编辑"菜单中的"复制"命令，或从右击得到的快捷菜单中选择"复制"命令。

Step 03 选择要"粘贴"到的单元格。

Step 04 单击"编辑"菜单中的"选择性粘贴"命令，弹出"选择性粘贴"对话框，如图 4-21 所示。

图 4-21　"选择性粘贴"对话框

Step 05 选择"转置"复选框,单击"确定"按钮即可。

知识点 11:查找与替换

1. 查　找

Excel 也提供了"查找"和"替换"命令使用户可以在工作表中对所需要的值进行查找。图 4-22 所示为"查找"对话框。

图 4-22　"查找"对话框

对话框中的"搜索方式"可选定按行或按列搜索,"搜索范围"可以指定是搜索值、公式或批注,"区分大小写"指在查找时要区分大小写,"单元格匹配"将限于只搜索完全匹配的单元格。例如,在查找"中国"时,一般会找出所有含"中国"的单元格,如"中国人"、"中国画"等,但如果选定"单元格匹配"复选框,将只找出仅仅有"中国"的单元格。

2. 替　换

在工作表中对所需要的内容进行替换的操作步骤如下:

Step 01 将光标定位在任意一个单元格上。

Step 02 选择"编辑"菜单中的"替换"命令,弹出如图 4-23 所示的"替换"对话框。在"查找内容"中输入要查找的内容,在"替换值"中输入替换的值。

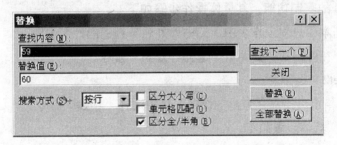

图 4-23　"替换"对话框

Step 03 单击"全部替换"按钮即完成全部替换。

知识点 12:撤销与恢复

在对电子表格的编辑过程中如果发生了某些错误操作,可以将其撤销。选择"编辑"→"撤销"命令或单击工具栏中的"撤销"按钮，可以撤销上一次的操作。该命令对应的快捷键为 Ctrl+Z。

如果要取消"撤销"操作，可选择"编辑"→"恢复"命令或单击工具栏中的"恢复"按钮，恢复上一次的操作。该命令对应的快捷键为 Ctrl+Y。

4.2.3 操作步骤

本例员工考勤表的制作具体步骤如下：

Step 01 打开上次创建的"员工档案.xls"工作簿（知识点 1）。

Step 02 把"Sheet1"重命名为"员工基本信息"，如图 4-24 所示（知识点 3）。

	A	B	C	D	E	F	G	H	I	J
1	序号	工号	姓名	性别	政治面貌	工作时间	身份证号	职务	基本工资	联系电话
2	1	04301103	陈晓磊	男	团员	2004-9-1	320982198509034067	员工	￥1,500	13915078908
3	2	04301118	胡云峰	男	党员	2004-9-1	320923198311164835	员工	￥1,500	13415768954
4	3	04301209	武毅	男	团员	2004-9-1	320925198510274513	员工	￥1,500	13923478908
5	4	04301217	孔芳芳	女	团员	2004-9-1	320321198506181869	经理	￥3,500	13890667890
6	5	04302123	朱俊杰	男	党员	2004-9-1	320482198403014716	主管	￥2,500	13905078907
7	6	4302188	朱俊磊	男	团员	2004-9-1	320723198506274814	员工	￥1,500	13777078908
8	7	04303252	陈源	男	团员	2004-9-1	320722198607114812	员工	￥1,500	13814567899
9	8	04303256	杨晨	男	党员	2004-9-1	321181198510150018	员工	￥1,500	13567890544
10	9	04305148	顾云	男	党员	2004-9-1	321121198710302939	主管	￥2,500	13555689045
11	10	04305168	王莉	女	党员	2004-9-1	320321831021041002	员工	￥1,500	13967854332

图 4-24 员工基本信息

Step 03 由于"员工考勤表"中的"姓名"列和"员工基本信息"工作表中的一样，所以可以利用 Excel 的复制功能，其具体操作步骤如下：

① 在"员工基本信息"工作表中，选中"姓名"列中的姓名内容。

② 右击该列，在弹出的快捷菜单中选择"复制"命令。

③ 选择"Sheet2"工作表。

④ 在 A3 单元格上右击，在弹出的快捷菜单中选择"粘贴"命令。

Step 04 绘制表头，具体步骤如下。

① 选择"插入"→"图片"→"自选图形"命令，打开"自选图形"工具栏，如图 4-25 所示。

② 单击第一个"线条"按钮，选中直线，在要绘制斜线表头的单元格 A1 中，将鼠标放在左上角，拖动鼠标，将直线右下角放置到所需位置。

③ 在 A1 单元格中输入"日期"，按空格使文字靠右。

④ 在 A2 单元格中输入"名字"，如图 4-26 所示。

第4章 Excel 2003 电子表格处理软件

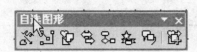

图 4-25 "自选图形"工具栏

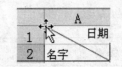

图 4-26 绘制斜线表头

Step 05 输入表格标题"出勤记录",具体操作步骤如下:
① 在 B1 单元格中输入文字"出勤记录"。
② 选中 B1:AF1 单元格,单击"格式"工具栏上的"合并及居中"按钮即可。

Step 06 输入图 4-16 中第 13 行中的内容,步骤如上。

Step 07 利用自动填充功能输入 B2:AF2 的内容。

Step 08 把"Sheet2"重命名为"出勤记录"(知识点 3)。

Step 09 保存该工作簿,取名为"员工考勤表"。

4.2.4 操作练习——学生期末成绩表的制作

1. 题目说明

本次操作练习需要用到上次操作练习所建的"学生基本信息清单.xls"中的"姓名"列。

2. 题目要求

① 制作如图 4-27 所示的"学生期末成绩表"。
② 把此工作表改名为"学生期末成绩"。
③ 文件保存在桌面上,名字为"学生期末成绩表.xls"。

	A	B	C	D	E	F	G	H	I	J	K	L	M	N	O	P
1							期末成绩									
2	姓名	曹玲玲	陈佳艳	邓涛	邓晓琳	杜益琳	葛海燕	宫琪	龚凯敏	桂正兰	何亚琼	何亚仙	鞠巍	李玫蓉	李晓龙	李孝更
3	科目															
4	语文	80	70	93	93	93	85	68	85	84	84	84	68	68	68	68
5	数学	80	70	68	68	96	85	87	87	87	87	68	68	68	90	90
6	外语	80	70	66	76	68	85	68	68	68	56	78	77	95	80	63
7																	

图 4-27 学生期末成绩表

4.2.5 本节评估

下面是学完 4.2 节后应该掌握的内容,请大家对照表 4-2 中的内容自我测评。

表 4-2 本节评估表

知识点	掌握程度	测评
打开 Excel	掌握	
选择各种 Excel 对象	掌握	

续表 4-2

知识点	掌握程度	测评
重命名工作表	掌握	
插入工作表	掌握	
删除工作表	掌握	
移动或复制工作表	掌握	
对单元格、行、列的删除、插入	掌握	
查找与替换	掌握	

4.3 案例 3——外汇汇率表的制作

4.3.1 案例分析

在日常生活中，常要对工作表进行格式化操作，使工作表易看及易懂，符合工作的要求。Excel 提供了丰富的格式化命令，可以制作各种美观的表格。本案例将制作如图 4-28 所示外汇汇率表。

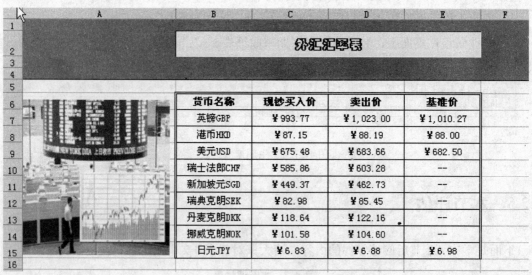

图 4-28 外汇汇率表

本案例涉及的知识点：

- 自动套用格式
- 单元格的格式化

- 条件格式化
- 调整行和列的距离

4.3.2 相关知识

知识点1 自动套用格式

自动套用格式是把 Excel 中提供的一些常用格式应用于一个单元格区域。具体的操作方法如下。

Step 01 先选定要格式化的单元格区域，再选择"格式"→"自动套用格式"命令，弹出"自动套用格式"对话框，如图 4-29 所示。

Step 02 在对话框的格式示例中选定所需要的一个，单击"确定"按钮即可。

自动套用格式时，既可以套用全部格式，也可以套用部分格式。单击该对话框中的"选项"按钮，在该对话框中列出了应用格式复选框："数字"、"字体"、"对齐"、"边框"、"图案"、"列宽/行高"，可以根据需要进行选择设置，清除不需要的格式复选框。

若要删除某一区域的自动套用格式，则先选择欲删除格式的单元格区域，再选择"格式"→"自动套用格式"命令，在弹出的"自动套用格式"对话框的格式列表中选择"无"（在最下面），单击"确定"按钮确认。

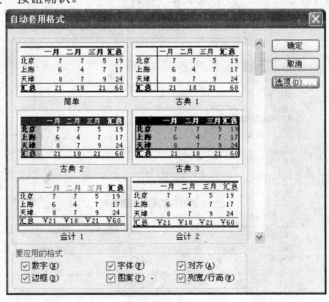

图 4-29 "自动套用格式"对话框

知识点2：单元格的格式化

对单元格或区域进行格式设置的步骤如下。

Step 01 先选中需要格式化的单元格或区域。

Step 02 选择"格式"→"单元格"命令（或右击单元格，在弹出的快捷菜单中选"设置单元格格式"命令），弹出"单元格格式"对话框，如图 4-30 所示。

Step 03 在对话框中设置有关的信息。利用 Excel 的格式工具栏中的按钮也可以设置一些常见的格式。

在"单元格格式"对话框中有下列选项卡。

- "数字"：可以对各种类型的数字（包括日期和时间）进行相应的显示格式设置。Excel 可用多种方式显示数字，包括"数字"、"时间"、"分数"、"货币"、"会计专用"和"科学记数"等格式。

- "对齐"：可以设置单元格或区域内的数据值的对齐方式。默认情况下，文本为左对齐，而数字则为右对齐。在该选项卡中的"文本"项可设置"水平对齐"（靠左、居中、靠右、填充、两端对齐、分散对齐和跨列居中）和"垂直对齐"（靠上、居中、靠下、两端对齐和分散对齐）；在"方向"项可以直观地设置文本按某一角度方向显示；在"文本控制"项包括"自动换行"、"缩小字体填充"和"合并单元格"，当输入的文本过长时，一般应设置它自动换行。一个区域中的单元格合并后，这个区域就成为一个整体，并把左上角单元的地址作为合并后的单元格地址。

- "字体"：可以对字体（宋体、黑体等）、字形（加粗、倾斜等）、字号（大小）、颜色、下划线、特殊效果（上标、下标等）格式进行定义。

- "边框"：可以对单元格的边框（对于区域，则有外边框和内边框之分）的线型、颜色等进行定义。

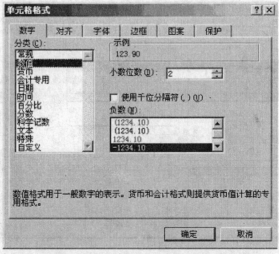

图 4-30 "单元格格式"对话框

- "图案"：可以对单元格或区域的底纹的颜色及图案等进行设置。

- "保护"：可以对单元格进行保护，主要是锁定单元格和隐藏公式，但这必须是在保护工作表（执行"工具"→"保护"→"工作表"命令）的情况下才有效。

第4章　Excel 2003 电子表格处理软件

知识点 3：运用条件格式

条件格式是 Excel 的突出特性之一。运用条件格式，可以使得工作表中不同的数据以不同的格式来显示，使得用户在使用工作表时可以更快、更方便地获取重要的信息。例如，在工资表中，运用条件格式的方法可将所有实发工资多于 1 200 的用红色来显示，并且当输入或修改数据时，新的数据会自动根据规则用不同的格式来显示。

将条件格式应用到选定区域，可以按照如下步骤进行：

Step 01 选定需要格式化的区域。
Step 02 选择"格式"→"条件格式"命令，打开"条件格式"对话框，如图 4-31 所示。
Step 03 在该对话框中进行设置条件格式。

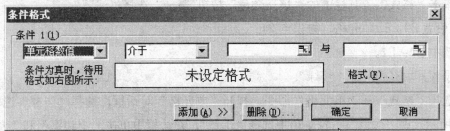

图 4-31　"条件格式"对话框

知识点 4：行高和列宽的调整

在新建的工作簿中，工作表的行和列都用默认值，也就是标准行高和标准列宽。如果输入或生成的数据比较大，超出了标准的高度和宽度，就需要对行高和列宽进行调整。

1. 使用菜单命令

可按以下方式之一调整列宽。

- 设置列宽：选定要调整宽度的列，选择"格式"→"列"→"列宽"命令，在弹出的"列宽"对话框中输入所需要的列宽，单击"确定"按钮。
- 自动匹配列宽：选定要调整宽度的列，选择"格式"→"列"→"最适合的列宽"命令，可以把列宽调整到该列单元格中实际数据所占宽度最大的那个单元格的宽度。
- 设置标准列宽：选择"格式"→"列"→"标准列宽"命令，在弹出的"标准列宽"对话框中输入所要设置的标准列宽值，单击"确定"按钮。注意：此设置值就称为以后的标准列宽，也是它的默认值，除非再次重新设置。

行高的调整方法与此类似，只是操作时选择"格式"→"行"命令。

2. 用鼠标直接操作

- 移动鼠标对准要调整列宽的列号右边的分割线，当指针变为"Ö"形状时，就可按住鼠标左右拖曳至需要的宽度，然后释放鼠标即可。

- 当指针变为"Ö"形状时，双击就可把该列的列宽自动调整为"最适合的列宽"。

用同样的方法可以调整行高。

4.3.3 操作步骤

本例外汇汇率表制作的具体步骤如下。

Step 01 新建 Excel 工作簿。

Step 02 设置 A1：F4 底纹（知识点 2）。

① 选中 A1：F4。

② 单击"格式"工具栏上的"填充颜色"按钮，选择"浅蓝"。

Step 03 设置 B2：E2 单元格（知识点 2）。

① 选中 B2：E2。

② 设置其填充颜色为"浅绿"。

③ 选择"格式"→"单元格"命令，打开"单元格"对话框，选择"边框"选项卡，如图 4-32 所示。在"颜色"下拉菜单中选择"深蓝"，在边框中单击"上边框"和"左边框"，单击"确定"按钮。

④ 同上，在"颜色"下拉菜单中选择"白色"，在边框中单击"下边框"和"右边框"，单击"确定"按钮。

⑤ 输入文字"外汇汇率表"，设置字体为"华文彩云"，字号"16"，"加粗"，单击"格式"工具栏上"合并及居中"按钮。

Step 04 设置 B6：E15 单元格（知识点 2）。

① 在相应单元格输入文字，并把文字设置为"居中"，B6：E6 单元格文字设置"加粗"。

② 选中 C7：E15，打开"单元格格式"对话框，如图 4-33 所示。选择"数字"选项卡，在"分类"中选择"货币"，在"小数位数"中选择"2"，在"货币符号"中选择"￥"，单击"确定"按钮。

图 4-32 设置边框

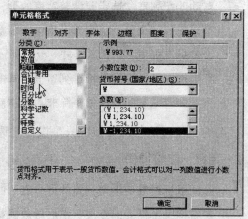

图 4-33 设置单元格格式

③ 选中 B6：E15，设置"外框线"线条样式为"双线"，"内框线"为"单线"。

Step 05 调整行高和列宽（知识点 4）。

① 选中 B1：F15，选择"格式"→"列"→"列宽"命令，打开"列宽"对话框，如图 4-34 所示。在"列宽"文本框中输入 15，单击"确定"按钮。

图 4-34 "列宽"对话框

② 选中 5~15 行，选择"格式"→"行"→"行高"命令，打开"行高"对话框，在其中输入 20，单击"确定"按钮。

③ 手动调整 A 列的宽度。

Step 06 插入图片。

① 选择"插入"→"图片"→"来自文件"命令，打开"插入图片"对话框，如图 4-35 所示。选择"格式化汇率图.jpg"文件，单击"插入"按钮。

② 把图片拖动到合适的位置，调整大小。

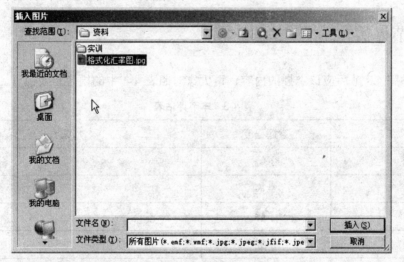

图 4-35 插入图片

Step 07 保存文件并将其命名为"外汇汇率表.xls"。

4.3.4 操作练习——工资单的格式化

题目要求

① 制作如图 4-36 所示的工资单。

② "实发工资"列使用条件格式，条件为：工资大于等于 1250 则用红色字体显示。

③ 文件保存为"格式化工资单.xls"。

图 4-36　工资单

4.3.5　本节评估

下面是学完 4.3 节后应该掌握的内容，请大家对照表 4-3 中的内容自我测评。

表 4-3　本节评估表

知识点	掌握程度	测评
自动套用格式	了解	
格式化单元格	掌握	
使用条件格式	了解	
设置行高和列宽	掌握	

4.4　案例 4——员工工资表的制作

4.4.1　案例分析

在电子表格中，不仅可以存放数据信息，还可以对表格中的信息进行各种统计计算。这些工作是利用公式完成的。使用公式可以进行各种数值计算，包括加、减、乘、除，还可处理文字、查看表中所需要的数值。公式是 Excel 的核心。用户可以根据需要利用系统提供的运算符和函数创建复杂的公式，系统将按公式进行自动计算。本案例使用 Excel 2003 制作如图 4-37 所示的"超大计算机有限公司员工工资表"，除需要列出每个员工的工资情况外，还要计算全体员工的工资总和、平均值等。

	A	B	C	D	E	F	G	H	I	J	K	L	M	N
1					超大计算机有限公司员工工资表									
2	编号	姓名	部门	职务	基本工资	加班金额	应发工资	病假扣款	事假扣款	失业保险金	养老保险金	住房公积金	工会费	实发工资
3	1	蔡艳	网络集成部	项目经理	¥5,000.00	¥100.00	¥5,100.00	¥0.00	¥70.00	¥100.00	¥200.00	¥500.00	¥2.00	¥4,230.00
4	2	曹苏云	网络集成部	工程师	¥3,000.00	¥100.00	¥3,100.00	¥0.00	¥0.00	¥50.00	¥100.00	¥300.00	¥2.00	¥2,650.00
5	3	丁李	网络集成部	工程师	¥3,000.00	¥0.00	¥3,000.00	¥0.00	¥0.00	¥50.00	¥100.00	¥300.00	¥2.00	¥2,550.00
6	4	方浩	软件开发部	项目经理	¥5,000.00	¥100.00	¥5,100.00	¥0.00	¥0.00	¥100.00	¥200.00	¥500.00	¥2.00	¥4,300.00
7	5	龚啸宇	软件开发部	程序员	¥3,000.00	¥100.00	¥3,100.00	¥0.00	¥0.00	¥50.00	¥100.00	¥300.00	¥2.00	¥2,650.00
8	6	顾波	软件开发部	程序员	¥3,000.00	¥100.00	¥3,100.00	¥0.00	¥0.00	¥50.00	¥100.00	¥300.00	¥2.00	¥2,650.00
9	7	郭华伟	软件开发部	程序员	¥3,000.00	¥100.00	¥3,100.00	¥0.00	¥0.00	¥50.00	¥100.00	¥300.00	¥2.00	¥2,650.00
10	8	黄斌	销售部	部门经理	¥4,000.00	¥100.00	¥4,100.00	¥0.00	¥0.00	¥80.00	¥200.00	¥500.00	¥2.00	¥3,320.00
11	9	金晶	销售部	业务员	¥3,000.00	¥100.00	¥3,100.00	¥0.00	¥0.00	¥50.00	¥100.00	¥300.00	¥2.00	¥2,650.00
12	10	李彩晶	销售部	业务员	¥3,000.00	¥100.00	¥3,100.00	¥0.00	¥0.00	¥50.00	¥100.00	¥300.00	¥2.00	¥2,650.00
13		平均工资			¥3,500.00	¥90.00	¥3,590.00	¥0.00	¥7.00	¥63.00	¥130.00	¥360.00	¥2.00	¥3,030.00
14		总和			¥35,000.00	¥900.00	¥35,900.00	¥0.00	¥70.00	¥630.00	¥1,300.00	¥3,600.00	¥20.00	¥30,300.00

图 4-37　超大计算机有限公司员工工资表

本案例涉及的知识点：

- 单元格的引用
- 公式
- 函数

4.4.2　相关知识

知识点 1：公式

一个公式是由运算对象和运算符组成的一个序列的。它由等号（=）开始，公式中可以包含运算符、运算对象常量、单元格引用（地址）和函数等。

Excel 中的公式有下列基本特性：

- 全部公式以等号开始。
- 输入公式后，其计算结果显示在单元格中。
- 当选定了一个含有公式的单元格后，该单元格的公式就显示在编辑栏中。

1．公式中的运算符

Excel 的运算符有三大类，其优先级从高到低依次为算术运算符、文本运算符、比较运算符。

（1）算术运算符

Excel 所支持的算术运算符的优先级从高到低依次为：%（百分比）、^（乘幂）、*（乘）和/（除）、+（加）和－（减）。

例如，=2+3、=7/2、=2*3+20%、=2^10 都是使用算术运算符的公式。

（2）文本运算符

Excel 的文本运算符只有一个用于连接文字的符号 &。

例如，公式 ="Computer "&"Center"的结果是 Computer Center。

若 A1 中的数值为 1680，公式 ="My Salary is"& A1 的结果是 My Salary is 1680。

（3）比较运算符

Excel 中使用的比较运算符有 6 个，其优先级从高到低依次为=（等于）、<（小于）>（大于）、<=（小于等于）、>=（大于等于）、<>（不等于）。

比较运算的结果为逻辑值 TRUE（真）或 FALSE（假）。例如，假设 A1 单元中有值 28，则公式 =A1>28 的值为 FALSE，公式 =A1<50 的值为 TRUE。

2．输入公式

输入公式的形式为"=公式"。

输入公式步骤如下：

Step 01 单击计算结果存放的单元格。

Step 02 输入等号"="。

Step 03 在等号后面输入公式的内容。

Step 04 按 Enter 键，或者单击编辑栏上的"输入"按钮 结束。

例如，=55+B3*2+B4、=(B2+C2)/$D2、=SUM(A1：A3)都是正确的公式。

> 提示：公式可由数字、单元格、函数、运算符组成，不能包含空格。在输入各种符号时必须采用半角方式。

知识点 2：自动求和

1．自动求和

在工作表窗口中的工具栏中有一个 "自动求和"按钮 Σ。利用该按钮，可以对工作表中所设定的单元格自动求和。"自动求和"按钮实际上代表了工作表函数中的"SUM( )"函数，利用该函数可以将一个累加公式转换为一个简洁的公式。例如，将单元格定义为公式"=A1+A2+A3+A4+A5+A6"，通过使用"自动求和"按钮可以将之转换为"=SUM(A1：A6)"。

使用"自动求和"按钮来输入求和公式的一般步骤如下：

Step 01 选定要求和的数值所在的行或者列中与数值相邻的单元格。

Step 02 单击常用工具栏上的"自动求和"按钮 Σ；或者先选定目标单元格，用鼠标选定要汇总的单元格或者单元格区域。

Step 03 最后按下 Enter 键确认。

2．对行或列相邻单元格的求和

对行或列相邻单元格的求和的操作非常简便，只需先选定要求和的行或者列，在选定操作中要包含目标单元格，最后按下"自动求和"按钮 Σ 即可完成。

例如，对单元格"D3：H12"求和，并将结果放到单元格"I3：I12"中。首先，选定单元格"D3：I12"，如图 4-38 所示，然后按下"自动求和"按钮，就可以看到结果。

D	E	F	G	H	I	J
88	62	89	59	78		
77	85	83	67	68		
90	87	80	89	80		
80	88	90	76	73		
89	78	79	85	80		
68	56	73	73	82		
87	89	89	90	77		
59	62	67	64	69		
67	65	68	44	63		
68	79	84	78	91		

图 4-38 选定区域

3. 进行合计运算

在 Excel 中，还能够利用“自动求和”按钮一次输入多个求和公式。例如，要对图 4-39 中的行和列分别求总计，可以先选定总计栏中的“A1：D11”单元格区域，然后按下“自动求和”按钮，即可看到图 4-40 所示的结果。

	A	B	C	D
1	88	62	89	
2	77	85	83	
3	90	87	80	
4	80	88	90	
5	89	78	79	
6	68	56	73	
7	87	89	89	
8	59	62	67	
9	67	65	68	
10	68	79	84	
11				

图 4-39 选中区域

	A	B	C	D
1	88	62	89	239
2	77	85	83	245
3	90	87	80	257
4	80	88	90	258
5	89	78	79	246
6	68	56	73	197
7	87	89	89	265
8	59	62	67	188
9	67	65	68	200
10	68	79	84	231
11	773	751	802	2326

图 4-40 求和后结果

知识点 3：复制、填充和移动公式

对于移动、填充、复制公式的操作与移动、复制、填充单元格的操作方法一样，在这里就不再赘述。和移动、复制、填充单元格数据不同的是，对于公式有单元格地址的变化，它们会对结果产生影响。也就是说，Excel 会自动地调整所有移动的单元格的引用位置，使这些引用位置仍然引用到新位置的同一单元格。

1. 公式中引用的单元格地址是相对地址

当公式中引用的地址是相对地址时，公式按相对寻址进行调整。例如，A3 中的公式 =A1+A2，复制到 B3 中会自动调整为 =B1+B2。

公式中的单元格地址是相对地址时，调整规则为：

新行地址＝原行地址＋行地址偏移量

新列地址＝原列地址＋列地址偏移量

2．公式中引用的单元格地址是绝对地址

不管把公式复制到哪儿，引用地址被锁定，这种寻址称做绝对寻址。例如，A3 中的公式=$A$1+$A$2 复制到 B3 中，仍然是 =$A$1+$A$2。

公式中的单元格地址是绝对地址时进行绝对寻址。

下面利用绝对引用来计算图 4-41 中各类学生所占的比例，其具体操作步骤如下。

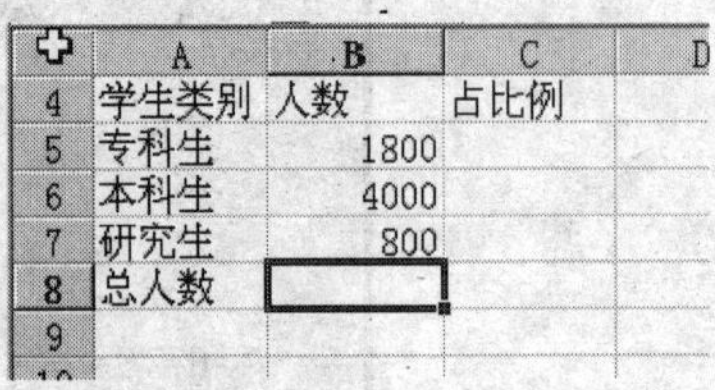

	A	B	C	D
4	学生类别	人数	占比例	
5	专科生	1800		
6	本科生	4000		
7	研究生	800		
8	总人数			
9				

图 4-41　各类学生所占比例

Step 01 利用“自动求和”按钮求出“总人数”。

Step 02 单击 C5 单元格，输入公式“=B5/$B$8”，按 Enter 键结束。

Step 03 填充 C6：C7。

Step 04 选中 C5：C7，选择“格式”→“单元格格式”命令，在“单元格格式”对话框中的“数字”选项卡中的“分类”列表中选择“百分比”，把结果设置为带 2 位小数的百分比形式。

3．公式中引用的单元格地址是混合地址

在复制过程中，如果地址的一部分固定（行或列），其他部分（列或行）是变化的，则这种寻址称为混合寻址。例如，A3 中的公式=$A1+$A2 复制到 B4 中，则变为=$A2+$A3。其中，列固定，行变化（变换规则和相对寻址相同）。

公式中的单元格地址是混合地址时进行混合寻址。

下面利用混合引用来对上题计算方法进行改进，其具体操作步骤如下：

Step 01 利用自动求和按钮求出“总人数”。

Step 02 单击 C5 单元格，输入公式“=B5/B$8”，按 Enter 键结束。能这样改动是因为在公式填充的时候，列号是不发生改变的，只有行号在改变，所以对列不必用绝对引用。

Step 03 填充 C6：C7。

Step 04 选中 C5：C7。选择“单元格格式”对话框中的“数字”选项卡中的“分类”列表中的“百分比”，把结果设置为带 2 位小数的百分比形式。

知识点 4：函数

函数是随 Excel 附带的预定义或内置公式。函数可作为独立的公式而单独使用，也可以用于另一个公式中甚至另一个函数内。一般来说，每个函数可以返回（而且肯定要返回）一个计算得到的结果值，而数组函数则可以返回多个值。Excel 共提供了 9 大类、300 多个函数，包括数学与三角函数、统计函数、数据库函数、逻辑函数等。

1. 函数的格式

函数由函数名和参数组成，格式如下：

函数名（参数1，参数2，…）

函数的参数可以是具体的数值、字符、逻辑值，也可以是表达式、单元地址、区域、区域名字等。函数本身也可以作为参数。如果一个函数没有参数，也必须加上圆括号。括号用以指明参数开始和结束的位置，它必须成对出现，且前后不能有空格。

2. 常用函数

Excel 的函数有很多，下面介绍一些最常用的函数。如果在实际应用中需要使用其他函数，可以参阅 Excel 的"帮助"系统或其他参考资料。

（1）求和函数 SUM(x1,x2, …)

该函数用以返回包含在引用中的值的总和。x1、x2 等可以是对单元格、区域或实际值。例如，SUM(A1：A5,C6：C8)返回区域 A1 至 A5 和 C6 至 C8 中的值的总和。

（2）求平均值函数 AVERAGE(x1,x2, …)

该函数用以返回所列范围中所有数值的平均值。最多可有 30 个参数，参数 x1、x2 等可以是数值、区域或区域名字。例如，AVERAGE(5,3,10,4,6,9) 等于 6.166667。

AVERAGE(A1：A5,C1；C5)返回从单元格 A1:A5 和 C1:C5 中的所有数值的平均值。

（3）求个数函数 COUNT (x1,x2, …)

该函数用以返回所列参数（最多 30 个）中数值的个数。函数 COUNT（）在计数时，把数字、文本、空值、逻辑值和日期都计算进去，但是错误值或其他无法转化成数据的内容则被忽略。例如，COUNT ("ABC",1,3,TRUE,,5）中就有一个"空值"，计数时也计算在内，该函数的计算结果为 5；而 COUNT(H15：H27) 是计算范围为 H15 到 H27 中非空白的数字单元格的个数。注意：空白单元格不计算在内。

（4）求最大值函数 MAX(List)

该函数用以返回指定 List 中的最大数值。List 可以是一数值、公式、包含数字或公式的单元格范围引用的表。例如，MAX(87,A8,B1：B5)、MAX(D1：D88)。

（5）求最小函数 MIN(List)

该函数用以返回 List 中的最小数。List 的意义同 MAX。例如，MIN(C2：C88)。

（6）取整函数 INT(x)

该函数用以取数值 x 的整数部分。例如，INT(123.45)的运算结果值为 123。

（7）四舍五入函数 ROUND(x1,x2)

该函数用以将数值 x1 的四舍五入，小数部分保留 x2 位。例如，ROUND(536.8175,3)等于 536.818。

（8）求余数函数 MOD(x,y)

该函数用以返回数字 x 除以 y 得到的余数。如：MOD(5,2) 等于 1。

(9)随机数函数 RAND( )

该函数用以产生一个 0 和 1 之间的随机数(没有参数)。

(10)求平方根函数 SQRT(x)

该函数用以返回正值 x 的平方根。例如,SQRT(9) 等于 3。

(11)条件函数 IF(x, n1, n2)

该函数用以根据逻辑值 x 判断,若 x 的值为 TRUE,则返回 n1,否则返回 n2。其中,n2 可以省略。例如,IF(E2>89,"A")。

3. 函数的输入与编辑

函数是以公式的形式出现的,在输入函数时,可以直接以公式的形式编辑输入,也可以使用 Excel 提供的"插入函数"工具。

(1)直接输入

选定要输入函数的单元格,输入"=" 和函数名及参数,按 Enter 键即可。例如,要在 H1 单元格中计算区域 A1:G1 中所有单元格值的和,就可以选定单元格 H1 后,直接输入=SUM(A1:G1),再按 Enter 键。

(2)使用"插入函数"工具

每当需要输入函数时,就单击编辑栏中的"插入函数"按钮 或选择"插入"→"函数"命令。此时会弹出一个"粘贴函数"对话框,如图 4-42 所示。

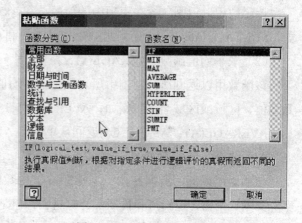

图 4-42 "粘贴函数"对话框

在"函数分类"中列出了所有不同类型的函数,"函数名"中则列出了被选中的函数类型所属的全部函数。选中某一函数后,单击"确定"按钮,又会弹出一个"函数参数"对话框,如图 4-43 所示,其中显示了函数的名称、它的每个参数、函数功能和参数的描述、函数的当前结果和整个公式的结果。

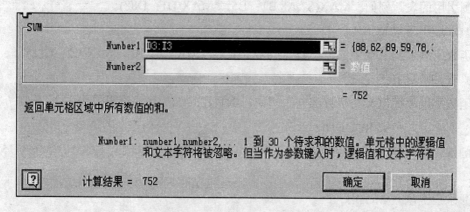

图 4-43 "SUM 函数"对话框

4.4.3 操作步骤

制作"员工工资计算"表的具体步骤如下:

Step 01 新建 Excel 工作簿。

Step 02 在相应单元格中输入内容。

Step 03 设置单元格格式。

① 选中 A1:N1,单击"合并及居中"按钮,设置文字格式为"黑体"、"20"号、"加粗"。

② 选中 A2:N2,设置底纹为"黑色",文字为"白色"。

③ 选中 A13:N14,设置底纹为"灰色"。

④ 选中 A3:N14,设置单元格格式为"货币"、"2"位小数。

⑤ 选中 A13:D13,设置"合并及居中"。

⑥ 选中 A14:D14,设置"合并及居中"。

⑦ 调整列宽为"最适应的列宽"。

Step 04 计算"应发工资"列(知识点 2)。

① 选中 E3:G12 单元格。

② 单击常用工具栏上"自动求和"按钮 Σ·,结果如图 4-44 所示。

Step 05 计算"实发工资"(知识点 1)。

① 选择 N3 单元格,输入"="。然后分别选中 G3、H3、I3、J3、K3 单元格,输入"-"。再选中 L3 单元格,最后 N3 单元格中内容为"=G3-H3-I3-J3-K3-L3",按 Enter 键确认即可。

② 选中 N3 单元格,把鼠标放在右下角,按住鼠标左键填充至 N12 单元格,如图 4-45 所示。

图 4-44 计算应发工资　　图 4-45 计算实发工资

Step 06 计算"平均工资"(知识点 4)。

① 选中 E13 单元格。

② 单击编辑栏旁边的"插入函数"按钮 fx，出现如图 4-46 所示的对话框。

③ 在"或选择类别"中选择"常用函数"，在"选择函数"中选择"AVERAGE"，单击"确定"按钮。

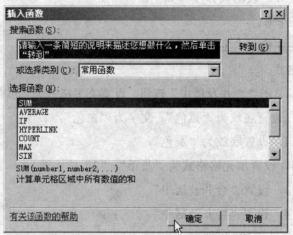

图 4-46　"插入函数"对话框

④ 出现如图所示的 4-47"函数参数"对话框，在"Number1"中单击 按钮，选择需要计算的单元格 E3：E12，单击"确定"按钮。

⑤ 填充 F13：N13 单元格。

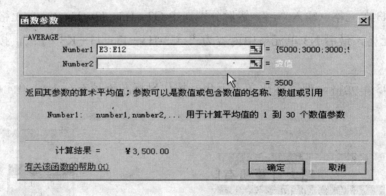

图 4-47　"函数参数"对话框

Step 07　计算"求和"行（知识点 4）。

① 选中 E14 单元格。

② 单击编辑栏旁边的"插入函数"按钮 fx，出现"插入函数"对话框。

③ 在"或选择类别"中选择"常用函数"，在"选择函数"中选择"SUM"，单击"确定"按钮。

④ 出现"函数参数"对话框，在"Number1"中单击 按钮，选择需要计算的单元格 E3：E12，单击"确定"按钮。

⑤ 填充 F14：N14 单元格。

Step 08 保存工作簿为"员工工资计算.xls"。

4.4.4 操作练习——学生期末成绩的计算

题目要求

① 制作如图 4-48 所示的"期末成绩表",请选择合适的计算方法计算"期末成绩表"中灰色阴影显示的区域。

	A	B	C	D	E	F	G	H	I	J	K
1						软件一班期末成绩表					
2	序号	学号	姓名	数学	英语	计算机导论	电路基础	C语言程序设计	总分	平均分	评价
3	1	04301103	陈晓磊	88	62	89	59	78	376.0	75.2	中等
4	2	04301118	胡云峰	77	85	83	67	68	380.0	76.0	中等
5	3	04301209	武毅	90	87	80	89	80	426.0	85.2	良好
6	4	04301217	孔芳芳	80	88	90	76	73	407.0	81.4	良好
7	5	04302123	朱俊杰	89	78	79	85	80	411.0	82.2	良好
8	6	4302188	朱俊磊	68	56	73	73	82	352.0	70.4	中等
9	7	04303252	陈源	87	89	89	90	77	432.0	86.4	良好
10	8	04303256	杨晨	59	62	67	64	69	321.0	64.2	及格
11	9	04305148	顾云	67	65	68	44	63	307.0	61.4	及格
12	10	04305168	王莉	68	79	84	78	91	400.0	80.0	良好
13			平均分	77.3	75.1	80.2	72.5	76.1	381.2		
14			最高分	90.0	89.0	90.0	90.0	91.0	432.0		
15			最低分	59.0	56.0	67.0	44.0	63.0	307.0		

图 4-48 "期末成绩表"

② 根据图 4-49 中的内容使用绝对引用或者混合引用计算"所占比例"列的内容,要求计算后结果保留两位小数,并且显示百分号。

	A	B	C
4	学生类别	人数	所占比例
5	专科生	1800	
6	本科生	4000	
7	研究生	800	
8	总人数	6600	

图 4-49 计算"所占比例"

4.4.5 本节评估

下面是学完 4.4 节后应该掌握的内容,请大家对照表 4-4 中的内容自我测评。

表 4-4 本节评估表

知识点	掌握程度	测评
使用公式	掌握	
公式的复制、填充和移动	掌握	
相对引用	掌握	

续表 4-4

知识点	掌握程度	测评
绝对引用	掌握	
常用函数	掌握	
使用函数	掌握	

4.5 案例 5——统计图表的制作

4.5.1 案例分析

图表是信息的图形化表示，它将工作表中的行、列数据转换成有意义的图像，使数据更清楚、更有趣且更易理解。Excel 提供的图表有柱形图、条形图、折线图、饼图、XY 散点图、面积图、圆环图、雷达图、曲面图、气泡图、股市图、圆锥、圆柱和棱锥图等十几种类型，而且每种图表还有若干子类型，用户可以根据需要进行选择。本案例将根据"书籍销售统计表"制作三种不同表现形式的统计图表，如图 4-50 所示。

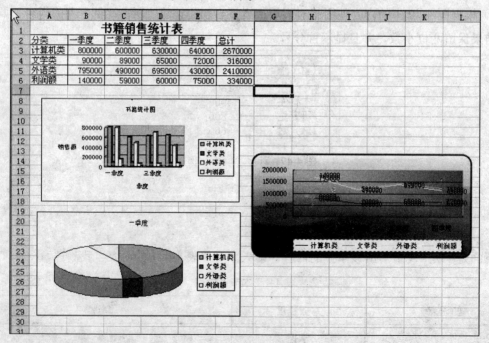

图 4-50　统计图表制作

第4章 Excel 2003电子表格处理软件

本案例涉及的知识点：

- 图表的创建
- 图表的编辑
- 格式化图表

4.5.2 相关知识

知识点1：创建图表

创建图表的具体操作步骤如下：

Step 01 选定用于制作图表的数据区域。

提示：如果选择不连续的区域要按住Ctrl键。

Step 02 选择"插入"→"图表"命令，或单击常用工具栏中的"图表向导"按钮，弹出"图表向导-4步骤之1-图表类型"对话框，如图4-51所示。在对话框中选中所要的图表类型及其子类型，如"柱形图"中的"簇状柱形图"。如果单击"按下不放可查看示例"按钮可以预览所选的图表示意图。

图4-51　"图表向导-4步骤之1-图表类型"对话框

Step 03 单击"下一步"按钮，弹出"图表向导-4步骤之2-图表数据源"对话框，如图4-52所示。这个对话框有两个选项卡，可在对话框中设置图表使用的数据区域。

- "数据区域"：在该选项卡中，"数据区域"文本框可自动显示在第1步中选中的数据区。用户可以进行修改。绘制图表所用的数据可以来自不同的区域，区域之间用逗号分隔。图表的数据不一定要来自活动工作表，可以指定任一工作表，甚至来自不同的工作簿。在"系列产生在"项中选定"行"或"列"。所谓"系列"或"数据序列",是指一组相关的数据点,它代表一行或一列数据。在图表上,每一系列用单独的颜色或图案区分出来。本例中选定来自"列"。

- "系列":在该选项卡中,可以添加或删除数据系列,指定用于 X 轴标志的源区域,并指定用于系列名字和数值的源区域。

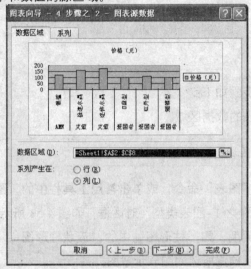

图 4-52 "图表向导 - 4 步骤之 2 - 图表数据源"对话框

Step 04 单击"下一步"按钮,弹出"图表向导 - 4 步骤之 3 - 图表选项"对话框,如图 4-53 所示。对话框中有 6 个选项卡。

- "标题":给整个图表和图表的 X 轴、Y 轴添加或删除标题,标题的数据需要人工输入。
- "坐标轴":设置图表是否显示 X 轴和 Y 轴。
- "网格线":设置图表是否显示 X 方向和 Y 方向的网格线。
- "图例":设置是否显示图例和图例摆放的位置。

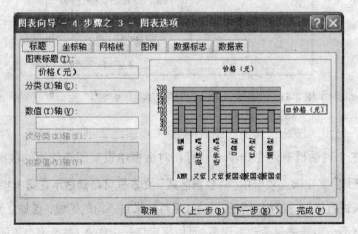

图 4-53 "图表向导 - 4 步骤之 3 - 图表选项"对话框

- "数据标志"：设置是否给系列添加数据标志及数据标志的形式。
- "数据表"：设置是否在图表的下面显示绘制图表所用的数据系列。

Step 05 单击"下一步"按钮，弹出"图表向导-4 步骤之 4-图表位置"对话框，如图 4-54 所示。在对话框中规定图表的位置：如果选择"作为其中的对象插入"项，用户要给出所要嵌入的工作表的名称；如果选择"作为新工作表插入"项，系统给出新图表的默认名称"Chart1"，用户可以采用，也可以更改。单击"完成"按钮，图表就创建完毕。最后的结果如图 4-55 所示。

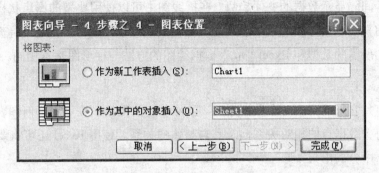

图 4-54 "图表向导-4 步骤之 4-图表位置"对话框

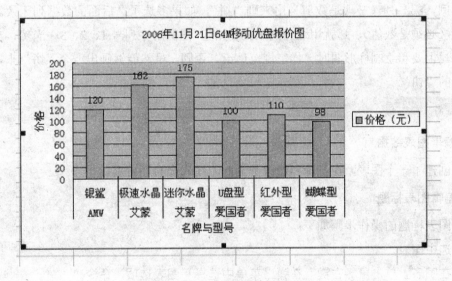

图 4-55 最后结果

Step 06 选中图表，此时图表边上出现 8 个控点，拖动图表到合适的区域即可。

从以上操作步骤可以看到，实际上使用"图表向导"创建图表的过程非常简单。其中的关键是要理解每种图表的意义，绘制每种图表所需要的数据，哪些数据 Excel 可以自动获取，哪些数据需要用户给出。

知识点 2：常见图形介绍

下面以常用的柱形图、折线图和饼图为例进一步说明图表中的数据源。

1. 柱形图

柱形图适用于比较不同时间的数值（例如，月利润）或不同项目的数值（例如，每种产品的总销售额）。柱形图的 X 轴以下为负值。可以用堆积系列柱形图更清楚地阐明每个数据点与整体的相对关系。

在绘制图表之前，一定要按照 Excel 的要求准备好数据，然后再进入"图表向导"。

2. 折线图

折线图以等间隔显示数据的变化趋势。在折线图中可以使用典型的锯齿状样式，在这种样式中，各点间用直线连接，或选用平滑线段以强调其连续性，也可各点之间完全不连接。

绘制折线图所需的数据和 Excel "取"数据绘图的方法与柱形图基本相同。

3. 饼 图

饼图的特点是它只能画出一个数据系列。虽然单一的数据系列可用任何图表表示，但饼图特别能表示出每个数据点的相对关系，及其与整体的关系。使用 Excel 还可将要强调的系列中的某点数据从饼中分离出来。

绘制饼图时给出的数据区域一般只有两列有效（假设数据系列产生在"列"），第一列的数据作为图例，第二列（必须是数值）用来画"饼"，如果多选了，后面的数据列无效。如果只给定一列（必须是数值），那就用这一列来画"饼"，图例用序列号 1、2、3…当然，在给定数据区域时，也要和绘制柱形图时一样，规范地给，否则，虽然能够画出一个"饼"来，但它不是你所要的"饼'。

知识点 3：编辑图表

1. 编辑图表数据

一旦创建了一个图表，在删除和修改数据时，图表会自动更新。

2. 编辑图表标题

编辑图表标题的操作步骤如下：

Step 01 选中图表。

Step 02 在图表上单击鼠标右键，在弹出菜单中选择"图表选项"命令。

Step 03 在打开的"图表选项"对话框中，选择"标题"选项卡进行相应的修改，最后单击"确定"按钮即可。

3. 编辑图表类型

若要编辑图表类型，可执行以下操作：

Step 01 选中图表。

Step 02 在图表上单击鼠标右键，在弹出菜单中选择"图表选项"命令。

Step 03 在打开的"图表选项"对话框中选择相应的图形，最后单击"确定"按钮即可。

第 4 章　Excel 2003 电子表格处理软件

知识点 4：格式化图表

图表创建以后，可以对它进行格式化，这样可以突出某些数据，增强人们的印象。编辑和格式化图表元素的主要困难在于图表上的各种元素太多，而且每种元素都有自己的格式属性。各种图表元素标识如图 4-56 所示。当光标停留在某一图表元素上，就会有一个说明弹出。移动鼠标时，请注意分辨图表的三个大的部分：图表区域、绘图区和坐标轴（分类轴 X 轴和数值轴 Y 轴）。

对各种图表元素，可使用不同的格式、字体、图案和颜色。不管哪种图表元素，都必须按照以下步骤进行格式设置。

Step 01 单击图表以激活图表，这时图表的边框四周有 8 个小黑方块。

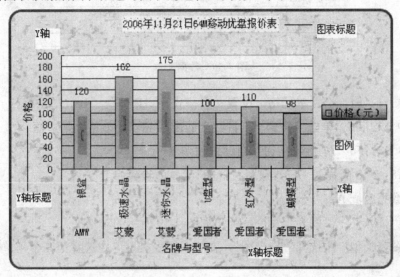

图 4-56　图表元素

Step 02 选择要格式化的图表元素。如果用鼠标很难准确地选中图表元素，可以选择"视图"→"工具栏"→"图表"命令把"图表"工具栏调出。"图表"工具栏中有一个"图表对象"列表框，如图 4-57 所示。在列表框中选定所需的对象，然后单击列表框旁边的"格式化"按钮就可以对图表对象进行格式化。

图 4-57　"图表"工具栏

Step 03 双击欲格式化的图表元素，或者用鼠标指向该元素并单击右键，在弹出的快捷菜单中选择格式化命令，然后在弹出的"格式化"对话框中，选择需要的"格式化"选项。设置完成后单击"确定"按钮。每一种图表元素都有自己的格式化选项，如图表区的格式选项包括图案、字体和属性，绘图区的格式选项只有图案一项，数据系列的格式选项就包括图案、坐标轴、误差线 Y、数据标志、系列次序等，图例的格式选项包括图案、字体和位置，坐标轴的格式选项包括图案、刻度、字体、数字和对齐方式等。

4.5.3 操作步骤

本例统计图表制作的具体过程如下：

Step 01 新建一个 Excel 工作表，输入如图 4-58 所示的数据。

	A	B	C	D	E	F
1	书籍销售统计表					
2	分类	一季度	二季度	三季度	四季度	总计
3	计算机类	800000	600000	630000	640000	
4	文学类	90000	89000	65000	72000	
5	外语类	795000	490000	695000	430000	
6	利润额	140000	59000	60000	75000	

图 4-58　数据清单

Step 02 选中 A1：F1，合并单元格，设置文字格式为"宋体"、"16"、"加粗"。

Step 03 选中 A1：F6，单击"格式"工具栏上的田按钮，给表格添加边框。

Step 04 选中 B3：F6，利用 Σ·按钮，自动求和。

Step 05 在 A8：F18 间插入"三维簇状柱形图"，具体步骤如下：

① 选择数据区域 A2：F6。

② 选择"插入"→"图表"命令，弹出如图 4-59 所示的对话框。

③ 在"图表类型"中选择"柱形图"，在"子图表类型"中选择第 4 个，单击"下一步"按钮。

图 4-59　选择图表类型

④ 弹出如图 4-60 所示的对话框，在这一步里不作修改，单击"下一步"按钮。

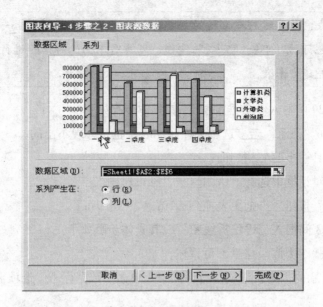

图 4-60　数据源设置

⑤ 在弹出的对话框中输入如图 4-61 所示的内容，单击"下一步"按钮。

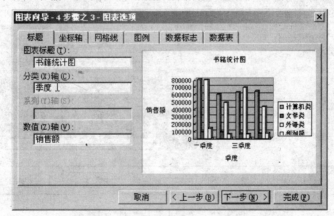

图 4-61　图表选项设置

⑥ 弹出如图 4-62 所示的对话框，在其中进行设置完成后单击"完成"按钮，把图表拖到 A8：F18 间即可。

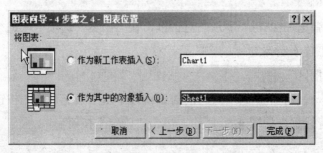

图 4-62　图表位置设置

> 提示：在使用"图表向导"过程中，随时可单击"上一步"按钮回到上一个对话框，修改前面不满意的设置，也可随时单击"完成"按钮，不再对下面的对话框进行设置，而是使用默认值和已做好的设置建立图表。

Step 06 在 A19：F29 间插入"三维饼图"，其具体步骤如下：

① 选中 A2：B6。注意：若多选了列，在图表中也是体现不出的。

② 单击常用工具栏上的 按钮。

③ 在"图表"对话框中选择"饼图"→"三维饼图"。

④ 单击"完成"按钮后，把图表拖到 A19：F29 间即可。

Step 07 在 J13：L23 间插入"堆积折线图"，其具体步骤如下：

① 前四步和步骤 5 类似，这里不再累述。

② 在图 4-63 所示的"图表选项"对话框中，单击"数据标志"选项卡，在"数据标签包括"中选择"值"。

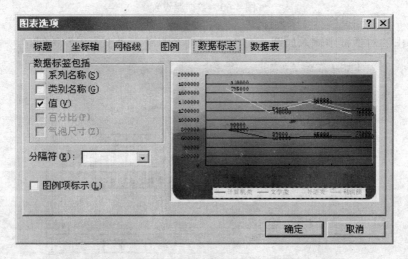

图 4-63 "数据标志"选项卡

③ 单击"下一步"按钮，再单击"完成"按钮。

Step 08 格式化"堆积折线图"。

① 格式化"图例"。

双击"图例"，弹出如图 4-64 所示的对话框，在"图案"选项卡中进行相应设置，在"位置"选项卡中选择"置于底部"。

② 格式化"绘图区"。

双击"绘图区"，弹出如图 4-65 所示的对话框，单击"填充效果"按钮。在弹出的"填充效果"对话框中进行设置，如图 4-66 所示，单击"确定"按钮。

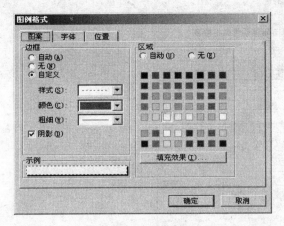
图 4-64 设置图列格式

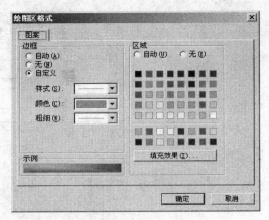
图 4-65 设置绘图区格式

③ 设置"图表区格式"。

双击"图表区",弹出如图 4-67 所示的对话框,在"图案"选项卡中进行相应设置,单击"填充效果"按钮。在"填充效果"对话框中选择"图片"选项卡,选择一幅图片插入,单击"确定"按钮。

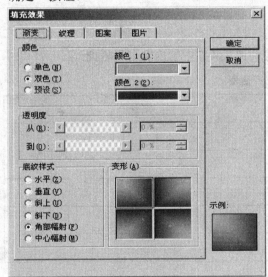
图 4-66 设置填充效果

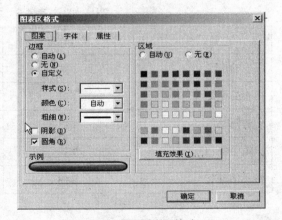
图 4-67 设置图表区格式

4.5.4 操作练习——报价表的制作

题目要求

制作如图 4-68 所示的"优盘报价表",要求格式尽可能地和所给图片一样。

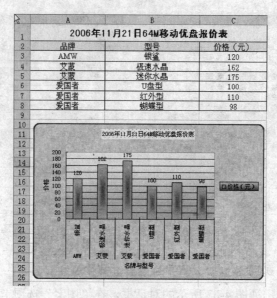

图 4-68 "优盘报价表"示例图

4.5.5 本节评估

下面是学完 4.5 节后应该掌握的内容，请大家对照表 4-5 中的内容自我测评。

表 4-5 本节评估表

知识点	掌握程度	测评
图表的作用	了解	
图表的种类	了解	
创建图表	掌握	
编辑图表	掌握	
格式化图表	掌握	

4.6 案例 6——销售统计表的分析

4.6.1 案例分析

当用户把数据保存在 Excel 表格中后，却发现得到的只是一张流水账的表格，这是因为多数人把注意力都放在了数据本身，而忽略了表格的外观，使表格数据杂乱、毫无层次，这样对于大量数据的查看是很不方便的。Excel 2003 具有很强的数据管理能力。通过对工作表中的数据进行分析和处理,可以进一步得出新的数据。本案例通过如图 4-69 所示的销售分析与统计来介绍对工作表的排序、分类汇总、筛选及建立数据透视表等数据处理操作。

	A	B	C	D	E	F	G	H	I
1	省份	(全部)							
2									
3	求和项:总计	商场							
4	城市	大润发	第三百货	第一百货	购物中心	太平洋	泰富	新东方	总计
5	安庆			1553					1553
6	常州					2119			2119
7	海宁		2584						2584
8	杭州							3165	3165
9	合肥				1966				1966
10	湖州		1861						1861
11	黄山	1437							1437
12	嘉兴				2357				2357
13	马鞍				959				959
14	南京					3089			3089
15	南通							1815	1815
16	宁波							3079	3079
17	绍兴							1845	1845
18	苏州		3556						3556
19	无锡			3220					3220
20	芜湖						1435		1435
21	徐州					1414			1414
22	镇江							2288	2288
23	总计	1437	8001	4773	5282	6622	1435	12192	39742

图 4-69 销售统计与分析的数据透视表

本案例涉及的知识点:

- 数据的排序
- 数据的筛选
- 分类汇总
- 数据透视表

4.6.2 相关知识

知识点 1:数据的排序

排序是整理数据的一种方法,通过排序 Excel 可按指定的字段值和排列顺序重新组织数据。在中文 Excel 2000 中可以根据现有的数据资料对数据值进行排序。

1. 数据排序的顺序

数据排序的顺序有如下 3 种情况:

① 按递增方式排序的数据类型及其数据的顺序如下。

- 数字,顺序是从小数到大数,从负数到正数。
- 文字和包含数字的文字,其顺序是:0 1 2 3 4 5 6 7 8 9 (空格)!"# $ % & ' ( ) * + , - . / : ; < = > ? @ [ ] ^ _ ' | ~ A B C D E F G H I J K L M N O P Q R S T U V W X Y Z。
- 逻辑值,FALSE 在 TRUE 之前。
- 错误值,所有的错误值都是相等的。

- 空白（不是空格）单元格总是排在最后。

② 递减排序的顺序与递增顺序恰好相反，但空白单元格也排在最后。

③ 日期、时间和汉字也当文字处理，是根据它们内部表示的基础值排序的。

2. 数据排序

最简单的排序操作是使用常用工具栏中的按钮。在这个工具栏上有两个用于排序的按钮，其中，![]按钮用于按升序方式重排数据，![]按钮用于按降序方式重排数据。

另外，通过以下操作也可以实现数据排序。

（1）选择"数据处理"→"排序"命令，打开"排序"对话框，如图 4-70 所示。

（2）在"主要关键字"、"次要关键字"和"第三关键字"中进行设置，并设置相应的排序顺序，单击"确定"按钮。

排序条件的设置：Excel 在排序时以"主要关键字"作为排序的依据，当主要关键字相同时按"次要关键字"排序，如果次要关键字又相同，再考虑"第三关键字"。每个关键字还有"递增"或"递减"两种顺序。在 Excel 中，用字段名作为排序的关键字。在排序中必须指明主要关键字。其他的关键字可以没有。

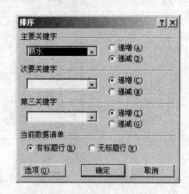

图 4-70 "排序"对话框

可以在"排序"对话框的"当前数据清单"区设置"有标题行"或"无标题行"。Excel 据此确定数据库是否有标题行（字段名）。一般 Excel 会自动判别数据库中是否有标题行，所以通常不需要设置。如果有标题行，而指定的为"无标题行"，就会将标题行作为数据记录排序到数据库中。

如果排序结果不对，马上执行"编辑"→"撤销排序"命令把刚才的操作撤销，恢复数据库的原样。

Excel 默认状态为按字母顺序排序。如果需要按笔画排序，单击"排序"对话框的"选项"按钮，然后在弹出的如图 4-71 所示的"排序选项"对话框中进行设置。

如果需要按时间顺序对月份和星期数据排序，也可以自定义排序次序：在"排序选项"对话框中的"自定义排序次序"列表框中选择相应的顺序，如图 4-72 所示。

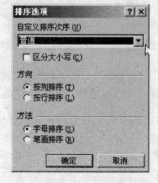   

图 4-71 "排序选项"对话框　　　　图 4-72 "自定义排序次序"列表

第 4 章　Excel 2003 电子表格处理软件

知识点 2：数据筛选

若要查看数据清单中符合某些条件的数据，就要使用筛选的办法把那些数据找出来。"筛选"可以只显示满足指定条件的数据记录，不满足条件的数据记录则暂时隐藏起来。Excel 提供自动筛选和高级筛选两种方法，其中自动筛选比较简单，而高级筛选的功能强大，可以利用复杂的筛选条件进行筛选。

1. 自动筛选

自动筛选的操作步骤如下。

Step 01 选定数据区域中的任意一个单元格。

Step 02 选择"数据"→"筛选"→"自动筛选"命令，此时在各字段名的右下角显示一个下拉控制箭头，如图 4-73 所示。

序号	姓名	部门	工作时	小时报	薪水
		某公司工资表			
1	曹玉娟	软件部	160	30	￥4,800.0
2	陈龙	软件部	180	50	￥9,000.0
3	陈晓磊	生产部	140	36	￥5,040.0
4	陈源	软件部	160	36	￥5,760.0
5	崔新华	生产部	140	36	￥5,040.0
6	单琴	生产部	140	30	￥4,200.0
7	龚庆	销售部	160	36	￥5,760.0
8	胡云峰	生产部	140	50	￥7,000.0
9	孔芳芳	软件部	160	50	￥8,000.0
10	刘桂刚	销售部	140	46	￥6,440.0
11	罗强	销售部	160	50	￥8,000.0
12	骆俊明	销售部	140	50	￥7,000.0
13	马丽	生产部	140	46	￥6,440.0
14	王莉	软件部	180	46	￥8,280.0
15	吴小闯	销售部	180	30	￥5,400.0
16	吴永成	软件部	180	46	￥8,280.0
17	武毅	软件部	160	46	￥7,360.0
18	朱俊杰	销售部	160	30	￥4,800.0

图 4-73　自动筛选的窗口

Step 03 单击"部门"的下拉控制箭头，出现下拉列表。在下拉列表中通常包括该列中每一独有的选项，这里包含了软件部、生产部、销售部，另外还有 5 个选项：全部、前 10 个、自定义、空白、非空白。

Step 04 在下拉列表中单击"软件部"，这时符合条件的记录被显示，不符合筛选条件的记录均隐藏起来，如图 4-74 所示。

	A	B	C	D	E	F
1			某公司工资表			
2	序号	姓名	部门	工作时	小时报	薪水
3	1	曹玉娟	软件部	160	30	￥4,800.0
4	2	陈龙	软件部	180	50	￥9,000.0
6	4	陈源	软件部	160	36	￥5,760.0
11	9	孔芳芳	软件部	160	50	￥8,000.0
16	14	王莉	软件部	180	46	￥8,280.0
18	16	吴永成	软件部	180	46	￥8,280.0
19	17	武毅	软件部	160	46	￥7,360.0

图 4-74　自动筛选后的窗口

若要取消自动筛选可通过选择"数据"→"筛选"命令，然后从"筛选"子菜单中选择"自动筛选"命令，取消"自动筛选"命令前的"√"号，如图 4-75 所示。

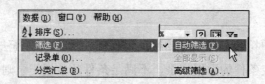

图 4-75　取消"自动筛选"命令

若单击下拉表中的"自定义"项,就弹出"自定义自动筛选方式"对话框(如图 4-76 所示),在该对话框中可以自定义自动筛选的条件。

在"自定义自动筛选方式"对话框的左下拉列表中可以规定关系操作符(大于、等于、小于等),在右下拉列表中则可以规定字段值,而且两个比较条件还能以"与"或"或"的关系组合起来形成复杂的条件。

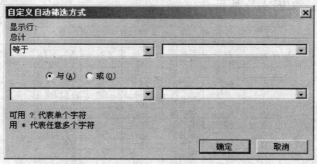

图 4-76　"自定义自动筛选方式"对话框

2. 高级筛选

对于复杂的筛选条件,可以使用"高级筛选"。使用"高级筛选"的关键是如何设置自定义的复杂组合条件,这些组合条件通常放在一个称为"条件区域"的单元格区域中。

高级筛选的操作步骤如下:

Step 01 建立条件区域。

条件区域包括两个部分:标题行(也称字段名行或条件名行)、一行或多行的条件行。条件区域的创建步骤如下。

① 在数据区域的下面找到任意一个空白区域。

② 在此空白区域的第一行输入字段名作为条件名行,最好是从字段名行复制过来,以避免输入时因大小写或有多余的空格而造成不一致,如图 4-77 所示。

③ 在字段名的下一行输入条件,如图 4-78 所示。

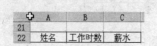

图 4-77　"条件区域"字段名

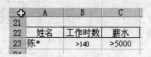

图 4-78　"条件区域"条件的设置

条件可以是用一个简单的比较运算(=、>、>=、<、<=、<>)表示的条件。当是等于(=)关系时，等号"="可以省略。当某个字段名下没有条件时，允许空白，但是不能加上空格，否则将得不到正确的筛选结果。

对于字符字段，其下面的条件可以用通配符"*"及"?"。字符的大小比较按照字母顺序进行，对于汉字，则以拼音为顺序。若字符串用于比较条件中，必须用双引号（直接写的字符串除外）。

Step 02 在数据库区域内选定任意一个单元格。

Step 03 选择"数据"→"筛选"→"高级筛选"命令，弹出"高级筛选"对话框，如图 4-79 所示。

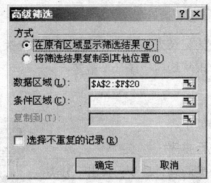

图 4-79 "高级筛选"对话框

Step 04 在"高级筛选"对话框中选中"在原有区域显示筛选结果"选项。

Step 05 "数据区域"是自动获取的，如果不正确，可以更改。

Step 06 设置"条件区域"。单击"条件区域"旁边的 按钮，选择如图 4-80 所示的"条件区域"内容。图 4-81 所示的是"条件区域"对话框。

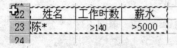   

图 4-80 "条件区域"内容　　　图 4-81 "条件区域"对话框

Step 07 单击 按钮，回到"高级筛选"对话框。

Step 08 单击"确定"按钮，则筛选出符合条件的记录，如图 4-82 所示。

	A	B	C	D	E	F
1			某公司工资表			
2	序号	姓名	部门	工作时数	小时报酬	薪水
4	2	陈龙	软件部	180	50	￥9,000.0
6	4	陈源	软件部	160	36	￥5,760.0
21						
22	姓名	工作时数	薪水			
23	陈*	>140	>5000			
24						

图 4-82 高级筛选结果

如果要想把筛选出的结果复制到一个新的位置，则可以在"高级筛选"对话框中选定"将筛选结果复制到其他位置"选项,并且还要在"复制到"区域中输入要复制到的目的区域的首单元地址。注意:以首单元地址为左上角的区域必须有足够多的空位存放筛选结果,否则将覆盖该区域的原有数据。

在"高级筛选"对话框中,选中"选择不重复的记录"复选框后再筛选,得到的结果中将剔除相同的记录。

3．取消筛选

若要取消筛选,则可选择"数据"→"筛选"→"全部显示"命令。

知识点3：分类汇总

分类汇总是指将数据库中的记录先按某个字段进行排序分类,然后再对另一字段进行汇总统计。汇总的方式包括求和、求平均值、统计个数等。

1．创建分类汇总

创建分类汇总的具体步骤如下:

Step 01 根据要分类的字段进行排序。

Step 02 选择"数据"→"分类汇总"命令,弹出"分类汇总"对话框,如图4-83所示。

Step 03 在"分类字段"下拉列表框中选择要分类的字段。注意这里选择的字段就是在第(1)步排序时的主关键字。

Step 04 在"汇总方式"下拉列表框中选择相应的方式。

Step 05 在"选定汇总项"选定要汇总的选项,此处可根据要求选择多项。此外,在对话框的下面还有三个复选框,用以设置相关操作。

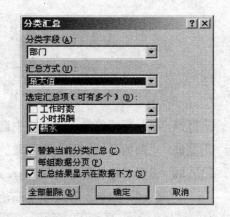

图4-83 "分类汇总"对话框

- "替换当前分类汇总":一般用于根据多个字段汇总。第一次进行分类汇总时,选或者不选这个复选框都没有区别。
- "每组数据分页":指打印时每组内容打印一页。
- "汇总结果显示在数据下方":如果不选此复选框则结果显示在数据上方。

Step 06 设置完后,单击"确定"按钮即可创建分类汇总。

2．撤销分类汇总

若要撤销分类汇总,可进行以下操作。

Step 01 选择"数据"→"分类汇总"命令,进入"分类汇总"对话框。

Step 02 单击"全部删除"按钮即可恢复原来的数据清单。

知识点 4：组及分级显示

在进行分类汇总时，Excel 会自动对列表中数据进行分级显示，在工作表窗口左边会出现分级显示区，列出一些分级显示符号，允许对数据的显示进行控制。在默认的情况下，数据会分三级显示，可以通过单击分级显示区上方的 1 2 3 三个按钮进行控制。单击 1 按钮，只显示列表的列标题和总计结果，如图 4-84 所示；2 按钮显示各个分类汇总结果和总计结果，如图 4-85 所示；3 按钮显示所有的详细数据。

图 4-84 "最高级"显示

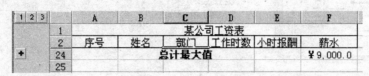

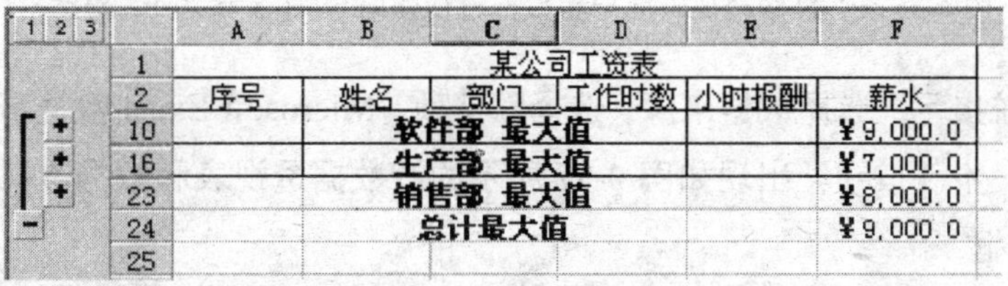

图 4-85 "2"级显示

"1"为最高级，"3"为最低级，分级显示区中有"＋"、"－"等分级符号。"＋"表示高一级向低一级展开数据，"－"表示低一级折叠为高一级数据。例如 2 按钮下的"＋"可展开该分类汇总结果所对应的各明细数据，1 按钮下的"－"则将 2 按钮显示内容折叠为只显示总计结果。当分类汇总方式不只一种时，按钮会多于 3 个。

数据分级显示可以设置，选择"数据"→"组及分级显示"→"清除分级显示"命令可以清除分级显示区域，选择"自动建立分级显示"则显示分级显示区域，选择"隐藏明细数据"或"显示明细数据"命令则可以把明细数据隐藏或者显示。

知识点 5：数据透视表

数据透视表是一种交互工作表，用于对现有数据清单或记录单进行汇总和分析。创建数据透视表后，可以随时按照不同的需要，根据不同的关系来提取和组织数据。

1. 创建数据透视表

建立数据透视表的操作步骤如下：

Step 01 选择该数据区域任意一个单元格。

Step 02 选择"数据"→"数据透视表和数据透视图"命令，出现如图 4-86 所示的"数据透视表和数据透视图向导--3 步骤之 1"对话框。

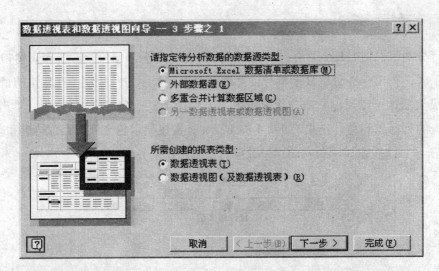

图 4-86 "数据透视表向导和数据透视图向导--3 步骤之 1"对话框

Step 03 根据系统提示,选择数据来源。选择默认项"Microsoft Excel 数据清单或数据库",单击"下一步"按钮,出现如图 4-87 所示的"数据透视表和数据透视图向导--3 步骤之 2"对话框。

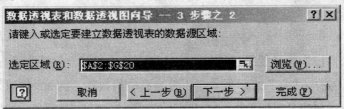

图 4-87 "数据透视表和数据透视图向导--3 步骤之 2"对话框

Step 04 该对话框用于选定数据区域,一般情况下它会选定整个列表,也可在工作表中重新选定区域。这里我们不需要重新选择,单击"下一步"按钮,出现如图 4-88 所示的"数据透视表和数据透视图向导--3 步骤之 3"对话框。

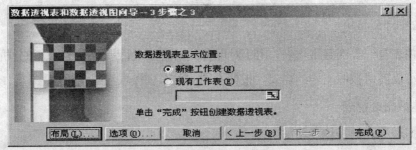

图 4-88 "数据透视表和数据透视图向导--3 步骤之 3"对话框

Step 05 单击"布局"按钮出现如图 4-89 所示的"数据透视表和数据透视图向导--布局"对话框。将右边的字段拖到左边图的页、列、行、数据上,单击"确定"按钮。

第4章 Excel 2003 电子表格处理软件

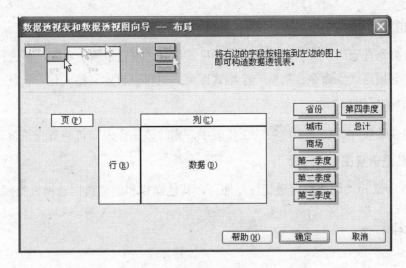

图 4-89 "数据透视表和数据透视图向导--布局"对话框

Step 06 单击"完成"按钮，完成数据透视表的创建。

在根据向导进行操作时，需注意以下几点：

① 在选择数据来源时，若数据来源就是当前工作表或其他 Excel 工作表，可选择"Microsoft Excel 数据清单或数据库"，否则应选择"外部数据源"，通过 ODBC 打开其他格式的数据文件。

② 若在选择"数据"菜单的"数据透视表和数据透视图"命令前已经选择了数据清单中的某一单元格为当前单元格，系统会自动选定数据区域，否则需要用户自己选择数据区域。

③ 在设置透视表布局时，若把某字段拖放到"页"中，则表示按该字段分页显示；若把某字段拖放到"行"中，则表示要按该字段进行分类汇总；若把某字段拖放到"列"中，则表示按该字段的值分列显示汇总结果；若把某字段拖放到"数据"中，则表示对该字段进行计算(如求和、求平均值等)。

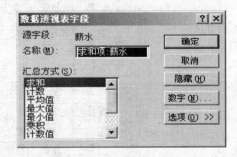

④ 如果需要对"数据"中的内容进行计算，可双击图 4-90 中的 ，弹出如图 4-90 所示的"数据透视表字段"对话框，进行设置。

图 4-90 "数据透视表字段"对话框

2. 修改数据透视表

用如图 4-91 所示的"数据透视表"工具栏(通过"视图"菜单中的"工具栏"命令可调出"数据透视表"工具栏)，可以方便地修改透视表。

图 4-91 "数据透视表"工具栏

3．数据透视表的格式化

设计完数据透视表时，可以对透视表进行格式化。选取表中一个单元，再选择"格式"菜单中的"自动套用格式"命令，选取一个格式即可，也可以自定义格式化。

4．删除数据透视表

数据透视表一般存放在一个单独的工作表中，删除该工作表即可将数据透视表删除。

5．创建数据透视图

在图 4-86 中选择"创建数据透视图"即可，其他操作和创建数据透视表类似。

4.6.3 操作步骤

本例销售统计表分析的具体步骤如下：

Step 01 输入如图 4-92 所示的数据清单，并进行相应的格式设置。

Step 02 根据总计的高低对工作表进行排序（知识点 1）。在"总计"列上任选一个单元格，单击工具栏上的 ⚡ 按钮即可。

	A	B	C	D	E	F	G	H
1				销售统计				
2	省份	城市	商场	第一季度	第二季度	第三季度	第四季度	总计
3	江苏	南京	太平洋	768	800	867	654	3089
4	江苏	徐州	太平洋	345	433	358	278	1414
5	江苏	常州	太平洋	509	532	478	600	2119
6	江苏	镇江	新东方	488	657	542	601	2288
7	江苏	无锡	第一百货	801	765	785	869	3220
8	江苏	苏州	第三百货	988	772	888	908	3556
9	江苏	南通	新东方	343	543	453	476	1815
10	浙江	杭州	新东方	876	508	907	874	3165
11	浙江	宁波	新东方	842	876	608	753	3079
12	浙江	嘉兴	购物中心	647	549	503	658	2357
13	浙江	海宁	第三百货	560	764	658	602	2584
14	浙江	湖州	第三百货	434	435	505	487	1861
15	浙江	绍兴	新东方	356	548	400	541	1845
16	安徽	黄山	大润发	255	498	308	376	1437
17	安徽	合肥	购物中心	476	509	473	508	1966
18	安徽	芜湖	泰富	361	287	381	406	1435
19	安徽	马鞍	购物中心	103	267	289	300	959
20	安徽	安庆	第一百货	300	483	406	364	1553

图 4-92　数据清单

> 提示：若选定了某一列后来使用上述操作，排序将只发生在这一列中，其他列的数据排列将保持不变，其结果可能会破坏原始记录结构，造成数据错误。

Step 03 根据"城市"的笔画数进行降序排列（知识点 1），其具体步骤如下：

① 选中数据清单任一单元格。

② 选择"数据"→"排序"命令，打开"排序"对话框，在"当前数据清单"区域中选

择"有标题行",在"主要关键字"中选择"城市",选择"递减"单选按钮。单击"选项"按钮,打开"排序选项"对话框。

③ 在该对话框中选择"方法"下的"笔划排序"单选按钮,单击"确定"按钮即可。

Step 04 查看各个省份的销售总计高低情况(知识点2),其具体步骤如下:

① 选中数据清单任一单元格。

② 选择"数据"→"排序"命令,打开"排序"对话框,在"当前数据清单"区域中选择"有标题行",在"主要关键字"中选择"省份","次要关键字"中选择"总计",单击"确定"按钮即可。

Step 05 筛选出"江苏省"的销售情况(知识点2),其具体步骤如下:

① 选中数据清单任一单元格。

② 选择"数据"→"筛选"→"自动筛选"命令,出现如图4-93所示的下拉箭头。

销售统计							
省份 ▼	城市 ▼	商场 ▼	第一季 ▼	第二季 ▼	第三季 ▼	第四季 ▼	总计 ▼

图4-93 自动筛选

③ 单击"省份"列的下拉箭头,选择"江苏",出现结果如图4-94所示。

销售统计							
省份 ▼	城市 ▼	商场 ▼	第一季 ▼	第二季 ▼	第三季 ▼	第四季 ▼	总计 ▼
江苏	南京	太平洋	768	800	867	654	3089
江苏	徐州	太平洋	345	433	358	278	1414
江苏	常州	太平洋	509	532	478	600	2119
江苏	镇江	新东方	488	657	542	601	2288
江苏	无锡	第一百货	801	765	785	869	3220
江苏	苏州	第三百货	988	772	888	908	3556
江苏	南通	新东方	343	543	453	476	1815

图4-94 自动筛选结果

Step 06 筛选出每个季度的销售都超过500的记录(知识点2),其具体步骤如下:

① 先把上题中的"自动筛选"去除。选中数据清单任一单元格。去除"数据"→"筛选"→"自动筛选"命令前的勾选即可。

② 由于此题涉及多个字段的筛选,所以选择"高级筛选"。

首先,建立条件区域。复制D2:G2单元格,粘贴在工作表上任一空白区域,如A23:D23。在A24:D24每个单元格中输入">500",如图4-95所示。

提示:">"必须是半角状态输入。

23	第一季度	第二季度	第三季度	第四季度
24	>500	>500	>500	>500

图4-95 建立条件区域

然后，设置高级筛选。选中数据清单任一单元格。选择"数据"→"筛选"→"高级筛选"命令，弹出"高级筛选"对话框，在"方式"中选择"将筛选结果复制到其他位置"，列表区域默认（即"$A$2：$D$20"），条件区域选择"A23：D24"，如图4-96所示。复制到选择工作表任一空白单元格，如A25，如图4-97所示。单击"确定"按钮就得到结果如图4-98所示。

图4-96 条件区域选择

图4-97 复制到选择

	第一季度	第二季度	第三季度	第四季度					
24	>500	>500	>500	>500					
25	省份	城市	商场	第一季度	第二季度	第三季度	第四季度	总计
26	江苏	南京	太平洋	768	800	867	654	3089
27	江苏	无锡	第一百货	801	765	785	869	3220
28	江苏	苏州	第三百货	988	772	888	908	3556
29	浙江	杭州	新东方	876	508	907	874	3165
30	浙江	宁波	新东方	842	876	608	753	3079
31	浙江	嘉兴	购物中心	647	549	503	658	2357
32	浙江	海宁	第三百货	560	764	658	602	2584

图4-98 高级筛选的结果

Step 07 统计各个省份的各个季度的销售平均值（知识点3），其具体步骤如下：

① 根据"省份"排序。注意：分类汇总前必须先根据分类字段进行排序。

② 选中数据清单任一单元格。

③ 选择"数据"→"分类汇总"命令，打开"分类汇总"对话框，如图4-99所示。在"分类字段中选择"省份"，在"汇总方式"中选择"平均值"，在"选定汇总项"中选择"第一季度"、"第二季度"、"第三季度"、"第四季度"，单击"确定"按钮。

Step 08 删除分类汇总（知识点3）。

在图4-99所示对话框中单击"全部删除"按钮即可。

Step 09 根据省份和城市交互查看各个商场的销售总计情况（知识点5）。

① 选中数据清单任一单元格。

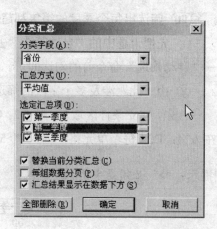

图4-99 "分类汇总"对话框

② 选择"数据"→"数据透视表和数据透视图"命令，打开其向导，依次单击"下一步"按钮，在"数据透视表和数据透视图向导--3 步骤之 3"对话框中单击"布局"按钮，打开"数据透视表和数据透视图向导--布局"对话框。把"省份"拖到"页"上，把"城市"拖到"行"上，把"商场"拖到"列"上，把"总计"拖到"数据"上，如图 4-100 所示。单击"确定"按钮，然后单击"完成"按钮即可得到结果。

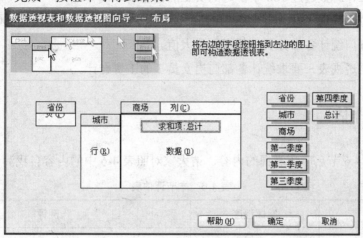

图 4-100 布局设置

4.6.4 操作练习——工资统计表的制作

题目要求

利用如图 4-101 所示的"某公司工资表"，完成如下题目。

	A	B	C	D	E	F	G
1	某公司工资表						
2	序号	姓名	部门	性别	工作时数	小时报酬	薪水
3	1	曹玉娟	软件部	女	160	30	￥4,800.0
4	2	陈龙	软件部	男	180	50	￥9,000.0
5	3	陈晓磊	生产部	男	140	36	￥5,040.0
6	4	陈源	软件部	男	160	36	￥5,760.0
7	5	崔新华	生产部	男	140	36	￥5,040.0
8	6	单琴	生产部	女	140	30	￥4,200.0
9	7	龚庆	销售部	男	160	36	￥5,760.0
10	8	胡云峰	生产部	男	140	50	￥7,000.0
11	9	孔芳芳	软件部	女	160	50	￥8,000.0
12	10	刘桂刚	销售部	男	140	46	￥6,440.0
13	11	罗强	销售部	男	160	50	￥8,000.0
14	12	骆俊明	销售部	男	140	50	￥7,000.0
15	13	马丽	生产部	女	140	46	￥6,440.0
16	14	王莉	软件部	女	180	46	￥8,280.0
17	15	吴小闯	销售部	男	180	30	￥5,400.0
18	16	吴永成	软件部	男	180	46	￥8,280.0
19	17	武毅	软件部	男	160	46	￥7,360.0
20	18	朱俊杰	销售部	男	160	30	￥4,800.0

图 4-101 某公司工资表

① 要求根据"薪水"降序排列工资表中的内容。

② 要求先根据"部门"的笔画顺序降序排序再根据"薪水"降序排序工资表中的内容。即要求按部门查看员工薪水的高低。

③ 筛选出部门为"软件部"的员工的信息。

④ 筛选出工作时数超过 160 个小时的员工的信息。

⑤ 在原有位置筛选出姓"陈"的,并且工作时数大于 140,薪水高于 5000 元的人的信息。

⑥ 要求按部门统计各部分员工薪水的最大值。

⑦ 创建数据透视表,要求统计各部门男女员工的工资合计。

4.6.5 本节评估

下面是学完 4.6 节后应该掌握的内容,请大家对照表 4-6 中的内容自我测评。

表 4-6 本节评估表

知识点	掌握程度	测评
简单排序	掌握	
利用排序对话框排序	掌握	
自动筛选	掌握	
高级筛选	了解	
分类汇总	掌握	
创建数据透视表(图)	了解	

4.7 综合案例

1. 本节目标

① 掌握 Excel 启动及退出等基本操作。

② 学会 Excel 工作表建立及编辑的基本操作方法。

③ 掌握数据填充、筛选、排序等基本操作。

④ 学会图表的创建,掌握常用图标的编辑、修改。

⑤ 掌握公式输入的格式,能够运用公式进行常规的 Excel 数据计算。

⑥ 掌握函数输入的基本方法,能熟练使用函数进行数据的统计与分析。

⑦ 掌握数据透视表的创建。

2．本节内容、方法及步骤

参照如图4-102所示的工资统计表，用Excel 2003完成如下题目。

① 文件名为“本人姓名+作业文件名.xls”。

② 创建如图4-102所示的表格，格式和内容需要一样。

③ 用IF函数计算岗位工资：如果是管理人员则岗位工资为300。

④ 计算应发工资：应发工资=基本工资+岗位工资+津贴+奖金。

⑤ 计算应扣税：如果应发工资大于1200，则要扣税，应扣税=应发工资 ＊5%。

⑥ 计算实发工资：实发工资=应发工资－应扣三金-应扣税。

⑦ 表格中所有数据保留2位小数，并以人民币形式显示。

⑧ 为此工作表建立一个副表，取名“工资副表”。

⑨ 在“工资统计表”中统计不同职工类别人的平均应发工资。

⑩ 在“工资副表”中，创建“折线图”比较所有职工应发工资和平均工资的差别。

⑪ 在“工资副表”中，创建数据透视表，分析不同类别职工的应发工资的平均数。

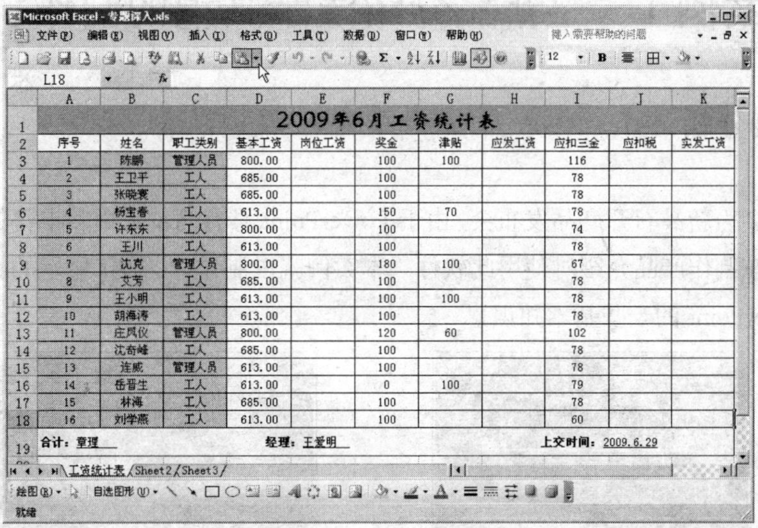

2009年6月工资统计表

序号	姓名	职工类别	基本工资	岗位工资	奖金	津贴	应发工资	应扣三金	应扣税	实发工资
1	陈鹏	管理人员	800.00		100	100		116		
2	王卫平	工人	685.00		100			78		
3	张晓寰	工人	685.00		100			78		
4	杨宝春	工人	613.00		150	70		78		
5	许东东	工人	800.00		100			74		
6	王川	工人	613.00		100			78		
7	沈克	管理人员	800.00		180	100		67		
8	艾芳	工人	685.00		100			78		
9	王小明	工人	613.00		100	100		78		
10	胡海涛	工人	613.00		100			78		
11	庄凤仪	管理人员	800.00		120	60		102		
12	沈奇峰	工人	685.00		100			78		
13	连威	管理人员	613.00		100			78		
14	岳晋生	工人	613.00		0	100		79		
15	林海	工人	685.00		100			78		
16	刘学燕	工人	613.00		100			60		

合计：章理　　经理：王爱明　　上交时间：2009.6.29

图4-102　工资统计表

4.8 本章小结

本章主要介绍了电子表格处理软件Excel 2003的使用方法，读者应该掌握启动Excel，新建、编辑、保存工作簿和工作表，重点掌握编辑工作表、格式化工作表、公式与函数的使用，图表的创建、编辑、格式化，以及数据的排序筛选、分类汇总和数据透视表等知识。

第 5 章　PowerPoint 2003 演示文稿软件

PowerPoint 2003 是微软公司推出的演示文稿制作软件，用户可以利用它制作屏幕演示、投影幻灯片、学术论文展示，还可以为演示文稿添加多媒体效果并在 Internet 上发布。

PowerPoint 作为演示文稿制作软件，一直在多媒体演示、产品推介和个人演讲等应用领域得到广泛应用，关键在于其不仅具有强大的幻灯片制作功能，同时还具有界面友好、易学和易用等优点。

本章通过三个案例，介绍使用 PowerPoint 制作演示文稿的方法和步骤。

5.1　案例 1——新品介绍演示文稿的制作

5.1.1　案例分析

公司经常会为新品召开产品发布会，由于 PowerPoint 具有简单易用和丰富的多媒体效果等特性，人们常在制作产品介绍时使用此软件。本案例就以制作如图 5-1 所示的新品介绍演示文稿来介绍 PowerPoint 的一些基本知识。

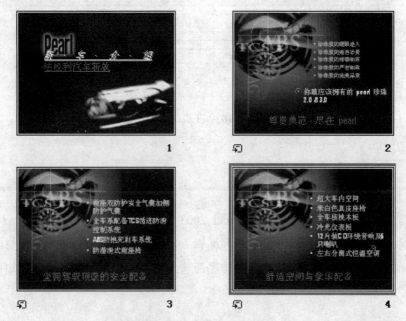

图 5-1　新品介绍幻灯片

第5章 PowerPoint 2003 演示文稿软件

本案例涉及的知识点：
- PowerPoint 的启动和退出
- PowerPoint 的窗口
- PowerPoint 的视图种类
- 利用向导创建演示文稿
- 保存演示文稿
- 打印幻灯片

5.1.2 相关知识

知识点 1：PowerPoint 2003 的新增功能

1．经过更新的播放器

经过改进的 Microsoft Office PowerPoint Viewer 可实现高保真状态下的输出，可支持 PowerPoint 2003 图形、动画和媒体，而且新的播放器无须安装。

2．打包成 CD

"打包成 CD"用于制作演示文稿 CD，以便在运行 Microsoft Windows 操作系统的计算机上查看。

3．新幻灯片放映导航功能

新的精巧而典雅的"幻灯片放映"工具栏令用户可在播放演示文稿时方便地进行幻灯片放映导航。此外，常用幻灯片放映任务也被简化。在播放演示文稿期间，"幻灯片放映"工具栏使用户可方便地使用"墨迹注释"工具、"笔"和"荧光笔"选项以及"幻灯片放映"菜单，但是工具栏的位置适当，不会引起观众的注意。

4．经过改进的幻灯片放映时的墨迹注释

在播放演示文稿时使用墨迹在幻灯片上进行标记，或者使用 PowerPoint 2003 中的"墨迹"功能审阅幻灯片。用户不仅可在播放演示文稿时保存所使用的墨迹，也可在将墨迹标记保存在演示文稿中之后打开或关闭幻灯片放映标记。

5．经过改进的位图导出

在导出时，PowerPoint 2003 中的位图更大但分辨率更高。

知识点 2：PowerPoint 的启动和退出

该软件启动和退出的操作步骤与 Word 和 Excel 的方法一样，这里就不再介绍。

知识点 3：PowerPoint 的工作窗口

打开 PowerPint 后就可以看到它的工作窗口，如图 5-2 所示。可以看出，该窗口与 Office 2003

其他软件的工作窗口相似，下面简单介绍该软件的工作窗口中独有部分的功能。

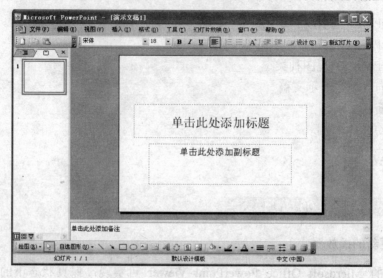

图 5-2　PowerPoint 工作窗口

1．大纲窗格

在该窗格中可以输入演示文稿中的所有内容，并可以重新排列幻灯片。

2．"视图切换"按钮

单击"视图切换"按钮，可以在不同的视图模式中进行切换。

3．幻灯片窗格

在该窗格中可以创建和编辑幻灯片。

4．备注窗格

在该窗格中可以添加幻灯片的备注信息。

知识点 4：PowerPoint 的视图模式

什么是视图呢？视图就是观看工作的一种方式，为了便于用户从不同的方式观看自己设计的幻灯片，PowerPoint 提供了多种视图显示模式，以帮助用户创建演示文稿。PowerPoint 中提供了 7 种不同的视图：普通视图、大纲视图、幻灯片视图、幻灯片浏览视图、幻灯片放映视图、幻灯片母版视图以及备注页视图。每种视图各有所长，不同的视图方式适用于不同需要的场合。下面就简单地介绍其中 5 种视图，其中最常使用的两种视图是普通视图和幻灯片浏览视图。

1．普通视图

在 PowerPoint 启动后直接就进入普通视图，如图 5-2 所示。这种视图是编辑文稿时常用的视图，在这种视图中，窗口被分为三个窗格，分别是幻灯片、大纲和备注，设计人员可不必转换视图,就可在幻灯片窗格中编辑幻灯片。在大纲窗格中修改幻灯片的文字,在备注窗格中输入备注文字,拖动窗格边框可调整不同窗格的大小。

2. 幻灯片浏览视图

幻灯片浏览视图窗口,如图 5-3 所示。在这种视图方式下,可以从整体上浏览所有幻灯片的效果,并可进行幻灯片的复制、移动和删除等操作。但此种视图中,不能直接编辑和修改幻灯片的内容,如果要修改幻灯片的内容,需双击某个幻灯片,切换到幻灯片窗格后进行编辑。

3. 幻灯片视图

在幻灯片视图下,幻灯片几乎占据了整个窗口,可以更加清楚地查看到幻灯片的整体外观,如图 5-4 所示。在幻灯片中添加图形、影片和声音,创建超链接以及添加动画等都比较方便。

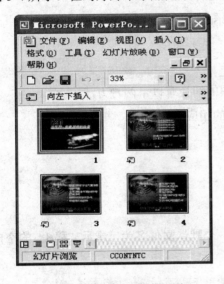 

图 5-3　幻灯片浏览视图　　　　　　图 5-4　幻灯片视图

4. 大纲视图

在大纲视图下,仍然由三个窗格组成,只是大纲窗格占据了窗口的大部分(如图 5-5 所示),便于编辑幻灯片中的文字,也可以重新组织段落以及其在幻灯片中的位置。在此视图下,用户可从全局的角度审视演示文稿内容的取舍。

5. 幻灯片放映视图

幻灯片放映视图用来动态地播放演示文稿的全部幻灯片。它是实际播放演示文稿的视图。
在放映幻灯片时,是以全屏幕下顺序放映的,可以单击一张张放映幻灯片,也可通过预先设置进行自动放映。放映完毕后,视图恢复到原来状态。

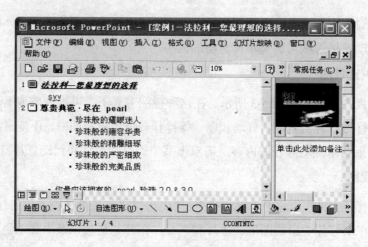

图 5-5 大纲视图

知识点 5：视图的切换

幻灯片的视图模式可以随时根据需要切换，视图的切换有以下两种方法：
① 单击演示文稿窗口左下角"视图"工具栏中的相应视图按钮。
② 通过"视图"菜单中的视图模式命令来切换。

知识点 6：新建演示文稿

1. 创建空白演示文稿

Step 01 启动 PowerPoint 2003 后，系统将自动新建一个默认文件名为"演示文稿1"的空白演示文稿，如图 5-6 所示。

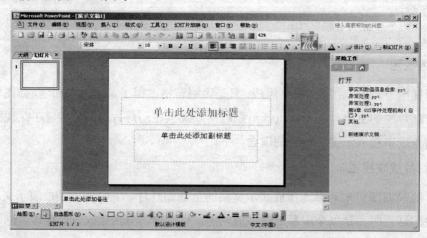

图 5-6 新建演示文稿

Step 02 单击"演示文稿1"窗口右边任务栏窗格的"新建演示文稿"按钮，弹出如图 5-7 所示的"新建演示文稿"窗格。

Step 03 单击"新建演示文稿"窗格的"新建"栏中的"空演示文稿"链接,系统自动打开"幻灯片版式"任务窗格,如图 5-8 所示。

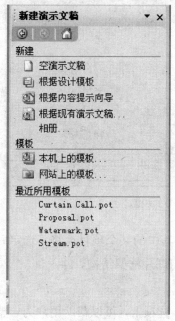
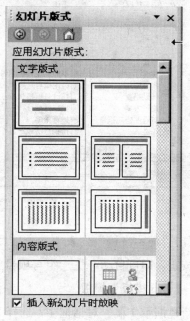

图 5-7 "新建演示文稿"窗格　　图 5-8 "幻灯片版式"任务窗格

Step 04 在该窗格中系统提供了"文字版式"、"内容版式"、"文字和内容版式"和"其他版式"4 种类型的自动版式。单击所需的版式,在视图区便可打开对应版式的幻灯片。

Step 05 创建好空白演示文稿后,只需按照版式的样式,在对应的图文框中输入文字或插入图片即可完成一张幻灯片的制作。要继续新建幻灯片,可单击格式工具栏上的"新幻灯片"按钮。

2. 使用模板创建演示文稿

PowerPoint 2003 有"演示文稿"和"设计模板"两种不同类型的模板,利用它们可以快速创建演示文稿。

(1)"演示文稿"模板

"演示文稿"是针对标准类型演示文稿而设计的框架结构,包括诸如"财务状况"、"产品概述"和"公司会议"等数十个项目。这些模板可就相关类型的演示文稿创建过程中的要点,提出一些通用性的建议。其具体使用方法如下:

① 在"新建演示文稿"窗格中的"模版"中选择"本机上的模板"链接。
② 弹出"新建演示文稿"对话框,单击"演示文稿"选项卡,如图 5-9 所示。

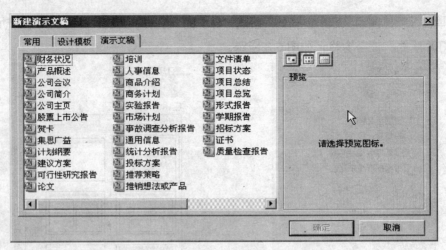

图 5-9 "新建演示文稿"对话框

③ 双击"演示文稿"列表中一个项目,或者单击其中的某个项目,将其选定后,再单击"确定"按钮,即可自动产生一组与项目主题相关的幻灯片框架结构。

(2)"设计模板"模板

在"新建演示文稿"对话框中,选择"设计模板"选项卡,可以帮助用户为一整套幻灯片应用一组统一的设计和颜色方案,如图 5-10 所示。

图 5-10 "设计模板"选项卡

3. 使用"内容提示向导"创建演示文稿

"内容提示向导"可以引导用户从多种预设内容模板中进行选择,并根据用户的选择自动生成一系列幻灯片,还为演示文稿提供了建议、开始文字、格式以及组织结构等信息。

使用"内容提示向导"创建演示文稿的操作步骤如下:

Step 01 在"新建演示文稿"窗格的"新建"中单击"根据内容提示向导"链接,即可启动内容提示向导,弹出如图 5-11 所示的"内容提示向导"的第一个对话框。

第 5 章　PowerPoint 2003 演示文稿软件

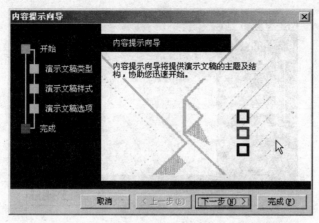

图 5-11　"内容提示向导"的第一个对话框

提示：在"内容提示向导"对话框中，提供了内容提示向导的相关说明。单击"下一步"按钮，进入下一步操作；单击"上一步"按钮，返回到上一步操作；单击"取消"按钮，可取消已经进行的所有操作；单击"完成"按钮，则使用内容提示向导的默认项，直接生成一个新的演示文稿。

Step 02 单击"内容提示向导"对话框的"下一步"按钮，弹出"内容提示向导"的第二步对话框，如图 5-12 所示。

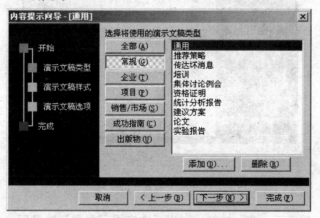

图 5-12　"内容提示向导"的第二步对话框

提示：在该对话框中选择"全部"按钮，右边的演示文稿类型列表将列出所有的演示文稿类型供用户选择。如果选择"全部"、"常规"、"企业"、"项目"、"销售/市场"、"成功指南"、"出版物"按钮中的一个，右边的演示文稿类型将列出相应的演示文稿类型供选择。

Step 03 在图 5-12 的对话框中的列表中选择一种演示文稿类型并单击"下一步"按钮后，弹出"内容提示向导"的第三个对话框（如图 5-13）所示，用以选择演示文稿的输出类型。

183

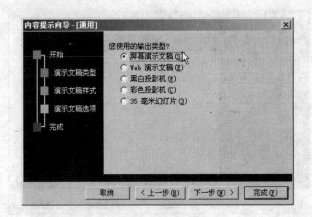

图 5-13　"内容提示向导"的第三步对话框

提示：可以选择的 5 种演示文稿的输出类型是"屏幕演示文稿"、"Web 演示文稿"、"黑白投影机"、"彩色投影机"和"35 毫米幻灯片"，它们分别用于不同的场合。

Step 04 在图 5-13 所示对话框中选择演示文稿输出类型并单击"下一步"按钮后，弹出"内容提示向导"的第四个对话框，如图 5-14 所示。在该对话框中可填写演示文稿的一些选项，如标题和页脚等。

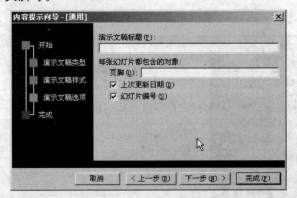

图 5-14　"内容提示向导"的第四步对话框

Step 05 单击图 5-14 的"下一步"按钮，弹出"内容提示向导"的最后一个对话框，单击"完成"按钮，便根据用户所做的选择建立一组基本的幻灯片，并将演示文稿显示在普通视图中。

知识点 7：幻灯片的保存

选择"文件"→"保存"命令，具体操作和 Office 其他软件的类似。

知识点 8：幻灯片的打印

选择"文件"→"打印"命令，弹出"打印"对话框（如图 5-15 所示），可在其中进行相应的设置后单击"确定"按钮，即可打印。

> 提示：有时为了节约纸张，且对幻灯片的图像质量要求不高，可以在"打印"对话框的"打印内容"中选择"讲义"，在旁边设置每一张纸可打印的页数。这样一张纸上可以打多张幻灯片。

图 5-15 "打印"对话框

5.1.3 操作步骤

本例新品介绍演示文稿制作的具体过程如下：

Step 01 打开 PowerPoint（知识点 2）。

Step 02 选择"文件"→"新建"命令，打开"新建演示文稿"窗格（知识点 7）。

Step 03 在该窗格中单击"根据内容提示向导"链接，启动"内容提示向导"，弹出"内容提示向导"的第一步对话框（知识点 7）。

Step 04 单击"下一步"按钮，弹出"内容提示向导"的第二步对话框，在其中选择"销售/市场"中的"商品介绍"（知识点 7）。

Step 05 单击"下一步"按钮，弹出"内容提示向导"的第三步对话框，在其中可以选择演示文稿的输出类型，这里选择"屏幕演示文稿"。如果在实际工作中可以选择"彩色投影机"（知识点 7）。

Step 06 单击"下一步"按钮，弹出"内容提示向导"的第四步对话框。其中，在"演示文稿标题"和"页脚"输入内容。选中"上次更新日期"和"幻灯片编号"复选框表示这两项内容在演示文稿放映时显示，这里选中"幻灯片编号"复选框（知识点 7）。

Step 07 单击"下一步"按钮，弹出"内容提示向导"的最后一步对话框，单击"完成"按钮即可（知识点 7）。

Step 08 至此，新品介绍幻灯片制作完成，可选择"文件"→"保存"命令，把此幻灯片保存为"新品介绍"（知识点 8）。

5.1.4 操作练习——巧用向导

题目要求

利用 PowerPoint 的"内容提示向导"制作幻灯片。

5.1.5 本节评估

下面是学完 5.1 节后应该掌握的内容，请大家对照表 5-1 中的内容自我测评。

表 5-1 本节评估表

知识点	掌握程度	测评
PowerPoint 的启动和退出	掌握	
PowerPoint 的窗口组成	掌握	
PowerPoint 的视图	掌握	
利用向导创建演示文稿	掌握	
保存演示文稿	掌握	
打印演示文稿	了解	

5.2 案例 2——景点宣传演示文稿的制作（上）

5.2.1 案例分析

本案例以制作如图 5-16 所示的"畅游丽江"幻灯片为例，系统地介绍 PowerPoint 2003 的知识。

本案例涉及的知识点：
- 创建演示文稿
- 打开演示文稿
- 管理幻灯片
- 丰富幻灯片文本内容

第5章 PowerPoint 2003 演示文稿软件

- 改变演示文稿外观

图 5-16 "畅游丽江"幻灯片

5.2.2 相关知识

知识点 1：幻灯片版式的选择

选择"格式"→"幻灯片版式"命令，打开如图 5-17 所示的"幻灯片版式"窗格。这里提供了幻灯片的各种版式，选择相应的版式后鼠标上会有相应的版式说明。一般第一张幻灯片我们会选择"文字版式"中的第一张"标题幻灯片"。

知识点 2：管理幻灯片

1. 插入新幻灯片

当第 1 张幻灯片做好后，要继续做第 2 张幻灯片，则必须插入 1 张幻灯片。

提示：不能重新建一个新的演示文稿。

图 5-17 "幻灯片版式"任务窗格

插入先幻灯片有以下两种方法：

① 选择"插入"→"新幻灯片"命令，则添加了一张新幻灯片，在幻灯片右边的任务窗格中，可以设置幻灯片的版式。

② 单击"格式"工具栏上的"新幻灯片"按钮 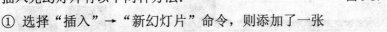，也可以插入新幻灯片。

2. 删除幻灯片

在任意视图下，选取要删除的幻灯片，按 Delete 键即可。

3. 复制和移动幻灯片

复制和移动幻灯片在任意视图下都可以进行，但在幻灯片浏览视图下比较方便，其具体操作步骤如下：

Step 01 切换到幻灯片浏览视图。

Step 02 选择要移动的幻灯片。

Step 03 按住鼠标左键拖动到相应位置放开即可。若是复制，需要按住鼠标左键的同时按下 Ctrl 键。

知识点 3：在幻灯片中输入内容

在幻灯片上有默认的文本框，是供用户对幻灯片进行编辑的，用户可以在其中输入相应的文字内容，如图 5-18 所示。对文本框的大小及位置可以随意改变，其方法类似于 Word 并在其中已详细介绍过，这里就不再详细介绍。

知识点 4：幻灯片模板的选择

为了使幻灯片的制作更方便，可以利用幻灯片中的"幻灯片设计"模版。利用以下两种方法可以选择幻灯片模板：

① 选择"格式"→"幻灯片设计"命令，打开"幻灯片设计"窗格（如图 5-19 所示），用以选择需要的幻灯片模板。

② 单击"格式"工具栏上的按钮 设计(S)，打开"幻灯片设计"窗格，用以选择需要的幻灯片模板。

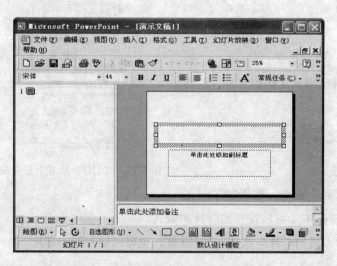

图 5-18 标题幻灯片

图 5-19 "幻灯片设计"窗格

第 5 章 PowerPoint 2003 演示文稿软件

知识点 5：改变演示文稿外观

为使幻灯片背景不一样可改变其背景，其具体操作步骤如下：

Step 01 选择"格式"→"背景"命令。

Step 02 打开"背景"对话框，单击"背景填充"下端文本框中的下拉箭头，在弹出的下拉菜单中列出一些带颜色的小方块，还有"其他颜色"和"填充效果"两个命令，如图 5-20 所示。

Step 03 在下拉菜单中选择一个带颜色的小方块，单击"应用"按钮，幻灯片的背景变成这种颜色的了。

如果小方块中没有想要的颜色，就选择下拉菜单中"其他颜色"命令，弹出"颜色"对话框，如图 5-21 所示。

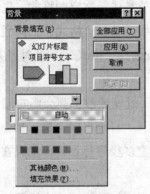
图 5-20 "背景"对话框

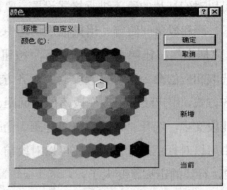
图 5-21 "颜色"对话框

在该对话框中可选取想要的颜色。如果没有合意的，可选择其中的"自定义颜色"选项卡，通过调整颜色的色相、饱和度和亮度，配制出自己想要的颜色。

然后单击"确定"按钮，再单击"应用"按钮，背景就变成所选的颜色了。

知识点 6：丰富幻灯片中的文本内容

1. 设置文本格式

选择"格式"→"字体"命令，出现"字体"对话框（如图 5-22 所示）用以设置不同的文本格式。或者在"格式"工具栏中进行相应设置。

2. 设置字体对齐方式

把标题文字中的个别字缩进或凸出，是为了更突出效果，使关键的文字更醒目。这时就会涉及字体的对齐方式了。那么如何实现呢？通过以下操作设置字体的文本对齐方式：

Step 01 选中文字所在的文本框。

Step 02 选择"格式"→"字体对齐方式"命令，在其级联菜单中选择相应的命令，如图 5-23 所示。

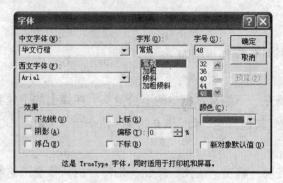

图 5-22 "字体"对话框

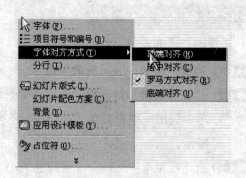

图 5-23 字体对齐方式

3. 段落格式的设置

用户还可以对幻灯片的段落进行格式设置。段落格式就是成段文字的格式，包括段落的对齐方式、段落行距和段落间距等。用鼠标拖动选中几段文字，单击"格式"工具栏上的"右对齐"按钮、"居中"按钮或"分散对齐"按钮，或选择"格式"→"对齐方式"命令，从子菜单中选取相应的命令即可设置段落的对齐方式。

除了对齐方式，用户还可以改变段落的行间距。行间距过宽或过窄都会影响幻灯片的观赏效果。选中几段文字，选择"格式"→"行距"命令，打开"行距"对话框，如图 5-24 所示。在该对话框中可以对行距进行设置，还可以对段前和段后空多少进行设置。如果在"行距"文本框中输入 2，行间的距离就变大了。

行距的默认单位是行，输入 2 就是行间距为 2 行那么大。如果想用磅来设置，可以在"行距"对话框中把单位设成"磅"，然后输入数值 40，如图 5-25 所示。

图 5-24 "行距"对话框

图 5-25 "行距"示例对话框

行间距和段前段后距离为多少，没有固定的数字，用户可以根据文稿内文字字号的大小和文字数目来调整。在对话框中设置完后，可以随时进行预览，观看其效果，只要感觉看着顺眼，看着舒服就行了。

4. 插入文本框

文本框是幻灯片的基本组成元素，用户可在文本框中输入文本、插入图片等。可以在幻灯片上的任意位置插入一个文本框，具体操作步骤如下：

Step 01 选择"插入"→"文本框"命令,在子菜单中选择"水平"或"垂直"命令。
Step 02 当鼠标变成十字形时,在相应的位置按住鼠标左键不放,拖动,然后释放鼠标即可。

5. 设置文本框格式

设置文本框格式的方法如下:

Step 01 选中要设计的文本框。

Step 02 选择"格式"→"文本框"命令,弹出如图 5-26 所示的对话框。在其中可对"颜色和线条"、"尺寸"等进行相应设置。

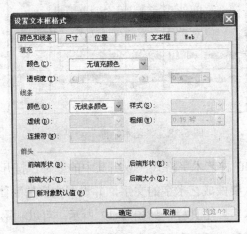

图 5-26 "设置文本框格式"对话框

6. 插入图片

在幻灯片中插入的图片可来自剪贴画、自选图形或者来自文件,其具体方法如下:

Step 01 选择幻灯片。

Step 02 选择"插入"→"图片"命令,在子菜单中选择插入图片的方式。

Step 03 图片插入后,可拖动图片至适当的位置。也可以缩放其大小,使其大小适中。

Step 04 选择"格式"→"图片"命令,在弹出的对话框中可对图片格式进行详细设置,如图 5-27 所示。

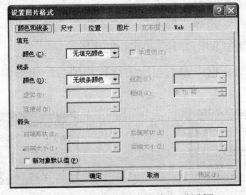

图 5-27 "设置图片格式"对话框

Step 05 插入图片后发现原来的文字被覆盖掉了,这时可以在图片上右击鼠标,在弹出菜单的"叠放次序"中选择"置于底层"即可。

7. 插入艺术字

选择"插入"→"图片"→"艺术字"命令,打开"艺术字库"对话框,如图 5-28 所示。

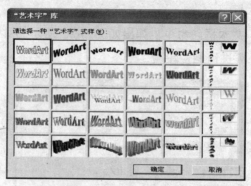

图 5-28 "艺术字库"对话框

在该对话框中列出了 30 种艺术字格式,双击其中的一种,打开"编辑艺术字文字"对话框。在该对话框中可以输入要做成艺术字的文字,并设置文字的字体、字号等格式。

这时自动弹出了"艺术字"工具栏,如图 5-29 所示,可以利用它来设置艺术字格式。如果用户对刚才的艺术字不满意,可以利用它来进行修改。

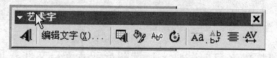

图 5-29 "艺术字"工具栏

8. 插入表格

在 PowerPoint 中利用表格可以使内容简洁明了,下面就来介绍一下此表格的制作,其具体步骤如下:

(1)创建表格,有以下两种方法。

① 插入一个空白幻灯片,选择"插入"→"表格"命令。

② 插入一个"表格"版式的幻灯片,如图 5-30 所示。

(2)在"插入表格"对话框中输入相应的行数和列数,如图 5-31 所示。单击"确定"按钮即可插入一个表格。

图 5-30 "表格"版式 　　　图 5-31 "插入表格"对话框

9. 插入组织结构图

组织结构图就是一个机构、企业或组织中人员结构的图形化表示，它由一系列图框和连线组成，表示一个机构的等级、层次。图 5-32 所示为一个学院教学行政管理结构图。

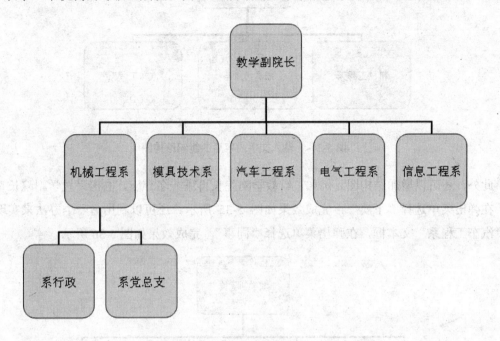

图 5-32　组织结构全图

只要有层次结构的对象都可以用组织结构图来描述。画组织结构图时利用专门的工具，可以更简便地画出这种图形。执行"插入"→"图片"→"组织结构图"命令，这时出现的窗口就是专门来画组织结构图的，如图 5-33 所示。

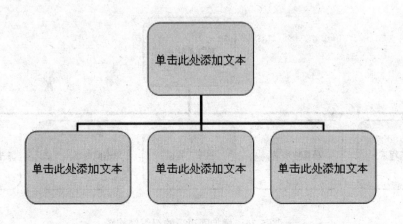

图 5-33　组织结构图

可以在单击此处添加文本框中输入内容，如图 5-34 所示。

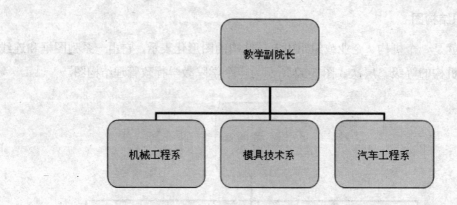

图 5-34 输入文字内容后的组织结构图

此外，还可以增加结构图。例如，给教学副院长再添一名部下，右击"教学副院长"文本框，在弹出菜单选择"下属"，完成效果如图 5-35 所示。还可以利用另一个办法来实现，右击"汽车工程系"文本框，在弹出菜单选择"同事"，完成效果如图 5-36 所示。

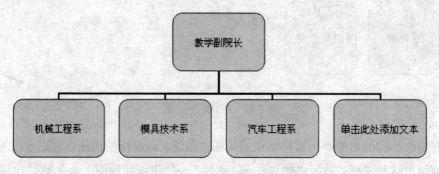

图 5-35 增加下属后的组织结构图

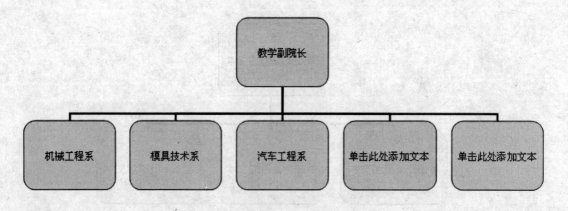

图 5-36 增加同事后的组织结构图

和其他对象一样，可以更改结构图的格式，分别设置图框和线条的颜色、样式、宽度等。设置完后的结构图如图 5-37 所示。

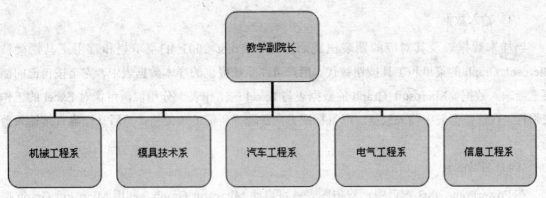

图 5-37 设置完后的组织结构图

以后如果想再对组织结构图进行修改,只要单击它即可。

11. 插入图表

(1) 利用自动版式建立带图表的幻灯片

如果想制作一张图表幻灯片,在新建幻灯片后出现的"新幻灯片"对话框中,为新建的幻灯片选择一种含有图表占位符的自动版式,然后按照提示,双击图表占位符,一个样本图表即出现在预留区内。图表上面叠放着一个数据表窗口,如图 5-38 所示,数据表中包含一些样本数据,图表就是根据这些数据制作的。

(2) 向已存在的幻灯片中插入图表

为向一个已有的幻灯片中增加图表,在幻灯片视图下,可单击"插入"菜单,选择"图表"命令,或打开"插入"菜单,选择"对象"命令,并在"插入对象"对话框中选择"Microsoft Graph 2003 图表",再单击"确定"按钮。不论采用上述哪种方法,都可启动 Microsoft Graph,并在当前幻灯片中显示一个样本图表和一个数据表。

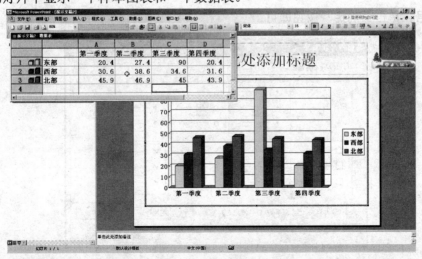

图 5-38 插入图表

（3）输入数据

当样本数据表及其对应的图表出现后，PowerPoint 2003 的菜单栏和常用工具栏就被 Microsoft Graph 的菜单和工具按钮替代。用户可在系统提供的样本数据表中，完全按自己的需要重新输入数据。Microsoft Graph 的数据表与 Excel 的工作表十分相似，可像对 Excel 的工作表那样，在该数据表中输入数据。用鼠标或方向键选择所需的单元格，然后从键盘直接输入数据。

（4）编辑图表

在 PowerPoint 2003 窗口中，双击图表就可启动 Microsoft Graph，利用 Microsoft Graph 提供的菜单和工具按钮，根据自己的意图可以对图表进行编辑工作。例如，系统默认以"三维柱形图"作为样本的图表类型，用户想更改图表类型，可单击 Microsoft Graph 常用工具栏中的 按钮，在随之弹出的"图表类型"对话框中双击所需的图表类型，即可用新的图表类型显示该图表。

完成在幻灯片中插入图表的操作后，在图表外的任意处单击即可返回 PowerPoint 2003 窗口，创建的图表就插入到当前幻灯片中了。

12. 项目符号和编号

幻灯片模版自带了相应的项目符号，但如果用户不满意，执行以下操作进行可修改：

Step 01 选中文字。

Step 02 选择"格式"→"项目符号和编号"命令，弹出如图 5-39 所示的对话框。

Step 03 若对对话框中的项目符号不满意，可单击"图片"按钮，弹出"图片项目符号"对话框。

Step 04 在该对话框中提供了剪贴画以及文件中的图片，这里选择"剪贴画"中任意一个项目符号，单击"确定"按钮即可。

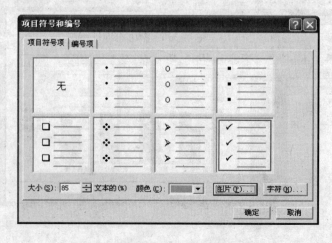

图 5-39 "项目符号和编号"对话框

5.2.3 操作步骤

本例景点宣传演示文稿（上）的制作过程如下。

Step 01 制作第一张幻灯片（如图 5-40 所示），其具体步骤如下：

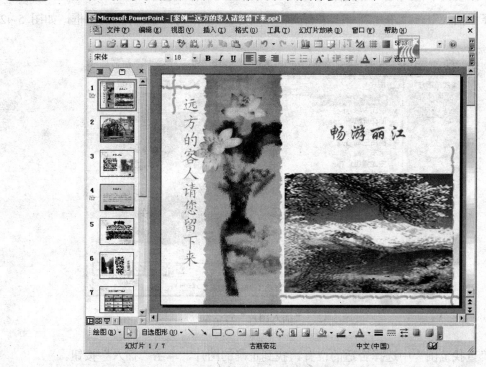

图 5-40 第一张幻灯片

① 打开 PowerPoint，默认即为空白的"标题幻灯片"。

② 选择"文件"→"新建"命令，在"新建演示文稿"任务窗格中选择"本机上的模板"，打开如图 5-41 所示的"新建演示文稿"对话框，在"设计模板"选项卡中，选择"古瓶荷花"。

图 5-41 "新建演示文稿"对话框

③ 选择"插入"→"文本框"→"垂直"命令，插入一个垂直文本框并将其拖动到输入"远方的客人请您留下来"，设置字格式为"楷体 GB2312"、"40"，并设置字体颜色。

④ 选择"插入"→"文本框"→"水平"命令，插入一个水平文本框并将其拖动到输入"畅游丽江"，设置字格式为"华文行楷"、"48"，并设置字体颜色。

⑤ 选择"插入"→"图片"→"来自文件"命令，打开"插入图片"对话框，如图 5-42 所示。

图 5-42　"插入图片"对话框

⑥ 在"查找范围"中选择合适的位置，找到正确的图片，单击"插入"按钮。

⑦ 图片插入后，可拖动图片至适当的位置。也可以缩放其大小，使其大小适中。

Step 02 制作第二张幻灯片，如图 5-43 所示，其具体步骤如下：

图 5-43　第二张幻灯片

① 选择"插入"→"新幻灯片"命令，选择相应的版式。这里第二张幻灯片选择"只有标题"。

② 在第一个文本框输入"丽江旅游景区介绍",设置字格式为"宋体"、"44"。

③ 在第二个文本框输入"丽江古城"、"玉龙雪山"、"泸沽湖"、"丽江虎跳峡",设置字格式为"宋体"、"28"。

④ 设置项目符号。选中文字,单击"格式"菜单中的"项目符号和编号"命令。在弹出的对话框中单击"图片"按钮,弹出"图片项目符号"对话框,在该对话框中提供了剪贴画以及文件中的图片。这里选择"剪贴画"中任意一个项目符号,单击"确定"按钮即可。

⑤ 插入图片"水车.jpg"。

Step 03 制作第三张幻灯片(如图5-44所示),其具体步骤如下:

图 5-44　第三张幻灯片

① 选择"插入"→"新幻灯片"命令,选择相应的版式。这里选择"标题和两栏文本"。

② 在上边文本框输入"丽江古城",设置字格式为"宋体"、"44"。

③ 在左边文本框输入相应文字,设置字格式为"宋体"、"18"。

④ 把鼠标定位在右边文本框中,插入图片"丽江古城.jpg"。

Step 04 制作第四张幻灯片(如图5-45所示),其具体步骤如下:

图 5-45　第四张幻灯片

① 选择"插入"→"新幻灯片"命令，选择相应的版式。这里选择"空白"。

② 在上方插入文本框，输入"玉龙雪山"，设置字格式为"宋体"、"44"。

③ 在标题下方插入文本框，输入相应文字"玉龙雪山……自然保护区"，设置字格式为"宋体"、"28"。

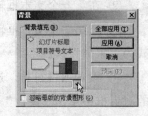

图 5-46 "背景"对话框

④ 依次插入图片"玉龙雪山 1.jpg"、"玉龙雪山 2.jpg"、"玉龙雪山 3.jpg"，调整图片大小，并拖到相应地方。

⑤ 选择"格式"→"背景"命令，打开如图 5-46 所示的"背景"对话框，选择相应的背景。

Step 05 制作第五张幻灯片（如图 5-47 所示），其具体步骤如下：

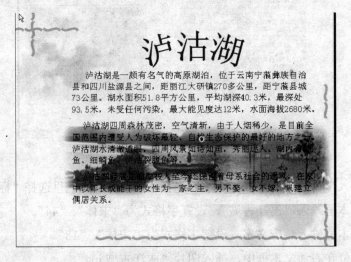

图 5-47 第五张幻灯片

① 选择"插入"→"新幻灯片"命令，选择相应的版式。这里选择"空白"。

② 在上方插入艺术字，输入"泸沽湖"，进行如图 5-48 所示的设置。

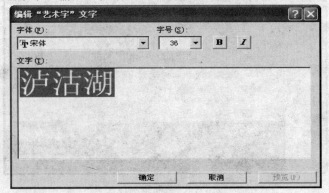

图 5-48 "编辑艺术字"对话框

③ 在标题下方插入文本框，输入相应文字“泸沽湖……建立偶居关系”，设置字格式为“宋体”、“20”。

④ 插入图片“泸沽三岛.jpg”，调整图片大小，并拖到相应地方。

⑤ 右击图片，选择“叠放次序”→“置于底层”命令。

Step 06 制作第六张幻灯片，如图5-49所示。

① 选择“插入”→“新幻灯片”命令，选择相应的版式。这里选择“空白”。

② 在右方插入文本框，输入“丽江虎跳峡”标题。

③ 在标题左方插入文本框输入相应文字“金沙江……故称虎跳峡”，设置字格式为“宋体”、“20”。

④ 插入图片“丽江虎跳峡.jpg”，调整图片大小，并拖到相应地方。

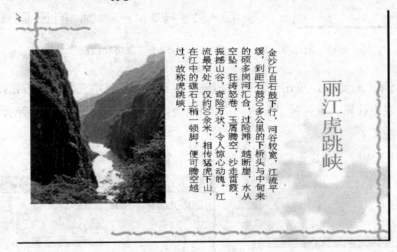

图5-49 第六张幻灯片

Step 07 制作第七张幻灯片（如图5-50所示），其具体步骤如下：

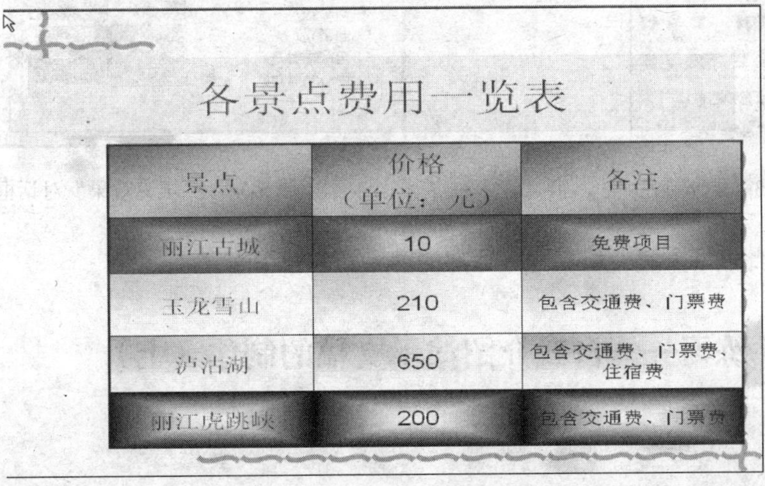

景点	价格（单位：元）	备注
丽江古城	10	免费项目
玉龙雪山	210	包含交通费、门票费
泸沽湖	650	包含交通费、门票费、住宿费
丽江虎跳峡	200	包含交通费、门票费

图5-50 第七张幻灯片

① 选择"插入"→"新幻灯片"命令，选择相应的版式。这里选择"其他版式"中的"标题与表格"。

② 双击"双击此处添加表格"，打开如图 5-51 所示的对话框。

③ 在"插入表格"对话框中输入相应的行数和列数，3 列 5 行。

④ 在各个单元格中输入内容。

⑤ 选择所有单元格中文字，单击如图 5-52 所示的工具栏中的"垂直居中"按钮和"水平居中"按钮，则表格中所有文字都居中对齐了。

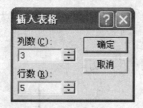

图 5-51 "插入表格"对话框

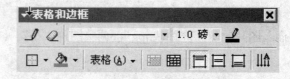

图 5-52 "表格和边框"工具栏

⑥ 把表格第一行选中，单击"表格和边框"工具栏中的"填充颜色"按钮，如图 5-53 所示。在下拉列表中选择"填充效果"，打开"填充效果"对话框，如图 5-54 所示。可根据自己的喜好进行相应设置。

⑦ 类似以上步骤，对其他行进行设置。

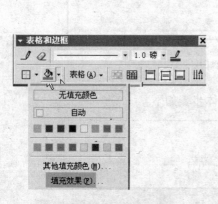

图 5-53 填充颜色

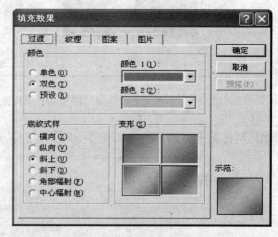

图 5-54 "填充效果"对话框

Step 08 保存此演示文稿，取名为"远方的客人请您留下来.ppt"。

5.2.4 操作练习——自我介绍演示文稿的制作（上）

题目要求

尽可能地利用所学的知识创建一个自我介绍的演示文稿，并保存在 U 盘上。

5.2.5 本节评估

下面是学完 5.2 节后应该掌握的内容，请大家对照表 5-2 中的内容自我测评。

表 5-2 本节评估表

知识点	掌握程度	测评
创建演示文稿	掌握	
打开演示文稿	掌握	
插入、删除、移动幻灯片	掌握	
选择演示文稿模板	掌握	
改变演示文稿外观	掌握	
设置演示文稿中内容的格式	掌握	
在演示文稿中插入图片	掌握	
在演示文稿中插入图表、组织结构图	了解	

5.3 案例 3——景点宣传演示文稿的制作（下）

5.3.1 案例分析

通过上一案例的学习，我们已经学会了如何制作一个幻灯片，但如果想要做一个好的幻灯片我们还要学很多知识。本案例将在上一案例的基础上，进行一定的改进，如为幻灯片添加动画、声音、超级链接等。

本案例涉及的知识点：

- 创建超级链接
- 幻灯片母版设置
- 幻灯片放映
- 插入声音和视频

5.3.2 相关知识

知识点 1：超级链接

1. 创建超级链接

使用超级链接可以从当前幻灯片转到当前演示文稿的其他幻灯片或其他演示文稿、文件及网页中。

(1) 动作设置步骤

① 选中要设置的内容。

② 单击鼠标右键,在弹出菜单中选择"动作设置",或者通过单击"幻灯片放映"菜单中"动作设置"命令,打开"动作设置"对话框。"动作设置"对话框中有两个选项卡,分别表明什么时候发生超级链接的动作,一般选择"单击鼠标"。

③ 在"单击鼠标时的动作"栏中选择"超级链接到",打开下拉菜单,这里提供了各种链接选择。这里选择"幻灯片",出现"超级链接到幻灯片"对话框,如图 5-55 所示。

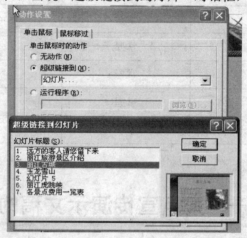

图 5-55 "超级链接到幻灯片"对话框

④ 在"幻灯片标题"中选择要链接的幻灯片,单击"确定"按钮。

其余的文字也可做类似的设置。

(2) 超级链接步骤

① 选中要链接的内容。

② 右击,在弹出的快捷菜单中选择"超级链接",或者通过选择"插入"→"超级链接"命令,打开"插入超级链接"对话框,如图 5-56 所示。

③ 在该对话框左边发现可以链接到网页、电子邮件、新文档或者本文档中另一张幻灯片。这里在"链接到"中选择"本文档中的位置",在右边"要显示的文字"中输入文字,在"请选择文档中的位置"中选择要链接到的地方,然后单击"确定"按钮,超级链接即设置完成。

现在有两种办法建立超级链接:一个是用动作设置,一个是用超级链接。如果是链接到幻灯片、Word 文件等,它们没什么差别;但若是链接到网页、邮件地址,用超级链接就方便多了,而且还可以设置屏幕提示文字。但动作设置也有自己的好处,如可以很方便地设置声音响应,还可以在鼠标经过时就引起链接反应。总之,这两种方式的链接各有千秋。

第5章 PowerPoint 2003 演示文稿软件

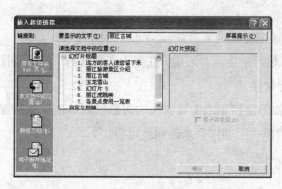

图 5-56 "插入超级链接"对话框

（3）动作按钮

超级链接的对象很多，包括文本、自选图形、表格、图表和图画等。除上述两种方法外，还可以利用动作按钮来创建超级链接。PowerPoint 带有一些制作好的动作按钮，可以将动作按钮插入到演示文稿并为之定义超级链接。

① 选择"幻灯片放映"→"动作按钮"命令，有很多动作按钮，如图 5-57 所示。

按钮上的图形都是常用的易理解的符号，如左箭头表示上一张，右箭头表示下一张，此外还有表示链接到第一张、最后一张等的按钮，有播放电影或声音的按钮。

② 在幻灯片上插入一个动作按钮。这里选择"首页"按钮，将光标移动到幻灯片窗口中，光标会变成十字形状，按下鼠标并在窗口中拖动，画出所选的动作按钮，如图 5-58 所示。

③ 释放鼠标，这时"动作设置"对话框自动打开，如图 5-59 所示。

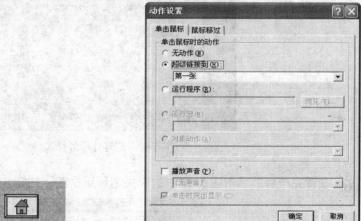

图 5-57 动作按钮　　图 5-58 首页按钮　　图 5-59 "动作设置"对话框

④ 在"链接到"列表中给出了建议的超级链接，也可以自己定义链接，最后单击"确定"按钮，完成了动作按钮的设置。

还可以调整按钮的大小、形状和颜色等，和以前讲的自选图形的调整方法一样，双击即可弹出相应对话框。

2. 删除链接

选中被链接的对象，然后单击鼠标右键，在弹出菜单选择"超级链接"命令，从中选择"删除超级链接"就可以删除链接。

如果用"动作设置"做的链接则选中被链接的对象然后单击鼠标右键，在弹出菜单选择"动作设置"命令，然后再选择"无动作"单选钮就可以了。

知识点2：幻灯片母版设置

母版是 PowerPoint 中一类特殊的幻灯片。母版控制了某些文字特征，如字体、字号和颜色等，还控制背景色和一些特殊效果。

母版分为标题母版、幻灯片母版、讲义母版和备注母版等几种。对标题母版进行的设置只影响使用了标题版式的幻灯片。幻灯片母版影响除标题幻灯片以外的所有幻灯片。如果要在每张幻灯片的同一位置插入一幅图形，不必在每张幻灯片上一一插入，只需在幻灯片母版上插入即可，具体操作步骤如下。

Step 01 将光标定位到除标题幻灯片外任意一张幻灯片。

Step 02 选择"视图"→"母版"→"幻灯片母版"命令，打开如图 5-60 所示的界面。可在此界面上根据要求进行相应的修改，如字体格式、段落格式等。

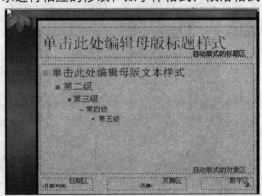

图 5-60 幻灯片母版样式

Step 03 设置完毕后，单击图 5-61 中的"关闭母版视图"按钮，母版修改即完成。

图 5-61 "幻灯片母板视图"工具栏

知识点3：幻灯片放映

1. 幻灯片的切换

幻灯片的切换效果就是在幻灯片的放映过程中，放完成这一页后，这一页怎么消失，下一页怎么出来。这样做可以增加幻灯片放映的活泼性和生动性，那么如何制作呢？

Step 01 在幻灯片浏览视图中，选中要添加切换效果的幻灯片。

Step 02 选择"幻灯片放映"→"幻灯片切换"命令，弹出"幻灯片切换"窗格，如图 5-62 所示。

> 提示：也可以单击任务窗格右上角的下拉按钮，然后在打开的下拉菜单中选择"幻灯片切换"。

Step 03 在"应用于所选幻灯片"列表框中选择要应用的切换方式，如"水平百叶窗"。

Step 04 在"修改切换效果"组合框的"速度"下拉列表中选择幻灯片的切换速度，如"中速"。

Step 05 在"声音"下拉列表中选择切换时伴随的音效。

Step 06 在"换片方式"组合框中选择幻灯片的切换方式。如果要手动切换，可选中"单击鼠标时"；如果要设置自动切换方式，可选中"每隔"，并在后面的微调框中输入间隔时间。

Step 07 单击"应用于所有幻灯片"按钮，完成的设置将应用于所有的幻灯片。单击"播放"按钮可以预览设置的切换效果。如果选中任务窗格下方的"自动预览"复选框，那么在设置的时候就可以直接预览效果。

图 5-62 "幻灯片切换"窗格

2．应用系统预设的动画

应用系统预设动画的步骤如下。

Step 01 选中要应用动画方案的幻灯片。

Step 02 选择"格式"→"幻灯片设计"命令，弹出"幻灯片设计"任务窗格。在该窗格中选择"动画方案"选项，即可弹出动画方案列表框，如图 5-63 所示。

Step 03 动画方案列表框中的动画，有些只针对幻灯片本身，有的只能用于标题，有的用于正文，有的三者兼顾。当鼠标指向某个样式时，会显示该效果针对的对象，可根据需要选择一种动画效果。

Step 04 如果要将选中的动画效果应用于演示文稿中的所有幻灯片，单击"应用于所有幻灯片"按钮即可。如果要查看创建的动画效果，单击"播放"按钮。

图 5-63 动画方案列表框

3．自定义动画

"自定义动画"能使幻灯片上的文本、形状、声音、图像、图表和其他对象具有动画效果，这样就可以突出重点、控制信息的流程，并提高演示文稿的趣味性。

自定义动画的操作步骤如下。

Step 01 选择要添加动画的对象。

Step 02 选择"幻灯片放映"→"自定义动画"命令，弹出如图 5-64 所示的任务窗格，单击"添加效果"按钮，弹出其下拉菜单，如图 5-65 所示。

Step 03 该菜单包括 4 个菜单命令，若选择"进入"，可为对象创建进入动画效果；选择"强调"，可为对象创建强调动画；选择"退出"，可为对象创建退出动画；选择"动作路径"，可为对象创建动作路径动画。

Step 04 在子菜单中选择要使用的动画效果命令，即可将其应用到所选对象上，并给相应对象的动画进行编号，如图 5-66 所示。

Step 05 创建好自定义动画后，还可以对其进行相应的设置。在"开始"中可设置动画开始的方式是在单击鼠标时还是在某个动画之前或之后，在"方向"中可设置动画效果的展开方向是向内还是向外，在"速度"中可设置动画的速度。

Step 06 如果用户要调整动画播放时的顺序，单击"重新排序"按钮即可。

Step 07 若对创建的动画不满意，可在选中动画后单击"删除"按钮，将其删除。

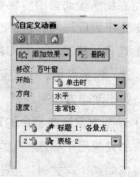

图 5-64　"自定义动画"窗格　　图 5-65　"添加效果"下拉菜单　　图 5-66　添加效果后窗格

知识点 4：插入声音和视频

1. 插入音频

PowerPoint 2003 提供了在幻灯片放映时播放音乐、声音和影片的功能。在幻灯片中可以插入.wav、.mid、.rmi 和.aif 等声音文件。插入声音有两种途径，一是剪贴库中的声音剪辑，二是文

第5章 PowerPoint 2003 演示文稿软件

件中的声音剪辑。同时，在放映幻灯片时也可以同步地播放 CD 音乐，以增强幻灯片演示的效果。

（1）剪贴库中的声音剪辑

在幻灯片中插入剪贴库中的声音剪辑，操作步骤如下：

Step 01 在幻灯片视图中，打开要添加声音或者音乐的幻灯片。

Step 02 执行"插入"→"影片和声音"→"剪辑管理器中的声音"命令，弹出如图 5-67 所示的"剪贴画"任务窗格，在图标列表框中列出的是声音文件。

Step 03 选中一声音文件，单击其右边的下拉式按钮，在弹出的菜单中选择"插入"命令，弹出如图 5-68 所示的询问对话框。

Step 04 单击"自动"按钮，便在幻灯片演示开始时播放；单击"在单击时"按钮，声音便只在单击时才会播放。

图 5-67 "剪贴画"窗格

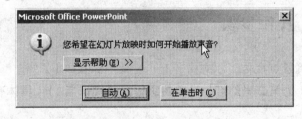

图 5-68 声音播放询问对话框

（2）文件中的声音剪辑

文件中的声音剪辑是一种自选声音，用户可将它插入到幻灯片，操作步骤如下：

Step 01 执行"插入"→"影片和声音"→"文件中的声音"命令，弹出"插入声音"对话框。

Step 02 在该对话框中进行选择，自选声音剪辑便添加完毕。

2．插入视频

（1）剪贴库中的影片剪辑

Step 01 执行"插入"→"影片和声音"→"剪辑管理器中的影片"命令，弹出"剪贴画"任务窗格，类似图 5-67 所示，显示的均为影片文件。

Step 02 选中一影片文件，单击其右边的下拉按钮，在弹出的菜单中单击"插入"命令，弹出对话框，类似图 5-68。

209

Step 03 单击"自动"按钮，影片将会在幻灯片开始播放的时候进行放映；而选择"单击"则会在影片图标被单击时再播放影片。

（2）文件中的影片剪辑

Step 01 执行"插入"→"影片和声音"→"文件中的影片"命令，弹出"插入影片"对话框，如图 5-69 所示。

Step 02 在"插入影片"对话框中选择要插入的影片文件，单击"确定"按钮，影片剪辑插入完毕。

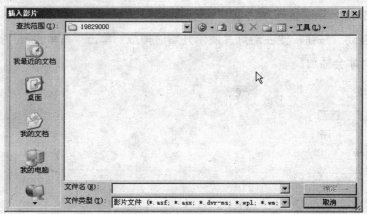

图 5-69　"插入影片"对话框

5.3.3　操作步骤

本例景点宣传演示文稿（下）的制作步骤如下。

Step 01 为第二张幻灯片设置超级链接（知识点 1），具体有以下两种方法。

方法一：

① 选中文字，如"丽江古城"。

② 右击该文字在弹出的快捷菜单中选择"超级链接"，或者通过选择"插入"→"超级链接"命令，打开"编辑超级链接"对话框，如图 5-70 所示。

图 5-70　"编辑超级链接"对话框

③ 在"链接到"中选择"本文档中的位置",在右边"要显示的文字"中输入"丽江古城","请选择文档中的位置"中选择"3.丽江古城",然后单击"确定"按钮超链接设置即完成。

方法二:

① 选中文字,如"丽江古城"。

② 单击鼠标右键选择"动作设置",或者通过选择"幻灯片放映"→"动作设置"命令,打开"动作设置"对话框。选择"单击鼠标"选项卡,在"单击鼠标时的动作"栏中选择"超级链接到",打开下拉菜单,选择"幻灯片",出现"超级链接到幻灯片"对话框,如图 5-71 所示。

图 5-71 "超级链接到幻灯片"对话框

③ 在"幻灯片标题"中选择"3.丽江古城",单击"确定"按钮。

其余的文字也可作类似的设置。

Step 02 给第三张幻灯片"丽江古城"添加动作按钮(知识点1),其具体步骤如下:

① 选择"幻灯片放映"→"动作按钮"命令中的第二个动作按钮。

② 光标会变成十字形状,在第三张幻灯片底部,通过拖动鼠标画出动作按钮,如图 5-72 所示。

③ 释放鼠标,这时"动作设置"对话框自动打开,如图 5-73 所示。

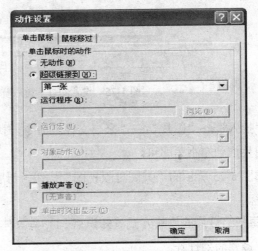

图 5-72 动作按钮　　　　图 5-73 "动作设置"对话框

④ 在"超级链接到"选择"幻灯片",弹出如图 5-74 所示的"超链接到幻灯片"对话框,选择"2.丽江旅游景区介绍",单击"确定"按钮即可。

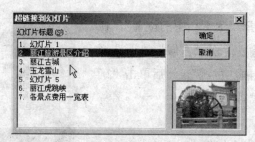

图 5-74 "超链接到幻灯片"对话框

Step 03 在幻灯片母版上插入"常州机电职业技术学院"校徽（知识点 2）。

① 将光标定位到除标题幻灯片外任意一张幻灯片。

② 选择"视图"→"母版"→"幻灯片母版"命令，打开如图 5-75 所示的界面，其具体步骤如下：

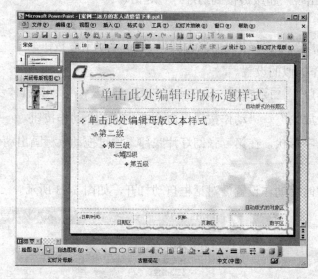

图 5-75 设置幻灯片母版样式

③ 选择"插入"→"图片"→"来自文件"命令，找到校徽后单击"确定"按钮。

④ 把此图片拖到左小角即可。

⑤ 单击如图 5-75 所示的"关闭母版视图"按钮，母版修改即完成。这样每张幻灯片上都有了校徽的图标。

Step 04 设置每张幻灯片的放映方式（知识点 3），其具体步骤如下：

① 选择要设置的幻灯片。

② 选择"幻灯片放映"→"幻灯片切换"命令，打开"幻灯片切换"窗格，在"应用于所选幻灯片"中选择切换效果，如"水平百叶窗"，在"速度"中选择"慢速"，在"声音"选择"风铃"，这样就设置了所选幻灯片的放映效果。

③ 可以依照上面的步骤设置每一张幻灯片，也可以单击"应用于所有幻灯片"按钮，设

置所有幻灯片都是一样的放映效果。

Step 05 设置所有的幻灯片每隔 5 秒自动放映（知识点 3），其具体步骤如下：

在"幻灯片切换"窗格中，选中"换片方式"下面的"每隔"选框，并在后面的微调框输入 5。

Step 06 为第四张幻灯片创建自定义动画（知识点 3），其具体步骤如下：

① 把光标定位在第四张幻灯片上。

② 选择"格式"→"幻灯片设计"命令，弹出"幻灯片设计"任务窗格。

③ 选择标题"玉龙雪山"文本框。

④ 在"添加效果"中选择"进入"→"飞入"，"开始"中选择"单击时"，在"方向"中选择"自左侧"，在"速度"中选择"中速"。

⑤ 选择正文段落"玉龙……自然保护区"，在"添加效果"中选择"强调"→"陀螺旋"，在"开始"中选择"之后"，在"方向"中选择"360°顺时针"，在"速度"中选择"中速"。

⑥ 选择最右边的图片"玉龙雪山 3"，在"添加效果"中选择"进入"→"其他效果"，弹出如图 5-76 所示的"添加进入效果"对话框，选择"阶梯状"，单击"确定"按钮。在"开始"中选择"之后"，在"方向"中选择"左下"，在"速度"中选择"中速"。

⑦ 选择中间的图片"玉龙雪山 2"，在"添加效果"中选择"进入"→"其他效果"，在"添加效果"对话框中选择"扇形展开"，单击"确定"按钮。在"开始"中选择"之后"，在"速度"中选择"中速"。

⑧ 选择最左边的图片"玉龙雪山 1"，在"添加效果"中选择"进入"→"其他效果"，在"添加效果"对话框选择"缓慢进入"，单击"确定"按钮。在"开始"中选择"之后"，在"速度"中选择"非常慢"。

⑨ 这样完成了这张幻灯片的动画设置，可以单击"播放"按钮查看效果，最终得到了如图 5-77 所示的动画设置窗格。注意动画的顺序，不能颠倒，否则效果就不一样了。

图 5-76 "添加进入效果"对话框　　　图 5-77 动画设置窗格

Step **07** 为该演示文稿插入声音（知识点 4），其具体步骤如下：

① 把光标定位在第一张幻灯片。

② 执行"插入"→"影片和声音"→"剪辑管理器中的声音"命令，弹出"剪贴画"任务窗格。

③ 选中一声音文件，单击其右边的下拉式按钮，在弹出的菜单中选择"插入"命令，弹出询问对话框。

④ 单击"自动"按钮，便在幻灯片演示开始时播放。此时在幻灯片上就出现了一个小喇叭图标。

⑤ 右击小喇叭，选中"自定义动画"命令，弹出"自定义动画"窗格，如图 5-78 所示。

⑥ 在"多媒体 6"上右击，选择"计时"命令，打开"播放声音"对话框，如图 5-79 所示。

⑦ 选择"效果"选项卡，在"开始播放"中选择"从头开始"，单击"确定"按钮，这样声音就会一直播放到幻灯片放映结束了。

图 5-78 "自定义动画"窗格

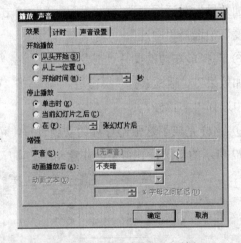
图 5-79 "播放声音"对话框

5.3.4 操作练习——自我介绍演示文稿的制作（下）

题目要求

利用动画、超级链接、添加声音、影片和设置幻灯片放映方式来优化上一节的自我介绍演示文稿。

5.3.5 本节评估

下面是学完 5.3 节后应该掌握的内容，请大家对照表 5-3 中的内容自我测评。

表 5-3 本节评估表

知识点	掌握程度	测评
创建超级链接	掌握	
使用自定义动画	掌握	
使用母版	了解	
放映幻灯片	掌握	
插入声音和影片	了解	

5.4 综合案例

1. 本节目标

① 掌握 PowerPoint 启动及退出等基本操作。
② 掌握用 PowerPoint 创建各种类型的文稿的方法。
③ 掌握对文稿的格式化操作。
④ 掌握动画和放映效果的设置。
⑤ 掌握超级链接的设置。
⑥ 掌握声音和影片的插入。

2. 本节内容及方法步骤

参照如图 5-80 所示的相册，用 PowerPoint 2003 完成如下题目：

① 文件名为"本人姓名+作业文件名.ppt"。
② 利用 PowerPoint "新建演示文稿"中的"相册"功能，创建自己的相册。
③ 为每张图片添加标题。
④ 制作一个目录页，有超级链接，可以链接到各个图片，并且每张图片都有超级链接可返回到该目录页。
⑤ 为该相册添加音乐，并要求在幻灯片播放完后音乐才停止。（提示：右击声音图标进行设置）
⑥ 设置相片的放映效果。
⑦ 利用预设的排练计时放映幻灯片。

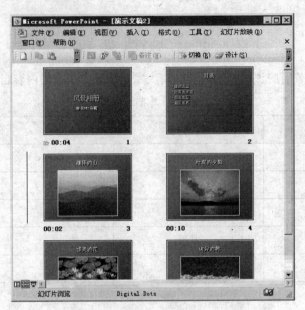

图 5-80　参考文稿

5.5　本章小结

本章介绍了演示文稿软件 PowerPoint 2003 的使用方法。读者应掌握 PowerPoint 2003 的启动与退出、演示文稿的创建与保存及打印的知识，重点掌握演示文稿的编辑方法。

第 6 章 网络基础和 Internet

6.1 案例 1——计算机网络概述

6.1.1 相关知识

知识点 1： 计算机网络及其分类

1．计算机网络的概念

所谓计算机网络（Computer Network），就是指用通信线路和通信设备，将分布在不同地点的具有独立功能的多个计算机系统互连起来，在网络软件的支持下实现彼此间的数据通信和资源共享的系统。

最简单的网络是两台计算机互连，最大的网络是 Internet。

2．计算机网络的分类

对计算机网络进行分类的标准很多。例如，按拓扑结构分类、按网络协议分类、按信道访问方式分类、按数据传输方式分类等。

常见的计算机网络分类为按计算机网络分布距离的长短划分，可分为局域网、城域网和广域网，其具体参数如表 6-1 所示。

表 6-1 计算机网络的分类

网络分类	缩写	分布距离（大约）	典型应用场合	数据传输速率
局域网	LAN	10 m	房间	4 Mbps～2 Gbps
		100 m	楼宇	
		<10 km	校园	
城域网	MAN	10 km	城市	50 Kbps～100 Mbps
广域网	WAN	1～1000 km	城市、国家或洲	9.6 Kbps～45 Mbps

可以看出，传输距离越长，数据传输速率越低。局域网的传输距离最短，数据传输速率最高。数据传输速率是关键因素，它极大地影响着计算机网络的分类及其使用的硬件技术等。广域网一般采用点对点的通信技术，局域网一般采用广播式通信技术。在距离、速率和技术细节的相互关系中，距离影响速率，速率影响技术细节。

知识点 2： 局域网、城域网与广域网

1．局域网（Local Area Network，LAN）

局域网又称局部网，它的范围一般在几千米以内，最大距离不超过 10 km，以一个单位或一个部门的小范围为限（如一个学校、一个建筑物内），由这些单位或部门单独组建。这种网络组网方便，传输效率高。计算机教学的机房中大多数组建的是局域网。

2．城域网（Metropolitan Area Network，MAN）

城域网比局域网范围大，它一般建立在一个城市或者一个地区，范围在 10～100 km 左右，采用的技术与局域网相似。

3．广域网（Wide Area Network，WAN）

广域网也称远程网，是远距离、大范围的计算机网络。广域网涉及的区域很大，如城市、国家、洲之间的网络都是广域网。广域网一般由多个部门或多个国家联合组建，能实现大范围内的资源共享。

我国的电话交换网（PSDN）、公用数字数据网（CHINA DDN）、公用分组交换数据网（CHINA PAC）等都是广域网。

知识点 3： 局域网的基本组成

局域网由网络硬件和网络软件两大部分组成。

1．网络硬件

局域网的网络硬件由网络服务器、网络工作站、网络适配器、传输介质、集线器和交换机等设备构成。

（1）网络服务器

网络服务器是为网络提供共享资源并对这些资源进行管理的计算机。服务器有文件服务器、打印服务器和异步通信服务器等，其中文件服务器是最基本的。

文件服务器一般由较高档的微机来承担。文件服务器要有丰富的资源，如足够的内存、大容量的硬盘等，这些资源能为网络用户共享。

打印服务器是指安装了打印服务程序的文件服务器或专用的微机。共享打印机可接在文件服务器或专门的打印服务器上。多用户环境下，各个工作站上的用户直接将打印数据传送到服务器的打印队列中，再将数据传递到打印机上。

异步通信服务器装有相应的通信软件，利用调制解调器通过电话或利用专用通信线路异步地连接远程工作站，选用相应的网卡和传输介质的类型，使网络性能达到令人满意的效果。

（2）网络工作站

网络工作站是用户在网上操作的计算机。用户通过工作站从服务器中取出程序和数据，并

由工作站来处理。

网络工作站有带盘工作站和无盘工作站两种。带盘工作站由其硬盘上的引导程序引导,与网络中的服务器连接。无盘工作站的引导程序放在网络适配器的 EPROM 中,加电后自动执行,与网络中的服务器连接。无盘工作站有两个优点:一是能防止任意复制网络中的数据,二是防止病毒通过工作站进入服务器。

(3) 网络适配器

网络适配器俗称网卡,是将服务器、工作站连接到传输介质上并进行电信号的匹配,实现数据传输的部件。

网卡与普通的扩展卡(如声卡和显卡)外形相似,接口有 ISA 和 PCI 等几种。组网时,将网卡插在工作站和服务器主板的相应扩展槽中,然后用通信电缆通过网卡把它们都连接起来,从而构成局域网。

按照传输速率分,网卡有 10 Mbps、100 Mbps 和 10/100 Mbps 自适应几种,现在多采用 PCI 接口的 100 Mbps 网卡。网卡的外接接口有 BNC 接口和 RJ-45 接口,BNC 接口与同轴电缆相连接,RJ-45 接口则与双绞线相连接。有的网卡只有两种接口中的一种,有的则两种接口都有。

网卡都需要驱动程序来驱动,驱动程序将网络操作系统与网卡功能结合起来。

(4) 传输介质

传输介质充当网络中数据传输的通道和信号能量的载体。传输介质在很大程度上决定了网络的传输速率、网络段的最大长度、传输的可靠性及网卡的复杂性。常用的传输介质主要有两类:有线介质和无线介质。有线介质包括双绞线、同轴电缆和光纤,无线介质包括微波、卫星和红外线等。以下介绍有线介质的组成部分:

双绞线是一种价格合理、便于使用的传输介质,它由两根各自封装在彩色绝缘包皮内的铜线互相扭绞而成。通常又将多对双绞线外面套上一个外封皮而构成双绞线电缆。

同轴电缆由两根导体组成,从内到外共 4 层,依次是中心实心导线、绝缘层、空心圆柱形导体和绝缘保护套。同轴电缆是一种带宽高、性价比高的传输介质。

光纤是一种比较新型的传输介质,它的外表呈圆柱状、由纤芯、包层和护套三部分组成。光纤不受电磁干扰的影响,传输信息量大,数据传输速率高、损耗低、保密性好,所以适用于几个建筑物之间的点到点连接,但费用较昂贵。

(5) 集线器

集线器一般用于使用双绞线的星型网中,作为网络的中心来控制和管理信息的传输。如果是总线型网就用不上集线器了。

每个集线器上都有 RJ-45 接口,一般有 4 口、8 口、16 口和 24 口等几种。

(6) 交换机

交换概念的提出是出于共享工作模式的改进,而交换式局域网的核心设备是局域网交换机,共享式局域网在每个时间片上只允许有一个结点占据公用的通信信道。交换机支持端口连接的结点之间的多个并发连接可增大网络带宽，以改善局域网的性能和服务质量。

2．网络软件

网络软件主要是指通信协议，通信协议是通信双方共同遵守的一套规则。

1984 年 10 月 15 日，ISO 公布了"开放系统互联"（Open System Interconnection，OSI）参考模型，这是指导信息处理系统互联、互通和协作的国际标准。

OSI 参考模型从逻辑上把网络的功能分为七层，最低层为物理层，最高层为应用层。各层的基本功能为：物理层通过机械和电气的方式将站点连接起来，组成物理通路，让数据流通过；数据链路层进行二进制数据流的传输并进行差错检测和流量控制；网络层解决多节点传送时的路由选择；传输层实现端点的可靠数据传输；会话层进行两个应用进程之间的通信控制；表示层解决不同数据格式的编码之间的转换；应用层直接为端点用户提供服务。

七层模型有两个突出的优点：一是清晰性，各层功能界线清楚，可使复杂的网络设计简化；二是灵活性，各层相对独立，可实现模块化设计；即使修改某层协议，不会影响系统的其他部分。

下面对七层模型做一个形象的对比说明。七层模型就如同一位中国经理和一位远在巴黎的法国经理通信磋商业务，他们语言不同，相距万里。于是经理口授内容，秘书找人翻译，打字员打印文稿，办事员负责邮寄，邮局分检装袋，汽车、火车和飞机完成运输，这中间每一个环节对应七层中的某一层，每层只完成有限的功能，上层请求下层的服务，下层实现上层的意图。

知识点 4：局域网的拓扑结构

典型的局域网有以下几种拓扑结构。

1．星型结构（Star）

所有计算机都连到一个共同的节点，当某个计算机与节点之间出现问题时，不会影响其他计算机之间的联系。

2．环型结构（Ring）

所有计算机都连到一个环型线路上，每个计算机侦听和收发属于自己的信息。这种拓扑结构的优点是所用的电缆较少，传输的误码率低；缺点是硬件连接可靠性差，并且重新配置网络较难。

3．总线型结构（Bus）

所有计算机都连接到一条线路上，共用这条线路，任何一个站发送的信号都可以在通信介质上传播，并能被所有其他站点接收。所用设备简单，但某一计算机与总线之间的故障会影响整个网络工作。

在一个较大的局域网中，往往根据需要利用不同形式的组合，形成网络拓扑结构。

第 6 章　网络基础和 Internet

> **知识点 5：** 网络操作系统简介

网上信息的流通、处理、加工、传输和使用都依赖于网络软件。网络操作系统是网络的重要组成部分，其他还有网络数据库管理系统和网络应用软件等。

建网的基础是网络硬件，但决定网络的使用方法和使用性能的关键还是网络操作系统。网络操作系统（Network Operating System，NOS）是网络大家庭的"管家"，负责管理网上的所有硬件和软件资源，使它们能协调一致地工作。

目前主要的网络操作系统有 NetWare、Windows NT、Windows 2000 Server、OS/2 和 Linux 等，它们在技术、性能和功能方面各有所长，可以满足不同用户的需要，也分别支持多种协议，彼此之间可以互通。

网络操作系统主要由以下几部分组成。

1．服务器操作系统

服务器操作系统是网络的心脏，它提供了网络最基本的核心功能，其中包括网络文件系统、存储器的管理和调度等。它直接运行在服务器硬件之上，以多任务并发形式高速运行，因此是名副其实的多用户、多任务的操作系统。

2．网络服务软件

网络服务软件是运行在服务器操作系统之上的软件，它提供了网络环境下的各种服务功能。

3．工作站软件

工作站软件是指运行在工件站上的软件。它把用户对工作站微机操作系统的请求转化成对服务器的请求，同时也接收和解释来自服务器的信息，转化为本地工作站微机所能识别的格式。

4．网络环境软件

网络环境软件用来扩充网络功能，如网络传输协议软件、进程通信管理软件等。特别是网络传输协议软件，它用来实现服务器与工作站之间的连接。一个好的网络操作系统允许在同一服务器上支持多种传输协议，如 IPX/SPX，Apple Talk，NetBIOS 及 TCP/IP 等。

6.1.2　典型例题解析

【例1】 网络操作系统除了具有通常操作系统的四大功能外，还具有的功能是_____。

　A．文件传输和远程键盘操作　　　　　B．分时为多个用户服务
　C．网络通信和网络资源共享　　　　　D．远程源程序开发

【解析】 网络操作系统与普通操作系统相比最突出的特点是网络通信和资源共享。

【例2】 把计算机与通信介质相连并实现局域网络通信协议的关键设备是_____。

A．串行输入口　　　B．多功能卡　　　C．电话线　　　D．网卡（网络适配器）

【解析】　实现局域网通信的关键设备是网卡。

【例3】　计算机网络的目标是实现_____。

A．数据处理　　　　　　　　　　B．文献检索
C．资源共享和信息传输　　　　　D．信息传输

【解析】　计算机网络系统具有丰富的功能，其中最重要的是资源共享和快速通信。

6.2　案例2——Internet 概述

6.2.1　相关知识

知识点1：　Internet 的概念

Internet 是在美国较早的军用计算机网 APPAnet 的基础上经过不断发展变化而形成的。它是使用公共语言进行通信的全球计算机网络，类似于国际电话系统，本身以大型网络的工作方式相连接，但整个系统不为任何人拥有或控制。

1．Internet 的发展

Internet 的发展主要可分为以下几个阶段。

（1）雏形形成阶段

从 1969 年开始，美国国防部研究计划管理局（Advanced Research Projects Agency，ARPA）开始建立一个命名为 ARPAnet 的网络，当时建立这个网络的目的只是为了将美国的几个军事及研究用的计算机主机连接起来，人们普遍认为这就是 Internet 的雏形。

（2）发展阶段

美国国家科学基金会（NSF）在 1985 年开始建立 NSFnet。NSF 规划建立了 15 个超级计算中心及国家教育科研网，用于支持科研和教育的全国性规模的计算机网络，并以此作为基础，实现同其他网络的连接。NSFnet 成为 Internet 上主要用于科研和教育的主干部分，代替了 ARPAnet 的骨干地位。1989 年，MILnet（由 ARPAnet 分离出来）实现和 NSFnet 连接后，就开始采用 Internet 这个名称。自此以后，其他部门的计算机网相继并入 Internet，ARPAnet 宣告解散。

（3）商业化阶段

20 世纪 90 年代初，商业机构开始进入 Internet，使 Internet 开始了商业化的新进程，也成为 Internet 大发展的强大推动力。1995 年，NSFnet 停止运作，Internet 已彻底商业化了。现在，Internet 已朝多元化的方向发展，不仅仅单纯为科研服务，正逐步进入到日常生活的各个领域。

近几年来，Internet 在规模和结构上都有了很大的发展，已经发展成为了名副其实的"全球网"。

2．中国的 Internet 发展与现状

随着全球信息高速公路的建设，我国政府也开始推进信息基础设施的建设，连接 Internet 成为受关注的热点之一。我国 Internet 的发展可分为两个阶段。

第一个阶段是与 Internet 的 E-mail 连通。1987 年 9 月，中国学术网络（China Academic Network，CANET）向世界发送第一封 E-mail，标志着我国开始进入 Internet。

第二阶段是与 Internet 实现全功能的 TCP/IP 连接。1989 年，中国国家计划委员会和世界银行开始支持"国家计算设施"（National Computing Facilities of China，NCFC）的项目，该项目包括一个超级计算中心和三个院校网络，即中国科学院网络（CASnet）、清华大学校园网（Tunet）、北京大学校园网（Punet）。1992 年，这三个院校网络各自分别建成。1994 年 4 月，一条 64 Kbps 的国际线路的接通促使这三个网络的用户对 Internet 进行了全方位的访问。1993 年，中国高能物理研究所与 Standford 大学建立了直接联系，并在 1994 年建立全方位的 Internet 连接。这些全功能的连接，标志着我国正式加入了 Internet。

到 1996 年底，中国的 Internet 已形成了四大主流网络体系，分别归属于国家指定的四个部级互联管理单位：中科院、国家教委、邮电部和电子部。其中，中科院网络（CSTnet）和中国教育科研网（CERnet）主要以科研和教育为目的，从事非经营性活动；邮电部的中国公用计算机网（CHINAnet）和电子部吉通公司的金桥信息网（GBnet）属于商业性 Internet，以经营手段接纳用户入网，提供 Internet 服务。

知识点 2：Internet 的功能与服务

1．漫游世界——WWW

WWW 是 World Wide Web 的缩写，译作万维网或环球信息网等，也有不少人直接读作 3W，它最早由欧洲核子物理研究中心（CERN）研制，是 Internet 上的一个非常重要的信息资源。它使用超文本技术，把许多专用计算机（WWW 服务器）组成计算机网络。WWW 的每个服务器除了有许多信息供 Internet 用户浏览和查询外，还包括有指向其他 WWW 服务器的链接信息，通过这些信息用户可以自动转向其他 WWW 服务器，因此用户面对的是一个环球信息网。现在，WWW 已发展到包括数不清的文本和多媒体信息，可以说它是一个信息的海洋。

2．收发电子邮件——E-mail

E-mail（Electronic Mail 的缩写，译作电子邮件或电子函件等）是最常用的 Internet 资源之一。

用户可以使用 Internet 上的某台计算机（E-mail 服务器）传递电子邮件，该计算机上专门为用户收发电子邮件的地方叫电子信箱，每个用户的电子信箱都有一个 E-mail 地址。E-mail 地址由"用户名@计算机域名"组成，用户名中不能有空格。

E-mail 可以实现非文本邮件的数字化信息传送，声音、图像和电影电视节目，都可以数字

化后用 E-mail 传送。

3．搜索信息——Gopher

Gopher 服务器也是专用计算机，在 Gopher 服务器上有解答各种问题的菜单索引，利用菜单可以一步一步找到自己需要的主题。Gopher 服务器上也包括指向其他 Gopher 服务器的链接信息，通过链接，形成一个全球性的信息查询网络。由于 Gopher 仅提供文字信息，因此操作简单、快捷，适合各种科技专业人员使用。其中多数可以免费使用。

4．传输文件——FTP

FTP（File Transfer Protocol 的缩写，译作文件传输协议），是用于计算机之间传输各种格式的计算机文档。使用 FTP 可以交互式查看网上远程计算机上的文件目录，并与远程计算机交换条件。这些远程计算机通常称为 FTP 服务器，在 FTP 服务器上存有供复制（或称下载）的应用程序或资料，也有一些 FTP 服务器还提供一定的磁盘空间供存储（或称上传）程序或资料。FTP 方便了网络用户，促进了 Internet 的发展。

5．网上交流——BBS 和 News

BBS（Bulletin Board System 的缩写，译作电子公告栏）最早是由运行 UNIX 操作系统的主机和主机终端组成的计算机系统，可以通过 Internet 仿真成 BBS 的一个终端从而读写 BBS 系统上的信息。建立在 WWW 服务器上的 BBS 发展很快，每个 BBS 系统在管理员的组织下都有自己的特色，讨论某些方面的问题。

Internet 上还有一种更开放的交流信息方式 USENET News（网络新闻），用它可以讨论任何问题和发布任何消息。USENET News 呈一种"无政府状态"，它的唯一约束就是道德。具体刊载新闻的计算机叫 News 服务器，各个 News 服务器之间没有直接联系。为了讨论方便，Internet 上有上万个新闻题目，并且这些题目数量仍在与日俱增。不同的 News 服务器讨论的题目数量不同，从几千个到几十个不等。可以用 E-mail 给某个新闻组写信、阅读新闻组里的消息、回答提出的问题等。总之，一切言论都是公开的。

6．资源共享——Telnet

Telnet（远程登录）是 Internet 上除了电子邮件、文件传输外提供的又一个基本服务。在 UNIX 操作系统中使用 Telnet 或 Rlogin 命令，只要对方允许，就可以登录到另一台 Internet 的计算机上，使用那台计算机的资源。这种服务像租赁服务一样，多数是有偿的，必须通过一定的手续取得对方同意才能登录。

7．电子商务——E-business

企业可以在 Internet 上设置自己的 Web 页面，通过页面企业向客户、供应商、开发商和自己的雇员提供有价值的业务信息、从事买卖交易或各种服务，这就是所谓的"电子商务"。Internet 的可靠性和保密性是电子商务发展的前提，现在许多有实力的软件开发商正在积极开拓这方面的市场，一些简单的网上购物也在开展，也许不久的将来 Internet 会成为全球经济一体化的主要技术支柱，成为经济交流的主要途径。

知识点 3：Internet 的 IP 地址和域名

IP 协议主要规定了如何定位计算机在 Internet 上的位置及计算机地址的统一表示方法，应用中可写成 IP 地址或计算机域名格式。

1. IP 地址格式

直接连接到 Internet 上的计算机（又称主机），必须有 32 位二进制数字作为该计算机的唯一标识，即 IP 地址。

为了书写方便，此二进制数字写成以圆点隔开的 4 组十进制数，它的统一格式是 AAA.BBB.CCC.DDD，圆点之间每组的取值范围在 0～255 之间。AAA 代表计算机所在网络的类别，它有如下 3 种情况。

A 类大型网：若 AAA 为 1～126，表示计算机处于 A 类大型网中。AAA 为网络号，右面的 BBB.CCC.DDD 为计算机号。

B 类中型网：若 AAA 为 128～191，表示计算机处于 B 类中型网中。AAA.BBB 为网络号，CCC 为子网号，DDD 为计算机号。

C 类小型网：若 AAA 为 192～223，表示计算机处于 C 类小型网中，AAA.BBB.CCC 为网络号，DDD 为计算机号。

地址中的某些数字有专门的涵义，如 127.0.0.1 予以保留。当初这样设计计算机 IP 地址是为了管理方便。在网络迅速扩大的今天，32 位的 IP 地址已难以应付网上计算机数目的急剧增加，一种改进的 IP 地址规则正在酝酿之中。现在国际和国内都有权威机构负责 IP 地址的分配、注册和管理工作。在注册 IP 地址的同时要申请一个与之唯一对应的域名。

为了便于定位计算机，还采用子网掩码技术判断要访问的计算机是否与本计算机属于同一子网。例如，当子网掩码为 255.255.255.0 时，表示要访问的某计算机的 IP 地址三组数若相同，则属于同一子网。

2. 域名格式

为了便于用户记忆 IP 地址，可以用文字符号方式同样唯一地标识计算机，这些文字符号称为域名。域名要有专门的机构来管理，否则有可能引起重名问题。域名与 IP 之间的转换工作为域名解析，在 Internet 上由专门的服务器负责。

Internet 设有一个分布式命名系统，它是一个树状结构的计算机域名服务器（Domain Name Server，DNS）网络。每个 DNS 保存一个常用的 IP 地址和域名的转换表，当有计算机要根据域名访问其他计算机时，它自动执行域名解析，把已经注册的域名转换为 IP 地址。如果此服务器查不到该域名，该 DNS 会向它的上一级 DNS 发出查询请求，直到最高一级 DNS 返回一个 IP 地址或返回未查到的消息为止。

计算机域名的命名方法是：以圆点"."隔开的若干级域名。域名自左向右，从计算机名开始，域的范围逐步扩大。对于在美国注册的计算机，最右边的域表示机器所在部门；对于其他国家或地区，此域表示机器所在国家或地区的代码。表 6-2 和表 6-3 提供了常用的域名。

表 6-2　部分一级域名

第一级域名	含　义	第一级域名	含　义
gov	美国政府部门	edu	美国科教部门
mil	美国军事部门	net	美国网络支持公司
com	商业部门	Org	美国其他部门
au	澳大利亚	Ca	加拿大
cn	中国	De	德国
fr	法国	Tw	台湾地区
jp	日本	Hk	香港特区

表 6-3　部分在中国注册的计算机第二级域名

第二级域名	含　义	第二级域名	含　义
gov	政府	Bj	北京
edu	教育	Tj	天津
com	商业	Sh	上海
org	团体	Ah	安徽
net	网络	Zj	浙江

国际互联网络信息中心（INTERNIC）进行顶级域名注册（.com、.org 或.net 等），中国互联网络信息中心（CNNIC）进行三级域名注册（.com.cn、.org.cn 或.net.cn 等），清华大学网络中心管理中国教育单位（.edu.cn）注册。第三级以下的域名不作统一管理。域名管理机构保证域名及 IP 地址的唯一性。计算机域名包括"计算机名.网络域名"，或称"结点机.域名"。

例如，中国科学院网络信息中心的一台计算机域名为："mimi.cnic.ac.cn"，表示："中国"、"科技"、"中科院计算机网络中心"、"mimi"计算机。它的 IP 地址为："159.226.1.1"。

随着 Internet 服务内容的不断发展，com 等域名已不能确切表示网站性质，一些新的顶级域名正在形成。

第6章 网络基础和Internet

知识点4： 接入Internet

Internet接入方式主要有以下几种。

1．窄带接入

（1）56K Modem（电话拨号）

通过电话拨号方式上网，只要有一台计算机、一个Modem和一条电话线即可，经济实惠。不过速度较慢（最高56 Kbps），上网时不能拨打、接听电话。

Modem，俗称"猫"，即调制解调器，是电话拨号方式上网的必备设备。它将计算机上的数字信息转换成模拟信号后再送到输送模拟信号的电话线路上传出去，接收时同样要将电话线路上的模拟信号转换成数字信号计算机才能识别。

（2）N-ISDN（一线通）

诞生于20世纪70年代的ISDN（Integrated Services Digital Network，综合业务数字网）曾经被推崇为Modem的继任者，同样使用电话线进行Internet接入的ISDN能够达到128 Kbps的双向传输速率（N-ISDN），并且在上网时不影响其他通信设备（如电话机、传真机）的使用，所以被中国电信形象地称为"一线通"。

ISDN由于其在线路上传输的是数字信号，而不是经过调制的模拟信号，省略了解调过程，因此能够达到比Modem高出两倍的传输速率。

2．宽带接入

（1）ADSL

ADSL（Asymmetrical Digital Subscriber Loop，非对称数字用户环路）是数字用户环路家族中最常用、最成熟的技术。它是运行在原有普通电话线上的一种新的高速宽带技术。所谓"非对称"，主要体现在上行速率（最高640 Kbps）和下行速率（最高8 Mbps）的非对称性上。

（2）Cable Modem

Cable Modem是使用有线电视进行传输的宽带接入方式，它基于现有的有线电视网络，其连接速率快，提供最高40Mbps的上行速率。这种接入方式利用现有的遍布全国各地的有线电视网络，不用铺设专门的线路，一打开计算机就连通Internet，并且一般拥有固定公网IP，可以做自己的服务器。但这种接入方式需要把现有的单项传输电缆改造为HFC（Hybrid Fiber-Coaxial，混合型光纤同轴电缆），投资较大；而且所在区域上网用户较多时，传输速率明显下降等。

（3）光纤接入技术

宽带接入的最终目标是实现从骨干网、城域网到接入网的全光纤网络，采用光纤到户（Fiber To The Home，FTTH）是宽带互联网最终的发展方向。目前来说，FTTH只是一种渴望与梦想，国外一些研究机构已经取得了阶段性成果，人们在不断努力，现阶段宽带运营商普遍采用的是

"FTTB（Fiber To The Building，光纤到大楼）+LAN"的接入方式。

对家庭用户来说，这种方式就是"1000MB 到社区"、"100MB 到家庭"。此种技术借用了以太网的结构和接口，网络结构和工作原理都比较简单，并且具有强大的网管功能和计费功能，造价低廉，是很有竞争力的接入方式。

（4）无线接入

无线接入是很有诱惑力的接入方式，它能够始终跟随着用户，随时为用户服务。无线接入可分为三大类：低速无线本地环（如手机的 GSM、CDMA 等）、宽带无线接入（如 MMDS 和 LMDS 等）和卫星接入。低速无线本地环和宽带无线接入在我国使用不多，电信部门提供的无线接入都是卫星接入。

卫星接入是利用卫星通信系统提供的接入服务，它由人造卫星和地面站组成，用卫星作为中继站转发地面传入的无线电信号。卫星接入能够为用户提供宽带 Internet 接入的是 VSAT（Very Small Aperture Terminal，甚小孔径终端）业务，利用天线孔径小于 3 m（1.2～2.8 m）、具有高度软件控制功能的卫星作为中继站，其下行速率为 400 Kbps～3 Mbps，最高可达 45Kbps～4500 Mbps，是其他 Internet 接入技术的有力补充和竞争对手。

知识点 5：Internet Explorer 6.0 的启动界面

Internet Explorer 6.0 窗口具有 Windows 窗口的风格，主要由以下几部分组成。

- 标题栏：在窗口的最上方，显示当前正在使用的文档标题。
- 菜单栏：以菜单方式提供所有可使用的 Internet Explorer 6.0 命令。
- 工具栏：提供了对频繁使用菜单中的一些功能的快速访问。可以用"查看"菜单中的"工具"选项把"标准按钮"、"地址栏"、"链接"等工具隐藏起来。
- 地址框：Internet 上的每一个信息页都有它自己的地址，称为统一资源定位符（Uniform Resource Locator，URL）。可以在地址框中输入某已知地址，然后按 Enter 键就可以显示该地址对应的页面。使用"上一页"或"下一页"按钮，可以在已查看过的页之间前后切换。要阅览最近查看过的部分页的记录，可以显示历史记录表。要再次查看其中的某一页，可以从列表中选择该页。可以把感兴趣的页添加到个人收藏夹列表中，以便日后能再次查阅。URL 的一般形式是"协议：//计算机[端口]/路径/文件名"。其中，协议是用于文件传输的 Internet 协议。Internet Explorer 6.0 支持超文本传输协议（HTTP）、文件传输协议（FTP）、文件查找协议（GOPHER）等。
- 文档显示窗口：它是 Internet Explorer 6.0 用来显示文档或 Web 页的窗口。执行"文件"→"新建"→"窗口"命令可以打开新的窗口。Internet Explorer 6.0 可同时打开多个文档窗口，并在每个窗口中独立操作。例如，可在一个窗口中阅读文档，而在其他窗口下载文件，这样能提高传输线路的利用率。

> 提示：某个 WWW 服务器提供的第一个信息页面称为主页，其他页面称为一般的 Web 页面。一个页面可以由一个或多个窗口组成。

- 状态栏：在窗口的左下角是状态栏，显示文件载入时的状态信息。鼠标指针放在某个链接上时，状态栏上将显示与此链接相关联的地址。鼠标指针放在工具栏的某个按钮上时，按钮的功能会显示在状态栏上。

知识点 6：超链接

超链接是"超文本链接"的缩略语，它提供了将用户从 WWW 文档的某一部分连接到同一或不同文档的其他部分。通过单击超链接点，可以迅速从服务器的某一页转到另一页，也可以转到其他服务器页。表示超链接点的信息可以是带有下划线的文字或图像。

利用 Internet Explorer 6.0 软件浏览 Web 页面非常简单，只要知道要浏览的页地址，通过在地址框中输入 HTTP 协议和域名地址或输入 IP 地址，然后按 Enter 键即可。另外，执行"文件"→"打开"命令，输入地址，单击"确定"按钮也可以显示页面内容。

利用超链接浏览网页的操作步骤如下：

Step 01 在 Internet Explorer6.0 的地址框里输入地址，如常州机电职业技术学院地址"http://www.czmec.com"，然后按 Enter 键，工作窗口将开始下载其主页。

Step 02 在"公共服务"栏中单击"信息服务"选项，弹出"公共服务"页面。

Step 03 移动鼠标到"中国期刊数据库"上，此时鼠标指针变成手形，单击"中国期刊数据库"超链接即可连接到中国期刊数据库网站。

Step 04 拖动滚动条，浏览更多信息。也可继续单击其他超链接，查看更丰富的内容。

从以上的操作可以体会到，在 Web 页面上除了有文字、图像外，还有许多链接到本 WWW 服务器或别的 WWW 服务器页面的信息点，这就是超链接点。只要移动鼠标到某处，鼠标指针变成手形，说明此处就是超链接点，单击即可转移到新的页面。超链接点的形式有很多种，如带下划线的文字、按钮、图像等。

知识点 7：网页的存储与打印

1. 网页的存储

当需要把正在访问的网页保存下来时，执行"文件"→"另存为"命令，在弹出的"另存为"对话框中填好保存的位置和文件名，单击"确定"按钮即可。

2. 网页的打印

当需要把正在访问的网页打印出来时，执行"文件"→"打印"命令，在弹出的"打印"对话框中设置好相关选项后，单击"确定"按钮即可。

知识点 8： 收藏夹

如果想把页面文件保留到自己的硬盘上以便日后阅读，可以利用个人收藏夹保存下来。

1．把整个页面保存到收藏夹

可以把"收藏夹"理解成 Internet Explorer 6.0 为用户准备的一个专门存放自己喜爱页面的文件夹，把当前正显示的页面保存到收藏夹后，即使在脱机状态（未连入网）也可以重新显示这个页面。

把页面文件保存到收藏夹的操作步骤如下：

Step 01 执行"收藏"→"添加到收藏夹"命令，网页将以默认的名称保存。

Step 02 如果要把某一页存储到指定的文件夹中，可以在"添加到收藏夹"对话框中单击"创建到"按钮，在出现的列表框中选择已有文件夹。

Step 03 如果要放在新建文件夹中，单击"新建文件夹"按钮可以建立新文件夹。

2．显示收藏夹中的页面

在联机（上网状态）或脱机（下网状态）时要打开个人收藏夹中的页面，可以单击工具栏上的"收藏"按钮，在弹出的"收藏夹"窗格中单击需要显示的页面文件。

3．整理个人收藏夹

可以按照自己的喜好把收藏夹列表分类整理成一个个文件夹，其具体的操作方法如下：

Step 01 执行"收藏"→"整理收藏夹"命令。

Step 02 在弹出的"整理收藏夹"对话框中用鼠标拖动文件到已有的文件夹中。

Step 03 或者按照提示单击"创建文件夹"按钮，在弹出的对话框中输入文件夹名称，然后按 Enter 键。

Step 04 单击"关闭"按钮完成。

知识点 9： 电子邮件

1．电子邮件的概念

电子邮件（Electronic Mail，E-mail）又称电子函件，是一种利用计算机网络交换电子媒体信件的通信方式，是目前 Internet 上使用最多、最受欢迎的服务之一，也是 Internet 给人类带来的在交流方式方面的一次革命。

（1）电子邮件的产生

电子邮件是随着计算机网络技术的发展而出现的一种崭新的通信手段。早在 20 世纪 70 年代，美国 ARPA 的科研人员在进行"Internet"的项目研究时，为了方便科研人员之间通信，便想到利用计算机网络作为一种个人之间的通信方式。他们首先开发了使用拨号电话系统与主机相连的通信软件，不久便诞生了应用于互联多台计算机的电子邮件系统。

第6章 网络基础和 Internet

由于全世界的电话网络具有统一的标准，因此，不同国家之间的电话系统是可以互相连接的，所以，人们只要在自己的计算机上加装一个 Modem 和一套通信软件，便可以利用电话线进行通信。正是由于 E-mail 具有如下众多优点，因此从它问世以来，很快便从美国本土推广到了全世界。

（2）电子邮件的特点

电子邮件不仅是一种非常简便的通信工具，而且是一种经济高效的通信手段，其特点如下：

① 电子邮件与普通信件相比节省了大量时间。

② 电子邮件与电话相比，最大的差别在于费用。远距离传送同样信息的电子邮件费用，一般来说只有电话费用的 1%。

③ 电子邮件与传真（FAX）相比，既省时又省钱。发送传真，一般来说，每分钟最多发送两页纸的文字。如果用电子邮件，每分钟可以发送 100 页纸的文字。

④ 电子邮件的地址是固定的，但实际位置却是保密的。

电子邮件具有非常广泛的用途。它可以用来传送包括文字、图像、声音、动画等多种媒体的文件。

（3）电子邮件的一般格式

一份完整的电子邮件一般包括两个部分：邮件头和邮件主体。其中，邮件主体是指邮件的具体内容，一般没有什么特殊规定。但是，邮件头部却比较复杂，包含有邮件的整体信息、收件人和发件人的电子邮件地址、邮件附件、主题等多项内容。下面，以具体的例子介绍电子邮件的一般格式。

① 电子邮件头部的格式如下：

- 发件人（From）：zidongh@mail.sparkice.com.cn　　　（发件人的 E-mail 地址）
- 收件人（TO）：HUZB@sun.ihep.ac.cn　　　（收件人的 E-mail 地址）
- 抄送（Cc）：wantong@mail.sparkice.com.cn　　　（抄送第三者的 E-mail 地址）
- 主题（Subject）：问候 greeting　　　（邮件主题）

② 邮件主体内容如下：

亲爱的老朋友昊昊：

　　　祝：生日快乐！

　　　　　　　晓丽

　　　　　　2001.2.28

（4）电子邮件地址的表示方法

电子邮件的地址是由字符串组成的，格式举例如下：

$$login\ name@host\ name.domain\ name$$

其中，login name 表示用户名，也就是用户的账号，一般为 ISP 在用户入网时所给的名字；host name.domain name 表示邮件服务器的域名或 IP 地址。

例如，wantong@mail.sparkice.com.cn 的用户名为 wantong，邮件服务器的域名为

mail.sparkice.com.cn 或其 IP 地址，它通常由用户的 Internet 服务商提供。

这里，@表示"在"（即英文单词 at）。

书写地址时应当注意以下几个问题：

① 千万不要漏掉域名中各部分的圆点符号。

② 不能随意添加任何空格，也就是说在整个地址中，从用户名开始到地址的最后一个字母之间不能有空格。

③ 不要随便使用大写字母。虽然，有时可能会规定用户名和主机名中的某些字符为大写字母，但常见的 E-mail 地址一般都由小写字母组成。

（5）SMTP 和 POP3 服务器

在使用电子邮件的过程中，用户常常会遇到 SMTP 和 POP3，它们到底是什么呢？

① SMTP（Simple Mail Transport Protocol）：简单邮件传输协议。这是因特网上为服务器提供的发送邮件的协议。因此 SMTP 服务器就是发送邮件的服务器。

② POP3（Post Office Protocol 3）：邮局协议。这是因特网上为服务器提供的接收邮件的协议。因此 POP3 服务器就是接收邮件的服务器。

简单地说，POP3 是一种通信管理协议，它定义了邮件服务器的类型和客户端程序的接口。这样，只要用户申请的邮箱的邮件服务器支持 POP3 协议，用户就可以使用各种电子邮件工具软件（例如，Outlook Express（OE）、FoxMail、Eudora 和 Netscape 等），对申请到的邮箱进行管理。这些管理包括邮件的移动、删除、过滤等，即可以将邮箱中的邮件自动下载到用户的本地计算机的"收件箱"中。同理，支持 SMTP 协议的邮件服务器，可以自动上传在"发件箱"中待发的电子邮件。通常，支持 POP3 协议的邮件服务器也支持 SMTP 协议。

2．Outlook Express 的使用

Outlook Express 是基于 Internet 标准的电子邮件和新闻阅读程序。它可帮助用户轻松快速地浏览邮件，管理多个邮件和新闻账号，在服务器上保存邮件以便多台计算机上查看，发送和接收安全邮件，查找感兴趣的新闻组。

（1）Outlook Express 程序界面

双击桌面上的 Outlook Express 图标，运行 Outlook Express，Outlook Express 窗口中含有如下几项。

- 标题栏：最顶层的蓝条，包含有"控制"按钮、"最大化"按钮、"最小化"按钮以及"关闭"按钮。
- 菜单栏：通过下拉菜单命令可实现 Outlook Express 的全部功能。
- 工具栏：以工具按钮的形式提供常用的菜单命令，快捷方便。
- 工作区：完成工作的主要区域，是窗口的中间部分。
- 状态栏：显示当前的各种状态。

（2）Outlook Express 邮件账户

第一次启动 Outlook Express 时，会自动出现"Internet 连接向导"对话框。根据提示可以配置 Outlook Express 的第一个电子邮件账户。

① 在"显示名"栏中输入姓名。这一内容是给收信人看的，可以输入真实姓名，也可以另取一个自己喜欢的名字，输入完毕，单击"下一步"按钮。

② 在"电子邮件地址"栏中填上用来接收对方回信的电子邮件地址，完成后单击"下一步"按钮。

③ 在"电子邮件服务器名"栏中填写邮件接收服务器和邮件发送服务器的地址信息，应该按照 ISP 提供的资料来填写，完成后单击"下一步"按钮。

④ 在"Internet Mail 登录"中的"账户名"、"密码"是使用邮件接收服务器收取时必须提供的，这两项要按照 ISP 提供的资料来填写，然后单击"下一步"按钮。

⑤ Outlook Express 会显示已经完成了设置，单击"完成"按钮。现在可以使用这个新配置的账户收、发电子邮件了。

有时候可能需要调整账户中的某些属性设置。例如，更换 ISP 或 ISP 本身进行了调整等，可执行"工具"→"账户"命令，在弹出的"Internet 账户"对话框中选择想要的修改的账户，再单击"属性"按钮，出现"账户属性设置"对话框，这里共包括 5 个选项卡，可以对邮件账户的各项属性进行修改、设置。例如，邮件接收服务器和邮件发送服务器的地址、端口号，用户的账户名和口令，是否在服务器中保留邮件备份等。

当多人共用一个 Outlook Express，或者需要同时收取多个信箱的信件时，可添加多个账户。执行"工具"→"账户"命令，在弹出的"Internet 账户"对话框中单击"添加"按钮，选择"邮件"命令，打开"Internet 连接向导"对话框，按向导提示可添加新账户。

建立了多个账户后，应设置其中一个账户为默认账户，即在用户不特殊指定的情况下，所有邮件都是通过该默认账户发送，在邮件中的发件处，系统会自动加上该默认账户的账户信息，单击"设为默认值"按钮，则该账户便成为默认账户。

（3）接收和管理电子邮件

在 Outlook Express 中，检查并接收新邮件有以下两种方法。

① 自动检查新邮件。执行"工具"→"选项"命令，弹出"选项"对话框，选中"每隔 30min 检查一次新邮件"复选框即可设置 Outlook Express 自动检查邮箱中的新邮件（说明：具体的时间可根据个人需要设置）。设定后每到设定的时间 Outlook Express 就会自动检查每个邮箱，将新信件接收下来，放入"收件箱"中。

② 手动检查新邮件。单击工具栏上的"发送/接收"按钮，或执行"工具"→"发送和接收"命令，Outlook Express 开始检查信箱中是否有新邮件，若有新邮件则自动接收并放入"收件箱"中。同时会将暂存在"发件箱"中的邮件发送出去。

邮件接收完毕，用户可以在单独的窗口或预览窗口中阅读邮件，其具体步骤如下。

① 单击"收件箱"文件夹，Outlook Express 便会显示阅读和未读邮件列表。正常字体显示的是已阅读的电子邮件，粗体显示的是尚未阅读的电子邮件。

② 要在单独的窗口中阅读邮件，只要在邮件列表中双击该邮件，便会打开单独邮件窗口。

③ 保存附件。有时用户收到的邮件不仅只有文本信息，可能会附有其他文件（称为附件）。附件的格式可以是多种多样的的，包括各种格式的文档、图片、声音、视频等。用户能否查看附件的信息，则取决于用户的计算机中是否装有阅读对应格式文件的应用软件。例如，如果附件是 Word 文档，要阅读该附件，则用户的计算机中必须装有 Word 软件。

若要保存附件，执行"文件"→"保存附件"命令，在弹出的"保存附件"对话框中选择保存位置，单击"保存"按钮即可。

（4）创建和发送电子邮件

Outlook Express 提供了一个很有用的新邮件编辑器，可以用它来创建和编辑邮件，具体操作步骤如下：

① 单击工具栏上的"创建邮件"按钮，打开新邮件窗口。

提示：双击"联系人"中的地址，也可以打开新邮件窗口。

② 在"主题"栏填写邮件头信息。

提示：如要将同一封信发给多个人，可以在"地址"栏中填入多个 E-mail 地址，用分号或逗号将地址分开。主题栏可以不填，但填写主题是个良好的写信习惯，它可以方便收信人阅读和整理邮件。

③ 在正文区中输入邮件正文。

提示：执行"格式"→"多信息文本（HTML）"命令，可用 HTML 格式写正文，这时可以在邮件中添加图片和指向 Web 站点的超链接；还可以设置文本的字体、字号、颜色、文字排列方式，以及整个信件的背景、声音、信纸样式等。

邮件书写完毕后，可以单击工具栏上的"发送"按钮，使用默认账户来发送邮件。要通过其他账户发送邮件，则需要单击"发件人"栏右侧的小倒三角，选择希望使用的邮件账户。如果正在脱机撰写邮件，可以执行"文件"→"以后发送"命令，将邮件保存在"发件箱"中，以后连入 Internet 后直接单击工具栏中的"发送与接收"按钮，就会把存在"发件箱"中的待发邮件发送出去。

6.2.2 典型例题解析

【例1】 下列域名中，表示教育机构的是_____。

A. ftp.bta.net.cn　　　　　　　　B. ftp.cnc.ac.cn
C. www.ioa.ac.cn　　　　　　　　D. www.buaa.edu.cn

【解析】 在计算机网络的域名标准中，域名的每部分都具有一定的含义，不同域名代码代表不同的意思，其中常用表示机构的有 com、edu、gov 和 net，它们分别代表商业机构、教育机构、政府机构和网络机构。

【例 2】 下列各项中，非法的 IP 地址是_____。

A. 126.96.2.6　　B. 190.256.38.8　　C. 203.113.7.15　　D. 203.226.1.68

【解析】 IP 地址的表示范围不是可以无限大的，而是有限制、在一定范围的。A 类、B 类、C 类地址表示范围如下。

A 类地址：1.1.1.1～126.254.254.254

B 类地址：128.1.1.1～191.254.254.254

C 类地址：192.1.1.1～233.254.254.254

【例 3】 下列功能中，Internet 没有提供的功能和服务是_____。

A. 电子邮件　　B. 文件传输　　C. 远程登录　　D. 调制解调

【解析】 Internet 提供的主要功能和服务有万维网服务、电子邮件服务、文件传输服务、远程登录服务、电子公告牌和电子商务。

【例 4】 接入 Internet 的每一台主机都有一个唯一的可识别地址，称做_____。

A. URL　　　　B. TCP 地址　　C. IP 地址　　D. 域名

【解析】 接入 Internet 的每一台主机都有一个唯一的可识别地址，称做 IP 地址。

6.3 本章小结

本章介绍了计算机网络定义、类型和广域网、局域网的基本概念，重点讲述了局域网的基本组成和拓扑结构。最后本章还介绍了 Internet 的概念、功能以及 IP 地址和域名，浏览器 Internet Explorer 的使用及电子邮件的基本概念。

6.4 本章习题

1. 计算机网络的主要目标是实现_____。

　　A. 数据处理　　　　　　　　　B. 文献检索
　　C. 资源共享和信息传输　　　　D. 信息传输

2. OSI 开放系式网络系统互联标准的参考模型由_____层组成。
   A. 5　　　　　B. 6　　　　　C. 7　　　　　D. 8
3. 传输速率的单位是_____。
   A. 帧/秒　　　B. 文件/秒　　C. 位/秒　　　D. 米/秒
4. TCP 协议位于_____层。
   A. 网络层　　　B. 数据链路层　C. 传输层　　　D. 应用层
5. 就计算机网络分类而言，下列说法中规范的是_____。
   A. 网络可分为光缆网、无线网、局域网
   B. 网络可分为公用网、专用网、远程网
   C. 网络可分为数学网、模拟网、通用网
   D. 网络可分为局域网、远程网、城域网
6. 在广域网中使用的网络互联设备是_____。
   A. 集线器　　　B. 网桥　　　　C. 交换机　　　D. 路由器
7. 局域网的英文缩写为_____。
   A. LAN　　　　B. WAN　　　　C. ISDN　　　　D. WWW
8. 局域网的网络硬件设备主要包括_____、工作站、网卡和通信介质。
   A. 网络服务器　　　　　　　　B. 网络协议
   C. 网络操作系统　　　　　　　D. 网络数据库系统
9. 常见的局域网的拓扑结构有_____。
   A. 星型结构　　B. 环型结构　　C. 总线结构　　D. 以上都是
10. 不属于网络操作系统的是_____。
    A. DOS　　　　　　　　　　　B. UNIX
    C. Windows 2000　　　　　　　D. Windows NT
11. Internet 起源于_____年。
    A. 1969　　　　B. 1975　　　　C. 1979　　　　D. 1981
12. Internet 实现了分布在世界各地的各类网络的互联，其最基础核心的协议是_____。
    A. HTTP　　　　B. FTP　　　　C. HTML　　　　D. TCP/IP
13. 下列关于 Internet 的说法中，错误的是_____。
    A. Internet 即是国际互联网　　　B. Internet 具有网络资源共享的特点
    C. 在中国称为因特网　　　　　　D. Internet 是局域网的一种
14. 下列四项内容中，不属于 Internet 基本功能的是_____。
    A. 电子邮件　　B. 文件传输　　C. 远程登录　　D. 实时监测控制
15. Internet 可提供多种服务，其中应用最广泛的为_____。
    A. Telnet　　　B. Gopher　　　C. E-mail　　　D. TCP/IP

16. Internet 中，主机的域名和主机的 IP 地址两者之间的关系是_____。
    A．完全相同，毫无区别   B．一一对应
    C．一个 IP 地址对应多个域名   D．一个域名对应多个 IP 地址

17. 下列各项，不能作为 IP 地址的是_____。
    A．202.96.0.1   B．202.110.7.12
    C．112.256.23.8   D．159.226.0.18

18. 当个人计算机以拨号方式接入 Internet 时，必须使用的设备是_____。
    A．网卡   B．调制解调器
    C．电话机   D．浏览器软件

19. 调制解调器（Modem）的作用是_____。
    A．将计算机的数字信号转换成模拟信号
    B．将模拟信号转换成计算机的数字信号
    C．将计算机的数字信号与模拟信号相互转换
    D．为了上网与接电话两不误

20. 收藏夹是用来_____的。
    A．记忆感兴趣的页面地址   B．记忆感兴趣的页面的内容
    C．收集感兴趣的文件内容   D．收集感兴趣的文件名

附录 A
全国计算机等级考试一级 B 考试大纲

【基本要求】

(1) 具有使用微型计算机的基础知识。
(2) 了解微型计算机系统的基本组成。
(3) 了解操作系统的基本功能，掌握 Windows 的使用方法。
(4) 了解文字处理和表格处理的基本知识，掌握 Windows 环境下 Word 和 Excel 的基本操作，熟练掌握一种汉字（键盘）输入方法。
(5) 了解计算机网络的基本概念，掌握因特网（Internet）的电子邮件及浏览器的使用。
(6) 具有计算机安全使用和计算机病毒防治的知识。

【考试内容】

1. 基础知识

(1) 计算机的概念、类型及其应用领域，计算机系统的配置及主要技术指标。
(2) 计算机中数据的表示：二进制的概念，整数的二进制表示，西文字符的 ASCII 码表示，汉字及其编码（国标码），数据的存储单位（位、字节、字）。
(3) 计算机病毒的概念和病毒的防治。
(4) 计算机硬件系统的组成和功能：CPU、存储器（ROM、RAM）以及常用输入/输出设备的功能。
(5) 计算机软件系统的组成和功能：系统软件和应用软件，程序设计语言（机器语言、汇编语言、高级语言）的概念。

2. 操作系统的功能和分类

(1) 操作系统的基本概念、功能和分类。
(2) 操作系统的组成，文件、文件名、目录（文件夹）、目录（文件夹）树和路径等概念。
(3) Windows 的使用，包括以下内容：
① Windows 的特点、功能、配置和运行环境。
② Windows "开始"按钮、任务栏、菜单、图标等的使用。
③ 应用程序的运行和退出，"我的电脑"和"资源管理器"的使用。
④ 文件和文件夹的基本操作：打开、创建、移动、删除、复制、更名、查找、打印及设

置属性。
⑤ 软盘的复制和软盘的格式化，磁盘属性的查看等操作。
⑥ 中文输入法的安装、卸除、选用和屏幕显示，中文 DOS 方式的使用。
⑦ 快捷方式的设置和使用。

3．字表处理软件的功能和使用

（1）中文 Word 的基本功能，Word 的启动和退出，Word 的工作窗口。
（2）熟练掌握一种常用的汉字输入方法。
（3）文档的创建、打开，文档的编辑（文字的选定、插入、删除、查找与替换等基本操作），多窗口和多文档的编辑。
（4）文档的保存、复制、删除、插入和打印。
（5）字体和字号的设置，段落格式和页面格式的设置与打印预览。
（6）Word 的图形功能，Word 的图形编辑器及使用。
（7）Word 的表格制作，表格中数据的输入与编辑，数据的排序和计算。

4．电子表格软件中文 Excel 的功能和使用

（1）电子表格 Excel 的基本概念、功能、启动和退出。
（2）工作簿和工作表的创建、输入、编辑和保存等基本操作。
（3）工作表中公式与常用函数的使用和输入。
（4）工作表数据库的概念，记录的排序、筛选和查找。
（5）Excel 图表的建立及相应的操作。

五、计算机网络的基础知识

（1）计算机网络的概念和分类。
（2）计算机通信的简单概念：Modem 和网卡等。
（3）计算机局域网与广域网的特点。
（4）因特网（Internet）的概念及其简单应用：电子邮件的收发和浏览器 IE 的使用。

【考试方式】

（1）采用无纸化考试，上机操作。考试时间为 90 min。
（2）软件环境：操作系统为 Windows XP，办公软件为 Microsoft Office 2003。
（3）指定时间内，使用微机完成下列各项操作。
① 选择题（计算机基础知识和计算机网络的基本知识）。（20 分）
② 汉字录入能力测试（录入 250 个汉字）。（15 分）
③ Windows XP 操作系统的使用。（10 分）
④ Word 2003 字处理软件的操作。（25 分）
⑤ Excel 2003 电子表格软件的操作。（20 分）
⑥ 浏览器的简单应用和邮件收发的操作。（10 分）

附录B 数制转换与运算

Windows系统中的计算器分为标准型和科学型两种类型。前者可进行简单的算术运算，后者除了具有前者功能外，还可进行数制转换、逻辑和函数运算及常规统计等比较复杂的运算。

1. 数制转换

数制转换的具体步骤如下：

① 计算器的打开方法是：执行"程序"→"附件"→"计算器"命令，打开"计算器"窗口，如图B-1所示。

图B-1 标准型计算器

② 在计算器的"查看"选项中选择"科学型"，打开如图B-2所示的科学型计算器。

图B-2 科学型计算器

③ 举例：将十进制数"168"转换成二进制数。

具体操作是：先选中"十进制"单选按钮，输入数"168"再选中"二进制"单选按钮，其步骤及结果显示见图 B-3。

图 B-3　转换结果

2．数制运算

数制运算的步骤如下：

① 打开"计算器"。

② 在计算器的"查看"选项中选择"科学型"。

③ 选择某种进制，再进行各种进制之间的转换。转换为同一进制后便可进行运算了。

3．练习题

（1）利用计算机器完成以下进制之间的转换。

101001B=＿＿＿＿＿＿＿＿D

234O=＿＿＿＿＿＿＿＿D

56A1H=＿＿＿＿＿＿＿＿D

123D=＿＿＿＿＿＿＿＿B

76O=＿＿＿＿＿＿B
C2H=＿＿＿＿＿＿B
1001101B=＿＿＿＿＿＿O
87D=＿＿＿＿＿＿O
6D3H=＿＿＿＿＿＿O
1011B=＿＿＿＿＿＿H
532O=＿＿＿＿＿＿H
634D=＿＿＿＿＿＿H

（2）利用计算器完成以下运算。

1110111B+1000110B=＿＿＿＿＿＿B
1110110B−101B=＿＿＿＿＿＿B
234O+32O=＿＿＿＿＿＿O
765O−62O=＿＿＿＿＿＿O
27C2H+67ADH=＿＿＿＿＿＿H
B23H−6DH=＿＿＿＿＿＿H
1101B*1011B=＿＿＿＿＿＿B

附录 C 计算机硬件设备图示

通用计算机的硬件设备有如下几个组成部分。
（1）机箱内部组成（如图 C-1 所示）

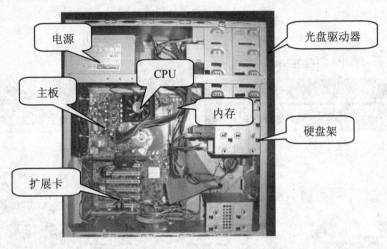

图 C-1 机箱内部件组成

（2）主板结构（如图 C-2 所示）

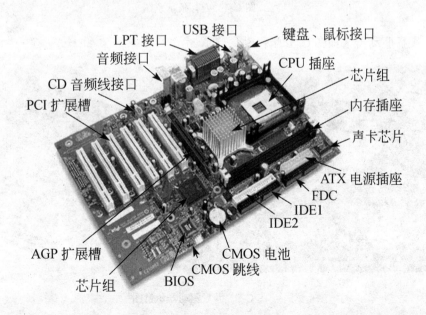

图 C-2 主板结构图

(3) CPU（如图 C-3 所示）

图 C-3　CPU 示意图

(4) 内存条（如图 C-4 所示）

　　30 线内存条　　　　　　　　　72 线内存条

168 线内存条

图 C-4　内存条示意图

(5) 硬盘驱动器（如图 C-5 所示）

图 C-5　硬盘驱动器示意图

(6) 光盘驱动器（如图 C-6 所示）

附录 C 计算机硬件设备图示

图 C-6　光盘驱动器示意图

（7）显示器和机箱内显卡构成的显示系统（如图 C-7 所示）

图 C-7　显示系统

（8）键盘（如图 C-8 所示）

图 C-8　键盘示意图

（9）鼠标（如图 C-9 所示）
（10）扫描仪（如图 C-10 所示）

图 C-9　鼠标示意图　　　　图 C-10　扫描仪示意图

(11) 打印机（如图 C-11 所示）

图 C-11　打印机示意图

(12) USB 接/插口（如图 C-12 所示）

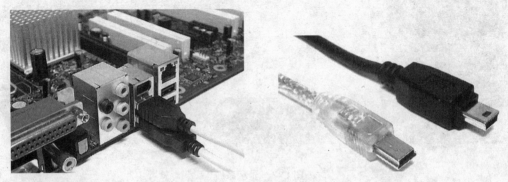

图 C-12　USB 接/插口示意图

附录 D
计算机基础知识和网络基础知识练习题

1. 计算机的特点

计算机的特点是处理速度快、计算精度高、存储容量大、可靠性高、工作全自动以及_____。

    A. 造价低廉   B. 便于大规模生产

    C. 适用范围广、通用性强   D. 体积小巧

2. 计算机的分类

（1）计算机按照处理数据的形态可以分为_____。

    A. 巨型机、小巨型机、大型主机、小型机、微型机和工作站

    B. 286 机、386 机、486 机、Pentium 机

    C. 专用计算机、通用计算机

    D. 数字计算机、模拟计算机、混合计算机

（2）计算机按其性能可以分为 5 大类，即巨型机、大型主机、小型机、微型机和_____。

    A. 工作站   B. 超小型机   C. 网络机   D. 以上都不是

（3）微型计算机按照结构可以分为_____。

    A. 单片机、单板机、多芯片机、多板机

    B. 286 机、386 机、486 机、Pentium 机

    C. 8 位机、16 位机、32 位机、64 位机

    D. 以上都不是

（4）国际上对计算机进行分类的依据是_____。

    A. 计算机的型号   B. 计算机的速度

    C. 计算机的性能   D. 计算机生产厂家

3. 计算机的基本概念

（1）下列有关多媒体计算机概念描述正确的是_____。

    A. 多媒体技术可以处理文字、图像和声音，但不能处理动画和影像

    B. 多媒体计算机系统主要由多媒体硬件系统、多媒体操作系统和支持多媒体数据开发的应用工具软件组成

    C. 传输媒体主要包括键盘、显示器、鼠标、声卡及视频卡等

D. 多媒体技术具有同步性、集成性、交互性和综合性的特征

（2）以下是冯·诺依曼体系结构计算机的基本思想之一的是_____。

A. 计算精度高 B. 存储程序控制

C. 处理速度快 D. 可靠性高

（3）巨型机指的是_____。

A. 体积大 B. 重量大 C. 功能强 D. 耗电量大

4. 第一台计算机

（1）世界上第一台计算机诞生于哪一年？_____

A. 1945 年 B. 1956 年 C. 1935 年 D. 1946 年

（2）世界上第一台计算机的名称是_____。

A. ENIAC B. APPLE C. UNIVAC-I D. IBM-7000

（3）1983 年，我国第一台亿次巨型电子计算机诞生了，它的名称是_____。

A. 东方红 B. 神威 C. 曙光 D. 银河

（4）我国第一台电子计算机诞生于哪一年？_____

A. 1948 年 B. 1958 年 C. 1966 年 D. 1968 年

（5）在 ENIAC 的研制过程中，由美籍匈牙利数学家总结并提出了非常重要的改进意见，他是_____。

A. 冯·诺依曼 B. 阿兰·图灵 C. 古德·摩尔 D. 以上都不是

5. 计算机的发展

（1）第 1 代电子计算机使用的电子元件是_____。

A. 晶体管 B. 电子管

C. 中、小规模集成电路 D. 大规模和超大规模集成电路

（2）第 4 代电子计算机使用的电子元件是_____。

A. 晶体管 B. 电子管

C. 中、小规模集成电路 D. 大规模和超大规模集成电路

（3）第 3 代电子计算机使用的电子元件是_____。

A. 晶体管 B. 电子管

C. 中、小规模集成电路 D. 大规模和超大规模集成电路

（4）截至目前，微型计算机经历了几个阶段？_____

A. 8 B. 7 C. 6 D. 5

（5）电子计算机的发展按其所采用的逻辑器件可分为几个阶段？_____

A. 2 个 B. 3 个 C. 4 个 D. 5 个

（6）UNIVAC—I 是哪一代计算机的代表？_____

A．第1代 　　　B．第2代 　　　C．第3代 　　　D．第4代

（7）目前，计算机的发展方向是微型化和_____。

A．巨型化 　　　B．智能化 　　　C．稳定化 　　　D．低成本化

（8）第2代电子计算机使用的电子元件是_____。

A．晶体管　　　　　　　　　　　B．电子管

C．中、小规模集成电路　　　　　D．大规模和超大规模集成电路

（9）目前制造计算机所用的电子元件是_____。

A．电子管 　　　B．晶体管 　　　C．集成电路 　　　D．超大规模集成电路

6．计算机应用

（1）在信息时代，计算机的应用非常广泛，主要有如下几大领域：科学计算、信息处理、过程控制、计算机辅助工程、家庭生活和_____。

A．军事应用　　　　　　　　　　B．现代教育

C．网络服务　　　　　　　　　　D．以上都不是

（2）CAI 表示为_____。

A．计算机辅助设计　　　　　　　B．计算机辅助制造

C．计算机辅助教学　　　　　　　D．计算机辅助军事

（3）CAM 表示为_____。

A．计算机辅助设计　　　　　　　B．计算机辅助制造

C．计算机辅助教学　　　　　　　D．计算机辅助模拟

（4）计算机在现代教育中的主要应用有计算机辅助教学、计算机模拟、多媒体教室和_____。

A．网上教学和电子大学　　　　　B．家庭娱乐

C．电子试卷　　　　　　　　　　D．以上都不是

（5）计算机的应用领域可大致分为6个方面，下列选项中属于其中之一的是_____。

A．计算机辅助教学、专家系统、人工智能

B．工程计算、数据结构、文字处理

C．实时控制、科学计算、数据处理

D．数值处理、人工智能、操作系统

（6）微型计算机中使用的数据库属于_____。

A．科学计算方面的计算机应用

B．过程控制方面的计算机应用

C．数据处理方面的计算机应用

D．辅助设计方面的计算机应用

（7）计算机辅助设计简称是_____。

A. CAM　　　B. CAD　　　C. CAT　　　D. CAI

（8）计算机应用原则上分为哪两大类？_____
    A. 科学计算和信息处理
    B. 数值计算和非数值计算
    C. 军事工程和日常生活
    D. 现代教育和其他领域

（9）除了计算机模拟之外，另一种重要的计算机教学辅助手段是_____。
    A. 计算机录像　　　　　B. 计算机动画
    C. 计算机模拟　　　　　D. 计算机演示

（10）计算机集成制作系统是_____。
    A. CAD　　　B. CAM　　　C. CIMS　　　D. MIPS

（11）计算机模拟属于哪一类计算机应用领域？_____
    A. 科学计算　　B. 信息处理　　C. 过程控制　　D. 现代教育

（12）目前各部门广泛使用的人事档案管理、财务管理等软件，按计算机应用分类，应属于_____。
    A. 实时控制　　　　　　B. 科学计算
    C. 计算机辅助工程　　　D. 信息处理

7. 数制知识

（1）二进制数 11000000 对应的十进制数是_____。
    A. 384　　　B. 192　　　C. 96　　　D. 320

（2）下列 4 种不同数制表示的数中，数值最大的一个是_____。
    A. 八进制数 110　　　　　B. 十进制数 71
    C. 十六进制数 4A　　　　 D. 二进制数 1001001

（3）为了避免混淆，十六进制数在书写时常在后面加上字母_____。
    A. H　　　B. O　　　C. D　　　D. B

（4）计算机用来表示存储空间大小的最基本单位是_____。
    A. Baud　　　B. bit　　　C. Byte　　　D. Word

（5）十进制数 221 用二进制数表示是_____。
    A. 1100001　　B. 11011101　　C. 0011001　　D. 1001011

（6）下列 4 个无符号十进制整数中，能用 8 个二进制位表示的是_____。
    A. 257　　　B. 201　　　C. 313　　　D. 296

（7）计算机内部采用的数制是_____。
    A. 十进制　　　B. 二进制　　　C. 八进制　　　D. 十六进制

(8) 与十进制数 254 等值的二进制数是_____。
　　A. 11111110　　B. 11101111　　C. 11111011　　D. 11101110
(9) 下列 4 种不同数制表示的数中，数值最小的一个是_____。
　　A. 八进制数 36　　　　　　　B. 十进制数 32
　　C. 十六进制数 22　　　　　　D. 二进制数 10101100
(10) 十六进制数 1AB 对应的十进制数是_____。
　　A. 112　　B. 427　　C. 564　　D. 273
(11) 十进制数 215 用二进制数表示是_____。
　　A. 1100001　　B. 11011101　　C. 0011001　　D. 11010111
(12) 有一个数是 123，它与十六进制数 53 相等，那么该数值是_____。
　　A. 八进制数　　B. 十进制数　　C. 五进制数　　D. 二进制数
(13) 下列 4 种不同数制表示的数中，数值最大的一个是_____。
　　A. 八进制数 227　B. 十进制数 789
　　C. 十六进制数 1FF　　　　　D. 二进制数 1010001
(14) 十进制数 75 用二进制数表示是_____。
　　A. 1100001　　B. 1101001　　C. 0011001　　D. 1001011
(15) 一个非零无符号二进制整数后加两个零形成一个新的数，新数的值是原数值的_____。
　　A. 4 倍　　B. 2 倍　　C. 四分之一　　D. 二分之一
(16) 与十进制数 291 等值的十六进制数为_____。
　　A. 123　　B. 213　　C. 231　　D. 132
(17) 与十六进制数 26CE 等值的二进制数是_____。
　　A. 0111001101100010　　　　B. 0010011011011110
　　C. 10011011001110　　　　　D. 1100111000100110
(18) 下列 4 种不同数制表示的数中，数值最小的_____。
　　A. 八进制数 52　　　　　　B. 十进制数 44
　　C. 十六进制数 2B　D. 二进制数 101001
(19) 十六进制数 2BA 对应的十进制数是_____。
　　A. 698　　B. 754　　C. 534　　D. 1243
(20) 与十进制数 1023 等值的十六进制数为_____。
　　A. 3FDH　　B. 3FFH　　C. 2FDH　　D. 3FFH
(21) 十进制整数 100 转换为二进制数是_____。
　　A. 1100100　　B. 1101000　　C. 1100010　　D. 1110100
(22) 16 个二进制位可表示整数的范围是_____。

A. 0~65 535　　　　　　　　　B. -32 768~32 767
C. -32 768~32 768　　　　　　D. -32 768~32 767 或 0~65 535

(23) 与十进制数 4625 等值的十六进制数为_____。
A. 1211　　　B. 1121　　　C. 1122　　　D. 1221

(24) 微机中 1KB 表示的二进制位数是_____。
A. 1000　　　B. 8×1000　　　C. 1024　　　D. 8×1024

(25) 二进制数 110101 对应的十进制数是_____。
A. 44　　　B. 65　　　C. 53　　　D. 74

(26) 十进制数 269 转换为十六进制数为_____。
A. 10E　　　B. 10D　　　C. 10C　　　D. 10B

(27) 二进制数 1010.101 对应的十进制数是_____。
A. 11.33　　　B. 10.625　　　C. 12.755　　　D. 16.75

(28) 十六进制数 1A2H 对应的十进制数是_____。
A. 418　　　B. 308　　　C. 208　　　D. 578

(29) 二进制数 1111101011011 转换成十六进制数是_____。
A. 1F5B　　　B. D7SD　　　C. 2FH3　　　D. 2AFH

(30) 十六进制数 CDH 对应的十进制数是_____。
A. 204　　　B. 205　　　C. 206　　　D. 203

(31) 下列 4 种不同数制表示的数中,数值最小的一个是_____。
A. 八进制数 247　　　　　　B. 十进制数 169
C. 十六进制数 A6　　　　　　D. 二进制数 10101000

(32) 二进制数 10101011 转换成十六进制数是_____。
A. 1AB　　　B. AB　　　C. BA　　　D. 1BA

(33) 十六进制数 34B 对应的十进制数是_____。
A. 1234　　　B. 843　　　C. 768　　　D. 333

(34) 二进制数 0111110 转换成十六进制数是_____。
A. 3F　　　B. DD　　　C. 4A　　　D. 3E

(35) 十进制数 45 用二进制数表示是_____。
A. 1100001　　　B. 1101001　　　C. 0011001　　　D. 101101

(36) 十六进制数 5BB 对应的十进制数是_____。
A. 2345　　　B. 1467　　　C. 5434　　　D. 2345

(37) 二进制数 0101011 转换成十六进制数是_____。
A. 2B　　　B. 4D　　　C. 45F　　　D. F6

(38) 二进制数 111110000111 转换成十六进制数是_____。

A．5FB　　　　B．F87　　　　C．FC　　　　D．F45

（39）十进制数 2344 用二进制数表示是_____。

　　A．11100110101　　　　　　B．100100101000
　　C．11000111110　　　　　　D．110101010101

（40）十六进制数 B34B 对应的十进制数是_____。

　　A．45569　　　B．45899　　　C．34455　　　D．56777

（41）二进制数 101100101001 转换成十六进制数是_____。

　　A．33488　　　B．B29　　　C．44894　　　D．23455

（42）下列等式中正确的是_____。

　　A．1KB=1024×1024B　　　　B．1MB=1024B
　　C．1KB=1024MB　　　　　　D．1MB=1024×1024B

（43）将十进制数 26 转换成二进制数是_____。

　　A．01011B　　B．11010B　　C．11100B　　D．10011B

（44）二进制数 100000111111 转换成十六进制数是_____。

　　A．45F　　　　B．E345　　　C．F56　　　　D．83F

（45）与十六进制数 26CE 等值的二进制数是_____。

　　A．0111100110110010　　　　B．0010011011011110
　　C．10011011001110　　　　　D．1100111000100110

（46）下列关于字节的四项叙述中，正确的一项是_____。

　　A．字节通常用英文单词"bit"来表示，有时也可以写作"b"
　　B．目前广泛使用的 Pentium 机其字长为 5 个字节
　　C．计算机中将 8 个相邻的二进制位作为一个单位，这种单位称为字节
　　D．计算机的字长并不一定是字节的整数倍

8．汉字编码

（1）某汉字的区位码是 2534，它的国际码是_____。

　　A．4563H　　　B．3942H　　　C．3345H　　　D．6566H

（2）某汉字的国际码是 5650H，它的机内码是_____。

　　A．D6D0H　　　B．E5E0H　　　C．E5D0H　　　D．D5E0H

（3）某汉字的区位码是 5448，它的机内码是_____。

　　A．D6D0H　　　B．E5E0H　　　C．E5D0H　　　D．D5E0H

（4）某汉字的区位码是 3721，它的国际码是_____。

　　A．5445H　　　B．4535H　　　C．6554H　　　D．3555H

（5）某汉字的机内码是 B0A1H，它的国际码是_____。

　　A．3121H　　　B．3021H　　　C．2131H　　　D．2130H

（6）下列 4 个选项中，叙述正确的一项是_____。
　　A．存储一个汉字和存储一个英文字符占用的存储容量是相同的
　　B．微型计算机只能进行数值运算
　　C．计算机中数据的存储和处理都使用二进制
　　D．计算机中数据的输出和输入都使用二进制

（7）下列关于汉字编码的叙述中，不正确的一项是_____。
　　A．汉字信息交换码就是国际码
　　B．2 个字节存储一个国际码
　　C．汉字的机内码就是区位码
　　D．汉字的内码常用 2 个字节存储

（8）五笔字型输入法是_____。
　　A．音码　　　　B．形码　　　　C．混合码　　　　D．音形码

（9）汉字的字形通常分为哪两类？_____
　　A．通用型和精密型　　　　B．通用型和专用型
　　C．精密型和简易型　　　　D．普通型和提高型

（10）中国国家标准汉字信息交换编码是_____。
　　A．GB 2312—80　B．GBK　　C．UCS　　　　D．BIG-5

（11）存储一个国际码需要几个字节？_____
　　A．1　　　　B．2　　　　C．3　　　　D．4

（12）存储 400 个 24×24 点阵汉字字形所需的存储容量是_____。
　　A．255KB　　B．75KB　　C．37.5KB　　D．28.125KB

（13）32×32 点阵的字形码需要多少存储空间？_____
　　A．32B　　　B．64B　　　C．72B　　　D．128B

（14）在 24×24 点阵字库中，每个汉字的字模信息存储在多少个字节中？_____
　　A．24　　　　B．48　　　　C．72　　　　D．12

（15）100 个 24×24 点阵的汉字字模信息所占用的字节数是_____。
　　A．2400　　　B．7200　　　C．57600　　　D．73728

（16）计算机内部采用二进制表示数据信息，二进制的主要优点是_____。
　　A．容易实现　　　　　　　B．方便记忆
　　C．书写简单　　　　　　　D．符合使用的习惯

（17）存放的汉字是_____。
　　A．汉字的内码　　　　　　B．汉字的外码
　　C．汉字的字模　　　　　　D．汉字的变换码

（18）某汉字的常用机内码是 B6ABH，则它的国标码第一字节是_____。

A．2BH B．00H C．36H D．11H

（19）汉字"中"的十六进制的机内码是 D6D0H，那么它的国标码是_____。

A．5650H B．4640H C．5750H D．C750H

（20）在计算机内部，无论是数据还是指令均以二进制数的形式存储，人们在表示存储地址时常采用几位二进制位表示？_____

A．2 B．8 C．10 D．16

（21）汉字"东"的十六进制的国标码是 362BH，那么它的机内码是_____。

A．160BH B．B6ABH C．05ABH D．150BH

（22）计算机内部用于汉字信息的存储、运算的信息代码称为_____。

A．汉字输入码 B．汉字输出码
C．汉字字形码 D．汉字内码

（23）下列叙述有误的一项是_____。

A．通过自动（如扫描）或人工（如击键、语音）方法将汉字信息（图形、编码或语音）转换为计算机内部表示汉字的机内码并存储起来的过程，称为汉字输入

B．将计算机内存储的汉字内码恢复成汉字并在计算机外部设备上显示或通过某种介质保存下来的过程，称为汉字输出

C．将汉字信息处理软件固化，构成一块插件板，这种插件板称为汉卡

D．汉字国标码就是汉字拼音码

（24）某汉字的国际码是 1112H，它的机内码是_____。

A．3132H B．5152H C．8182H D．9192H

9．ASCII 码

（1）ASCII 码分为哪两种？_____

A．高位码和低位码 B．专用码和通用码
C．7 位码和 8 位码 D．以上都不是

（2）7 位 ASCII 码共有多少个不同的编码值？_____

A．126 B．124 C．127 D．128

（3）对于 ASCII 码在机器中的表示，下列说法正确的是_____。

A．使用 8 位二进制代码，最右边一位是 0
B．使用 8 位二进制代码，最右边一位是 1
C．使用 8 位二进制代码，最左边一位是 0
D．使用 8 位二进制代码，最左边一位是 1

（4）对应 ASCII 码表，下列有关 ASCII 码值大小关系描述正确的是_____。

A．"CR" < "d" < "G" B．"a" < "A" < "9"
C．"9" < "A" < "CR" D．"9" < "R" < "n"

(5) 英文大写字母 D 的 ASCII 码值为 44H，英文大写字母 F 的 ASCII 码值为十进制数 _____。

　　A. 46　　　　　B. 68　　　　　C. 70　　　　　D. 15

(6) 在 ASCII 码表中，下列按照 ASCII 码值从小到大顺序排列的是 _____。

　　A. 数字、英文大写字母、英文小写字母
　　B. 数字、英文小写字母、英文大写字母
　　C. 英文大写字母、英文小写字母、数字
　　D. 英文小写字母、英文大写字母、数字

(7) 下列字符中，其 ASCII 码值最大的是 _____。

　　A. STX　　　　B. 8　　　　　C. E　　　　　D. a

(8) 下列字符中，其 ASCII 码值最小的是 _____。

　　A. $　　　　　B. J　　　　　C. b　　　　　D. T

(9) ASCII 码其实就是 _____。

　　A. 美国标准信息交换码　　　B. 国际标准信息交换码
　　C. 欧洲标准信息交换码　　　D. 以上都不是

(10) 下列字符中，其 ASCII 码值最大的是 _____。

　　A. 9　　　　　B. D　　　　　C. a　　　　　D. y

(11) 下列字符中，其 ASCII 码值最大的是 _____。

　　A. NUL　　　　B. B　　　　　C. g　　　　　D. p

(12) 下列字符中，其 ASCII 码值最小的是 _____。

　　A. A　　　　　B. a　　　　　C. k　　　　　D. M

(13) 微型计算机中，普遍使用的字符编码是 _____。

　　A. 补码　　　　B. 原码　　　　C. ASCII 码　　D. 汉字编码

(14) 字母"k"的 ASCII 码值是十进制数 _____。

　　A. 156　　　　B. 150　　　　C. 120　　　　D. 107

(15) 下列字符中，其 ASCII 码值最大的是 _____。

　　A. 7　　　　　B. p　　　　　C. K　　　　　D. 5

(16) 字母"Q"的 ASCII 码值是十进制数 _____

　　A. 75　　　　　B. 81　　　　　C. 97　　　　　D. 134

(17) 以下关于计算机中常用编码描述正确的是 _____。

　　A. 只有 ASCII 码一种
　　B. 有 EBCDIC 码和 ASCII 码两种
　　C. 大型机多采用 ASCII 码

D. ASCII 码只有 7 位码

（18）计算机内部用几个字节存放一个 7 位 ASCII 码？_____
A. 1　　　　　B. 2　　　　　C. 3　　　　　D. 4

（19）在 7 位 ASCII 码中，除了表示数字、英文大小写字母外，还可表示多少个字符？_____
A. 63　　　　B. 66　　　　C. 80　　　　D. 32

（20）字母"F"的 ASCII 码值是十进制数_____。
A. 70　　　　B. 80　　　　C. 90　　　　D. 100

10. 计算机指令和程序知识

（1）早期的 BASIC 语言采用哪种方法将源程序转换成机器语言？_____
A. 汇编　　　B. 解释　　　C. 编译　　　D. 编辑

（2）一条指令必须包括_____。
A. 操作码和地址码　　　　B. 信息和数据
C. 时间和信息　　　　　　D. 以上都不是

（3）程序设计语言通常分为_____。
A. 4 类　　　B. 2 类　　　C. 3 类　　　D. 5 类

（4）计算机能直接识别和执行的语言是_____。
A. 机器语言　　　　　　　B. 高级语言
C. 数据库语言　　　　　　D. 汇编程序

（5）以下不属于高级语言的有_____。
A. FORTRAN　　　　　　　B. Pasca
C. C　　　　　　　　　　 D. UNIX

（6）下列叙述中，说法正确的是_____。
A. 编译程序、解释程序和汇编程序不是系统软件
B. 故障诊断程序、排错程序、人事管理系统属于应用软件
C. 操作系统、财务管理程序、系统服务程序都不是应用软件
D. 操作系统和各种程序设计语言的处理程序都是系统软件

（7）把高级语言编写的源程序变成目标程序，需要经过_____。
A. 汇编　　　B. 解释　　　C. 编译　　　D. 编辑

（8）以下关于高级语言的描述中，正确的是_____。
A. 高级语言诞生于 20 世纪 60 年代中期
B. 高级语言的"高级"是指所设计的程序非常高级
C. C++语言采用的是"编译"的方法
D. 高级语言可以直接被计算机执行

（9）以下属于高级语言的有_____。
   A．机器语言　　B．C语言　　C．汇编语言　　D．以上都是

（10）以下关于汇编语言的描述中，错误的是_____。
   A．汇编语言诞生于20世纪50年代初期
   B．汇编语言不再使用难以记忆的二进制代码
   C．汇编语言使用的是助记符号
   D．汇编程序是一种不再依赖于机器的语言

（11）一台计算机可能会有多种多样的指令，这些指令的集合就是_____。
   A．指令系统　　B．指令集合　　C．指令群　　D．指令包

（12）能把汇编语言源程序翻译成目标程序的程序称为_____。
   A．编译程序　　B．解释程序　　C．编辑程序　　D．汇编程序

（13）为解决某一特定问题而设计的指令序列称为_____。
   A．文件　　B．语言　　C．程序　　D．软件

（14）用户用计算机高级语言编写的程序，通常称为_____。
   A．汇编程序　　B．目标程序　　C．源程序　　D．二进制代码程序

（15）将高级语言编写的程序翻译成机器语言程序，所采用的两种翻译方式是_____。
   A．编译和解释　　B．编译和汇编　　C．编译和链接　　D．解释和汇编

（16）在计算机内部能够直接执行的程序语言是_____。
   A．数据库语言　　B．高级语言　　C．机器语言　　D．汇编语言

（17）在程序设计中可使用各种语言编制源程序，但在执行转换过程中不产生目标程序的是_____。
   A．编译程序　　B．解释程序　　C．汇编程序　　D．数据库管理系统

（18）一种计算机所能识别并能运行的全部指令的集合，称为该种计算机的_____。
   A．程序　　B．二进制代码　　C．软件　　D．指令系统

（19）以下关于机器语言的描述中，不正确的是_____。
   A．每种型号的计算机都有自己的指令系统，就是机器语言
   B．机器语言是唯一能被计算机识别的语言
   C．计算机语言可读性强，容易记忆
   D．机器语言和其他语言相比，执行效率高

11．计算机软件

（1）最著名的国产文字处理软件是_____。
   A．MS Word　　B．金山WPS　　C．写字板　　D．方正排版

（2）通用软件不包括下列哪一项？_____
   A．文字处理软件　　　　　　B．电子表格软件

C．专家系统　　　　　　　　D．数据库系统

(3) 下列4种软件中不属于应用软件的是_____。

　　A．Excel 2000　　　　　　　B．WPS 2003

　　C．财务管理系统　　　　　　D．Pascal 编译程序

(4) WPS 2000、Word 97 等字处理软件属于_____。

　　A．管理软件　　B．网络软件　　C．应用软件　　D．系统软件

(5) 专门为学习目的而设计的软件是_____。

　　A．工具软件　　B．应用软件　　C．系统软件　　D．目标程序

(6) 下列4种软件中属于应用软件的是_____。

　　A．BASIC 解释程序　　　　　B．UCDOS 系统

　　C．财务管理系统　　　　　　D．Pascal 编译程序

(7) MS-DOS 是一种_____。

　　A．单用户单任务系统　　　　B．单用户多任务系统

　　C．多用户单任务系统　　　　D．以上都不是

(8) 两个软件都属于系统软件的是_____。

　　A．DOS 和 Excel　　　　　　B．DOS 和 UNIX

　　C．UNIX 和 WPS　　　　　　D．Word 和 Linux

(9) 下列4种软件中属于系统软件的是_____。

　　A．Word 2000　　　　　　　B．UCDOS 系统

　　C．财务管理系统　　D．豪杰超级解霸

(10) 下列不属于系统软件的是_____。

　　A．UNIX　　B．QBASIC　　C．Excel　　D．FoxPro

(11) 下列关于操作系统主要功能的描述中，不正确的是_____。

　　A．处理器管理　　　　　　　B．作业管理

　　C．文件管理　　　　　　　　D．信息管理

(12) 微型机的 DOS 系统属于哪一类操作系统？_____

　　A．单用户操作系统　　　　　B．分时操作系统

　　C．批处理操作系统　　　　　D．实时操作系统

(13) 操作系统的功能是_____。

　　A．将源程序编译成目标程序

　　B．负责诊断机器的故障

　　C．控制和管理计算机系统的各种硬件和软件资源的使用

　　D．负责外部设备与主机之间的信息交换

(14) 下列有关软件的描述中，说法不正确的是_____。

A．软件就是为方便使用计算机和提高使用效率而组织的程序以及有关文档

B．所谓"裸机"，其实就是没有安装软件的计算机

C．dBASE Ⅲ、FoxPro、Oracle 属于数据库管理系统，从某种意义上讲也是编程语言

D．通常，软件安装得越多，计算机的性能就越先进

（15）关于系统软件，下列叙述正确的一项是_____。

A．系统软件的核心是操作系统

B．系统软件是与具体硬件逻辑功能无关的软件

C．系统软件是使用应用软件开发的软件

D．系统软件并不具体提供人机界面

（16）目前，比较流行的 UNIX 系统属于哪一类操作系统？_____

A．网络操作系统　　　　　B．分时操作系统

C．批处理操作系统　　　　D．实时操作系统

（17）《计算机软件保护条例》中所称的计算机软件（简称软件）是指_____。

A．计算机程序　　　　　　B．源程序和目标程序

C．源程序　　　　　　　　D．计算机程序及其有关文档

（18）"针对不同专业用户的需要所编制的大量的应用程序，进而把它们逐步实现标准化、模块化所形成的解决各种典型问题的应用程序的组合"描述的是_____。

A．软件包　　B．软件集　　C．系列软件　　D．以上都不是

（19）计算机软件系统包括_____。

A．系统软件和应用软件　　B．编辑软件和应用软件

C．数据库软件和工具软件　D．程序和数据

12．中央处理器

（1）CPU 的主要组成包括运算器和_____。

A．控制器　　B．存储器　　C．寄存器　　D．编辑器

（2）高速缓冲存储器是为了解决_____。

A．内存与辅助存储器之间速度不匹配的问题

B．CPU 与辅助存储器之间速度不匹配的问题

C．CPU 与内存储器之间速度不匹配的问题

D．主机与外部设备之间速度不匹配的问题

（3）运算器的主要功能是_____。

A．实现算术运算和逻辑运算

B．保存各种指令信息供系统其他部件使用

C．分析指令并进行译码

D．按主频指标规定发出时钟脉冲

（4）计算机中对数据进行加工与处理的部件，通常称为_____。

  A．运算器   B．控制器   C．显示器   D．存储器

（5）微型计算机硬件系统中最核心的部件是_____。

  A．主板   B．CPU   C．内存储器   D．输入/输出设备

（6）运算器的组成部分不包括_____。

  A．控制线路   B．译码器   C．加法器   D．寄存器

（7）CPU 能够直接访问的存储器是_____。

  A．软盘   B．硬盘   C．RAM   D．C-ROM

（8）控制器主要由指令部件、时序部件和哪一个部件组成？_____

  A．运算器   B．程序计数器

  C．存储部件   D．控制部件

13．**存储器**

（1）微型计算机内存储器是_____的。

  A．按二进制数编址   B．按字节编址

  C．按字长编址   D．根据微处理器不同而编址不同

（2）SRAM 存储器是_____。

  A．静态随机存储器   B．静态只读存储器

  C．动态随机存储器   D．动态只读存储器

（3）微型计算机中，ROM 是_____。

  A．顺序存储器   B．高速缓冲存储器

  C．随机存储器   D．只读存储器

（4）在微型计算机系统中运行某一程序时，若存储容量不够，可以通过下列哪种方法来解决？_____

  A．扩展内存   B．增加硬盘容量

  C．采用光盘   D．采用高密度软盘

（5）内存（主存储器）比外存（辅助存储器）_____。

  A．读写速度快   B．存储容量大

  C．可靠性高   D．价格便宜

（6）计算机的存储系统通常包括_____。

  A．内存储器和外存储器   B．软盘和硬盘

  C．ROM 和 RAM   D．内存和硬盘

（7）断电会使存储数据丢失的存储器是_____。

  A．RAM   B．硬盘   C．ROM   D．软盘

（8）静态 RAM 的特点是_____。
　　A．在不断电的条件下，信息在静态 RAM 中保持不变，故而不必定期刷新就能永久保存信息
　　B．在不断电的条件下，信息在静态 RAM 中不能永久无条件保持，必须定期刷新才不致丢失信息
　　C．在静态 RAM 中的信息只能读不能写
　　D．在静态 RAM 中的信息断电后也不会丢失

（9）下面列出的 4 种存储器中，属于易失性存储器的是_____。
　　A．RAM　　　　B．ROM　　　　C．FROM　　　　D．CD-ROM

（10）下列几种存储器中，存取周期最短的是_____。
　　A．内存储器　　B．光盘存储器　C．硬盘存储器　D．软盘存储器

（11）下列 4 种存储器中，存取速度最快的是_____。
　　A．磁带　　　　B．软盘　　　　C．硬盘　　　　D．内存储器

（12）一般情况下，外存储器中存储的信息，在断电后_____。
　　A．局部丢失　　B．大部分丢失　C．全部丢失　　D．不会丢失

（13）下列关于计算机的叙述中，不正确的一项是_____。
　　A．外部存储器又称为永久性存储器
　　B．计算机中大多数运算任务都是由运算器完成的
　　C．高速缓存就是 Cache
　　D．借助反病毒软件可以清除所有的病毒

（14）下列有关外存储器的描述不正确的是_____。
　　A．外存储器不能为 CPU 直接访问，必须通过内存才能为 CPU 所使用
　　B．外存储器既是输入设备，又是输出设备
　　C．外存储器中所存储的信息，断电后也会随之丢失
　　D．扇区是磁盘存储信息的最小单位

（15）内部存储器的机器指令，一般先读取数据到缓冲寄存器，然后再送到_____。
　　A．指令寄存器　　　　　　　　B．程序记数器
　　C．地址寄存器　　　　　　　　D．标志寄存器

（16）RAM 具有的特点是_____。
　　A．海量存储
　　B．存储的信息可以永久保存
　　C．一旦断电，存储在其上的信息将全部消失并且无法恢复
　　D．存储在其中的数据不能改写

（17）微型计算机系统中，PROM 是_____。

A. 可读写存储器 B. 动态随机存取存储器
C. 只读存储器 D. 可编程只读存储器

14. 总线及计算机基本配置

(1) 下列有关总线的描述，不正确的是_____。

    A. 总线分为内部总线和外部总线

    B. 内部总线也称为片总线

    C. 总线的英文表示就是 Bus

    D. 总线体现在硬件上就是计算机主板

(2) 一台计算机的基本配置包括_____。

    A. 主机、键盘和显示器 B. 计算机与外部设备
    C. 硬件系统和软件系统 D. 系统软件与应用软件

(3) CPU、存储器、输入/输出设备是通过什么连接起来的？_____

    A. 接口 B. 总线 C. 系统文件 D. 控制线

(4) 下列叙述正确的一项是_____。

    A. 计算机系统是由主机、外部设备和系统软件组成的

    B. 计算机系统是由硬件系统和应用软件组成的

    C. 计算机系统是由硬件系统和软件系统组成的

    D. 计算机系统是由微处理器、外部设备和软件系统组成的

(5) 下列叙述中，正确的是_____。

    A. 计算机的体积越大，其功能越强

    B. CD-ROM 的容量比硬盘的容量大

    C. 存储器具有记忆功能，故其中的信息任何时候都不会丢失

    D. CPU 是中央处理器的简称

(6) 输入/输出设备必须通过 I/O 接口电路才能连接_____。

    A. 地址总线 B. 数据总线 C. 控制总线 D. 系统总线

(7) 计算机的主机由哪些部件组成？_____

    A. CPU、外存储器、外部设备 B. CPU 和内存储器
    C. CPU 和存储器系统 D. 主机箱、键盘、显示器

(8) 下列叙述正确的一项是_____。

    A. 为了协调 CPU 与 RAM 之间的速度差间距，在 CPU 芯片中又集成了高速缓冲存储器

    B. PC 机在使用过程中突然断电，SRAM 中存储的信息不会丢失

    C. PC 机在使用过程中突然断电，DRAM 中存储的信息不会丢失

    D. 外存储器中的信息可以直接被 CPU 处理

（9）I/O 接口位于什么之间？_____
　　A．主机和输入/输出设备　　　　B．主机和主存
　　C．CPU 和主存　　　　　　　　D．总线和输入/输出设备

15．输入/输出设备

（1）下列 4 种设备中，属于计算机输入/设备的是_____。
　　A．UPS　　　　B．服务器　　　C．绘图仪　　　D．光笔

（2）下列设备中，既可做输入设备又可做输出设备的是_____。
　　A．图形扫描仪　B．磁盘驱动器　C．绘图仪　　　D．显示器

（3）下列哪个只能当作输入单元？_____
　　A．扫描仪　　　B．打印机　　　C．读卡机　　　D．磁带机

（4）鼠标是微机的一种_____。
　　A．输出设备　　B．输入设备　　C．存储设备　　D．运算设备

（5）目前微型机上所使用的鼠标器应连接到_____。
　　A．CON　　　　B．COM1　　　C．PRN　　　　D．NUL

（6）在 Windows 环境中，最常用的输入设备是_____。
　　A．键盘　　　　B．鼠标　　　　C．扫描仪　　　D．手写设备

（7）一张软磁盘上存储的内容，在该盘处于什么情况时，其中数据可能丢失？_____
　　A．放置在声音嘈杂的环境中若干天后
　　B．携带通过海关的 X 射线监视仪后
　　C．被携带到强磁场附近后
　　D．与大量磁盘堆放在一起后

（8）磁盘格式化时，被划分为一定数量的同心圆磁道，软盘上最外圈的磁道是_____。
　　A．0 磁道　　　B．39 磁道　　　C．1 磁道　　　D．80 磁道

（9）CRT 显示器显示西文字符时，通常一屏最多可显示_____。
　　A．25 行、每行 80 个字符　　　　B．25 行、每行 60 个字符
　　C．20 行、每行 80 个字符　　　　D．20 行、每行 60 个字符

（10）已知双面高密软磁盘格式化后的容量为 1.2MB，每面有 80 个磁道，每个磁道有 15 个扇区，那么每个扇区的字节数是_____。
　　A．256 B　　　B．512 B　　　C．1 024 B　　　D．128 B

（11）目前常用的 3.5 英寸软盘角上有一带黑滑块的小方口，当小方口被关闭时，作用是_____。
　　A．只能读不能写　　　　　　　B．能读又能写
　　C．禁止读也禁止写　　　　　　D．能写但不能读

(12) 硬盘的一个主要性能指标是容量,硬盘容量的计算公式为_____。

　　A. 磁道数×面数×扇区数×盘片数×512 字节

　　B. 磁道数×面数×扇区数×盘片数×128 字节

　　C. 磁道数×面数×扇区数×盘片数×80×512 字节

　　D. 磁道数×面数×扇区数×盘片数×15×128 字节

(13) 硬盘工作时应特别注意避免_____。

　　A. 噪声　　　　B. 震动　　　　C. 潮湿　　　　D. 日光

(14) 具有多媒体功能的微型计算机系统中,常用的 CD—ROM 是_____。

　　A. 只读型大容量软盘　　　　B. 只读型光盘

　　C. 只读型硬盘　　　　　　　D. 半导体只读存储器

(15) 下列属于击打式打印机的有_____。

　　A. 喷墨打印机　　　　　　　B. 针式打印机

　　C. 静电式打印机　　D. 激光打印机

(16) 针式打印机术语中,24 针是指_____。

　　A. 24×24 点阵　　B. 队号线插头有 24 针

　　C. 打印头内有 24×24 根针　　D. 打印头内有 24 根针

(17) 以下哪一个是点阵打印机?_____

　　A. 激光打印机　　　　　　　B. 喷墨打印机

　　C. 静电打印机　　　　　　　D. 针式打印机

(18) 下列叙述中,正确的是_____。

　　A. 激光打印机属于击打式打印机

　　B. CAI 软件属于系统软件

　　C. 软磁盘驱动器是存储介质

　　D. 计算机运行速度可以用 MIPS 来表示

(19) 下列哪个不是外部设备?_____

　　A. 打印机　　　　　　　　　B. 中央处理器

　　C. 读片机　　　　　　　　　D. 绘图机

16. 计算机性能指标

(1) Intel 486 机和 Pentium II 机均属于_____。

　　A. 32 位机　　B. 64 位机　　C. 16 位机　　D. 8 位机

(2) 数据传输速率的单位是_____。

　　A. 位/秒　　　B. 字长/秒　　C. 帧/秒　　　D. 米/秒

(3) 下列有关计算机性能的描述中,不正确的是_____。

　　A. 一般而言,主频越高,速度越快

B．内存容量越大，处理能力就越强

C．计算机的性能好不好，主要看主频高不高

D．内存的存取周期也是计算机性能的一个指标

（4）使用 Pentium III 500 的微型计算机，其 CPU 的输入时钟频率是_____。

  A．500 kHz B．500 MHz C．250 kHz D．250 MHz

（5）Pentium III 500 是 Intel 公司生产的一种 CPU 芯片。其中的"500"指的是该芯片的_____。

  A．内存容量为 500 MB B．主频为 500 MHz

  C．字长为 500 位 D．型号为 80 500

（6）下列不属于微机主要性能指标的是_____。

  A．字长 B．内存容量 C．软件数量 D．主频

（7）将计算机分为 286、386、486 和 Pentium，是按照_____来分的。

  A．CPU 芯片 B．结构 C．字长 D．容量

（8）下列叙述错误的一项是_____。

  A．描述计算机执行速度的单位是 MB

  B．计算机系统可靠性指标可用平均无故障运行时间来描述

  C．计算机系统从故障发生到故障修复平均所需的时间称为平均修复时间

  D．计算机系统在不改变原来已有部分的前提下，增加新的部件、新的处理能力或增加新的容量的能力，称为可扩充性

（9）在计算机领域中通常用 MIPS 来描述_____。

  A．计算机的运算速度 B．计算机的可靠性

  C．计算机的运行性 D．计算机的可扩充

（10）在购买计算机时，"Pentium II 300"中的"300"是指_____。

  A．CPU 的时钟频率 B．总线频率

  C．运算速度 D．总线宽度

（11）"32 位微型计算机"中的"32"指的是_____。

  A．微型机号 B．机器字长 C．内存容量 D．存储单位

17．病毒知识

（1）以下关于病毒的描述中，正确的说法是_____。

  A．只要不上网，就不会感染病毒

  B．只要安装最好的杀毒软件，就不会感染病毒

  C．严禁在计算机上玩游戏也是预防病毒的一种手段

  D．所有的病毒都会导致计算机越来越慢，甚至可能使系统崩溃

（2）下列计算机病毒不是按照感染的方式进行分类的是_____。

  A．引导区型病毒 B．文件型病毒

  C．混合型病毒   D．附件型病毒

(3) 以下关于病毒的描述中，不正确的说法是_____。

  A．对于病毒，最好的方法是采取"预防为主"的方针

  B．杀毒软件可以抵御或清除所有病毒

  C．恶意传播计算机病毒可能会造成犯罪

  D．计算机病毒都是人为制造的

(4) 以下哪一项不是预防计算机病毒的措施？_____

  A．建立备份   B．专机专用   C．不上网   D．定期检查

(5) 下列4项中，不属于计算机病毒特征的是_____。

  A．潜伏性   B．传染性   C．激发性   D．免疫性

(6) 为了防止计算机病毒的传染，应该做到_____。

  A．不要复制来历不明的软盘上的程序

  B．对长期不用的软盘要经常格式化

  C．对软盘上的文件要经常重新复制

  D．不要把无病毒的软盘与来历不明的软盘放在一起

(7) 下列属于计算机病毒特征的是_____。

  A．模糊性   B．高速性   C．传染性   D．危急性

(8) 以下有关计算机病毒的描述，不正确的是_____。

  A．是特殊的计算机部件   B．传播速度快

  C．是人为编制的特殊程序   D．危害大

(9) 计算机病毒可以使整个计算机瘫痪，危害极大。计算机病毒是_____。

  A．一种芯片   B．一段特制的程序

  C．一种生物病毒   D．一条命令

(10) 下列关于计算机的叙述中，不正确的一项是_____。

  A．在微型计算机中，应用最普遍的字符编码是ASCII码

  B．计算机病毒就是一种程序

  C．计算机中所有信息的存储都采用二进制

  D．混合计算机就是混合各种硬件的计算机

(11) 下列哪项是比较著名的国外杀毒软件？_____

  A．瑞星杀毒   B．KV3000   C．金山毒霸   D．诺顿

(12) 计算机病毒是一种_____。

  A．微生物感染   B．电磁波污染

  C．程序   D．放射线

(13) 所谓计算机病毒，是指_____。

A. 能够破坏计算机各种资源的小程序或操作命令

B. 特制的破坏计算机内信息且自我复制的程序

C. 计算机内存放的、被破坏的程序

D. 能感染计算机操作者的生物病毒

(14) 下列叙述中哪一项是正确的？_____

A. 反病毒软件通常滞后于计算机病毒的出现

B. 反病毒软件总是超前于计算机病毒的出现，它可以查、杀任何种类的病毒

C. 已感染过计算机病毒的计算机具有对该病毒的免疫性

D. 计算机病毒会危害计算机以后的健康

(15) 目前使用的杀毒软件，能够_____。

A. 检查计算机是否感染了某些病毒，如有感染，可以清除其中一些病毒

B. 检查计算机是否感染了任何病毒，如有感染，可以清除其中一些病毒

C. 检查计算机是否感染了病毒，如有感染，可以清除所有的病毒

D. 防止任何病毒再对计算机进行侵害

18. 网络知识

(1) 网络操作系统除了具有通常操作系统的四大功能外，还具有的功能是_____。

A. 文件传输和远程键盘操作　　B. 分时为多个用户服务

C. 网络通信和网络资源共享　　D. 远程源程序开发

(2) 把计算机与通信介质相连并实现局域网络通信协议的关键设备是_____。

A. 串行输入口　　　　　　　　B. 多功能卡

C. 电话线　　　　　　　　　　D. 网卡（网络适配器）

(3) 计算机网络的目标是实现_____。

A. 数据处理　　　　　　　　　B. 文献检索

C. 资源共享和信息传输　　　　D. 信息传输

19. 其他

(1) 下列关于计算机的叙述中，不正确的一项是_____。

A. 软件就是程序、关联数据和文档的总和

B. Alt 键又称为控制键

C. 断电后，信息会丢失的是 RAM

D. MIPS 是表示计算机运算速度的单位

(2) 下列关于计算机的叙述中，不正确的一项是_____。

A. 最常用的硬盘就是温彻斯特硬盘

B. 计算机病毒是一种新的高科技类型犯罪

C. 8位二进制位组成一个字节

D. 汉字点阵中，行、列划分越多，字形的质量就越差

(3) 下列描述中，不正确的一项是_____。

　　A. 世界上第一台计算机诞生于1946年

　　B. CAM 就是计算机辅助设计

　　C. 二进制转换成十进制的方法是"除二取余"

　　D. 在二进制编码中，n位二进制数最多能表示2n种状态

(4) 下列关于计算机的叙述中，不正确的一项是_____。

　　A. 硬件系统由主机和外部设备组成

　　B. 计算机病毒最常用的传播途径就是网络

　　C. 汉字的地址码就是汉字库

　　D. 汉字的内码也称为字模

(5) 下列叙述中错误的是_____。

　　A. 计算机要长期使用，不要长期闲置不用

　　B. 为了延长计算机的寿命，应避免频繁开关机

　　C. 在计算机附近应避免磁场干扰

　　D. 计算机使用几小时后，应关机一会再用

(6) 下列关于计算机的叙述中，不正确的一项是_____。

　　A. 计算机由硬件和软件组成，两者缺一不可

　　B. MS Word 可以绘制表格，所以也是一种电子表格软件

　　C. 只有机器语言才能被计算机直接执行

　　D. 臭名昭著的CIH病毒是在4月26日发作的

(7) 下列关于计算机的叙述中，不正确的一项是_____。

　　A. 世界上第一台计算机诞生于美国，其主要元件是晶体管

　　B. 我国自主生产的巨型机代表是"银河"

　　C. 笔记本电脑也是一种微型计算机

　　D. 计算机的字长一般都是8的整数倍

(8) 下列关于计算机的叙述中，不正确的一项是_____。

　　A. "裸机"就是没有机箱的计算机

　　B. 所有计算机都是由硬件和软件组成的

　　C. 计算机的存储容量越大，处理能力就越强

　　D. 各种高级语言的翻译程序都属于系统软件

(9) 下列关于计算机的叙述中，不正确的一项是_____。

　　A. 高级语言编写的程序称为目标程序

B. 指令的执行是由计算机硬件实现的

C. 国际常用的 ASCII 码是 7 位 ASCII 码

D. 超级计算机又称为巨型机

(10) 下列关于计算机的叙述中，不正确的一项是_____。

A. CPU 由 ALU 和 CU 组成

B. 内存储器分为 ROM 和 RAM

C. 最常用的输出设备是鼠标

D. 应用软件分为通用软件和专用软件

(11) 下列关于计算机的叙述中，不正确的一项是_____。

A. 运算器主要由一个加法器、一个寄存器和控制线路组成

B. 一个字节等于 8 个二进制位

C. CPU 是计算机的核心部件

D. 磁盘存储器是一种输出设备

(12) 下列关于计算机的叙述中，正确的一项是_____。

A. KB 是表示存储速度的单位

B. WPS 是一款数据库系统软件

C. 目前广泛使用的是 5.25 英寸软盘

D. 软盘和硬盘的盘片结构是相同的

(13) 下列关于计算机的叙述中，正确的一项是_____。

A. 软盘上有写保护口，关闭小孔时表示为写保护状态

B. 固定启动方式是预防病毒的手段之一

C. 第二代计算机是电子管计算机

D. CAI 就是"计算机辅助制造"的英文缩写

(14) 下列关于计算机的叙述中，正确的一项是_____。

A. 系统软件是由一组控制计算机系统并管理其资源的程序组成

B. 有的计算机中，显示器可以不与显示卡匹配

C. 软盘分为 5.25 和 3.25 英寸两种

D. 磁盘就是磁盘存储器

(15) 下列关于计算机的叙述中，正确的一项是_____。

A. 存放由存储器取得的指令的部件是指令计数器

B. 计算机中的各个部件依靠总线连接

C. 十六进制转换成十进制的方法是"除 16 取余法"

D. 多媒体技术的主要特点是数字化和集成性

(16) 下列叙述正确的一项是_____。

A. 显示器既是输入设备又是输出设备

B. 使用杀毒软件可以清除一切病毒

C. 温度是影响计算机正常工作的因素

D. 喷墨打印机属于击打式打印机

(17) 下列叙述正确的一项是_____。

A. 二进制正数原码的补码就是原码本身

B. 所有十进制小数都能准确地转换为有限位的二进制小数

C. 存储器中存储的信息即使断电也不会丢失

D. 汉字的机内码就是汉字的输入码

(18) 下列叙述正确的一项是_____。

A. R 进制数相邻的两位数相差 R 倍

B. 所有十进制小数都能准确地转换为有限的二进制小数

C. 存储器中存储的信息即使断电也不会丢失

D. 汉字的机内码就是汉字的输入码

(19) 下列诸因素中，对微型计算机工作影响最小的是_____。

A. 尘土　　　　B. 噪声　　　　C. 温度　　　　D. 湿度

参考文献

[1] 吴霞. 计算机应用基础实例教程. 北京：清华大学出版社，2007.

[2] 吕新平，张强华，冯祖洪. 大学计算机基础. 北京：人民邮电出版社，2009.

[3] 齐景佳，徐继忠. 计算机应用基础案例教程. 北京：清华大学出版社，2008.

[4] 杨聪，吴明珠. 计算机应用基础案例实训教程. 北京：中国人民大学出版社，2009.